飽食の海

飽食の海

世界から
ＳＵＳＨＩが
消える日

チャールズ・クローバー著
脇 山 真 木 訳

岩波書店

THE END OF THE LINE
How Overfishing Is Changing the World and What We Eat

by Charles Clover

First published 2004 by Ebury Press, Random House, London.

This Japanese edition published 2006
by Iwanami Shoten, Publishers, Tokyo
by arrangement with Charles Clover
c/o Mulcahy & Viney Ltd., London.

日本の読者の皆様へ

乱獲は今や世界的な問題だが、これをグローバルな視野で検証してみようと思い立ち、書いたのがこの本である。インターネットと格安の世界一周航空券のなかった一〇年前だったら、このような本は書けなかっただろう。したがって、本書は、この種の本としては、世界に先駆けた本の中の一冊だと思う。

グローバルな視野と言ったが、もちろん個人の視野には限りがある。私の視野は北ヨーロッパというローカルなもので、北ヨーロッパ人の態度や政治によって形成されている。だから、私の見解やテーマが、日本の読者にショックを与えたり、挑戦的だったり、不明瞭だったり、ときには無知に映ることがあるかもしれない。そういう点については、あらかじめお詫び申し上げておく。また、文化的に気に障ることを言って日本の読者をむかっとさせるかもしれないが、これについては決してそういう意図はないので、できれば無視していただきたい。この本は、地球という惑星に住む市民として、われわれが共有する緊急問題をとりあげた本として読んでいただきたい。

すべての消費者は、どうすれば世界市場で倫理的な行動ができるかという問題を抱えている。野生の魚資源は下降の一途をたどっている。かつてわれわれが考えていたのとは違って、魚は無尽蔵に再生するものではないことがわかった。われわれ消費者にとっての問題は、魚が自分の目の前の皿に載るまでの経緯である。つまり、どのように捕らえられ、(その資源のどれぐらいが開発されているのかわかっているとして)果たして捕ってよかったのかどうかである。テクノロジーの大行進と広範にわたる野生種の過剰漁獲の結果、単に倫理的な理由からだけでも食べてはいけない魚が出てきた。たとえば、私は北海のタラは食べない。クロマグロも、もっと資源管理がきちんとおこなわれるようになるまで、食べるべきではないだろう。この本には憂鬱《ゆううつ》なことが、たくさん書いてある。われわれは、乱獲問題があるという事実に加えて、その乱獲が大変な規模でおこなわれていることを、いま、やっと理解し始めたところだ。ただ、世界には多少の明るい例外がある。悲観しきることはない、と私は思っている。

もし食物連鎖の両端で(例えば、地中海諸国と日本の間でおこなわれているクロマグロ貿易の両端で)起こっていることをもっとよく理解するなら、われわれは、資源がもっと持続可能になるよう管理し、その結果、クロマグロという素晴らしい生き物(つまり素晴らしい食料源)を救い、未来の世代の記憶にしか住まない「失われた魚」にしないですむと信じている。

二〇〇六年二月一五日

チャールズ・クローバー

目次

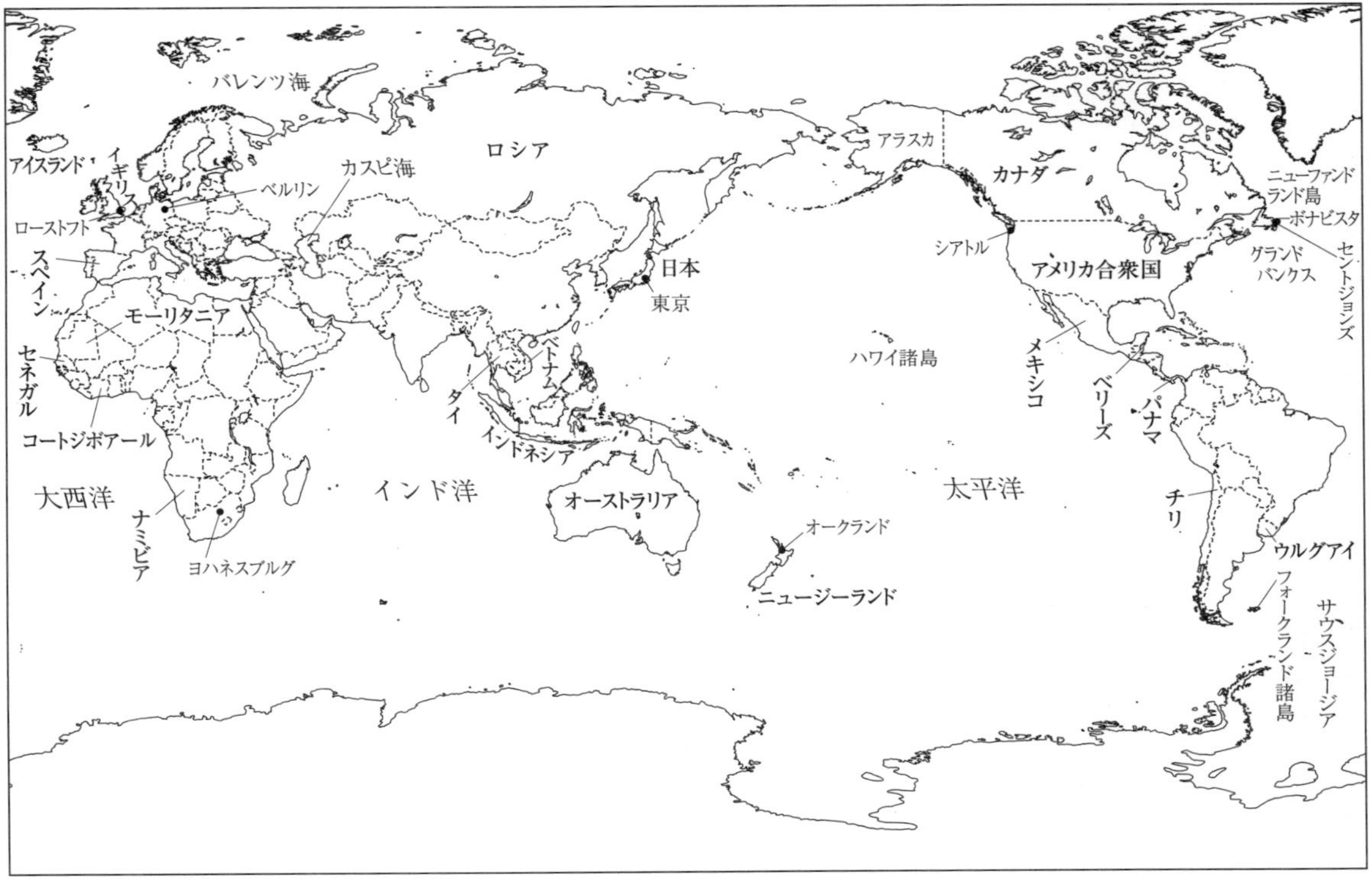
バレンツ海
アイスランド
イギリス
ローストフト
ベルリン
カスピ海
ロシア
スペイン
モーリタニア
セネガル
コートジボアール
大西洋
ナミビア
ヨハネスブルグ
インド洋
タイ
ベトナム
インドネシア
日本
東京
オーストラリア
オークランド
ニュージーランド
ハワイ諸島
太平洋
アラスカ
カナダ
シアトル
アメリカ合衆国
メキシコ
ベリーズ
パナマ
チリ
ウルグアイ
ニューファンドランド島
ボナビスタ
セントジョンズ
グランドバンクス
フォークランド諸島
サウスジョージア

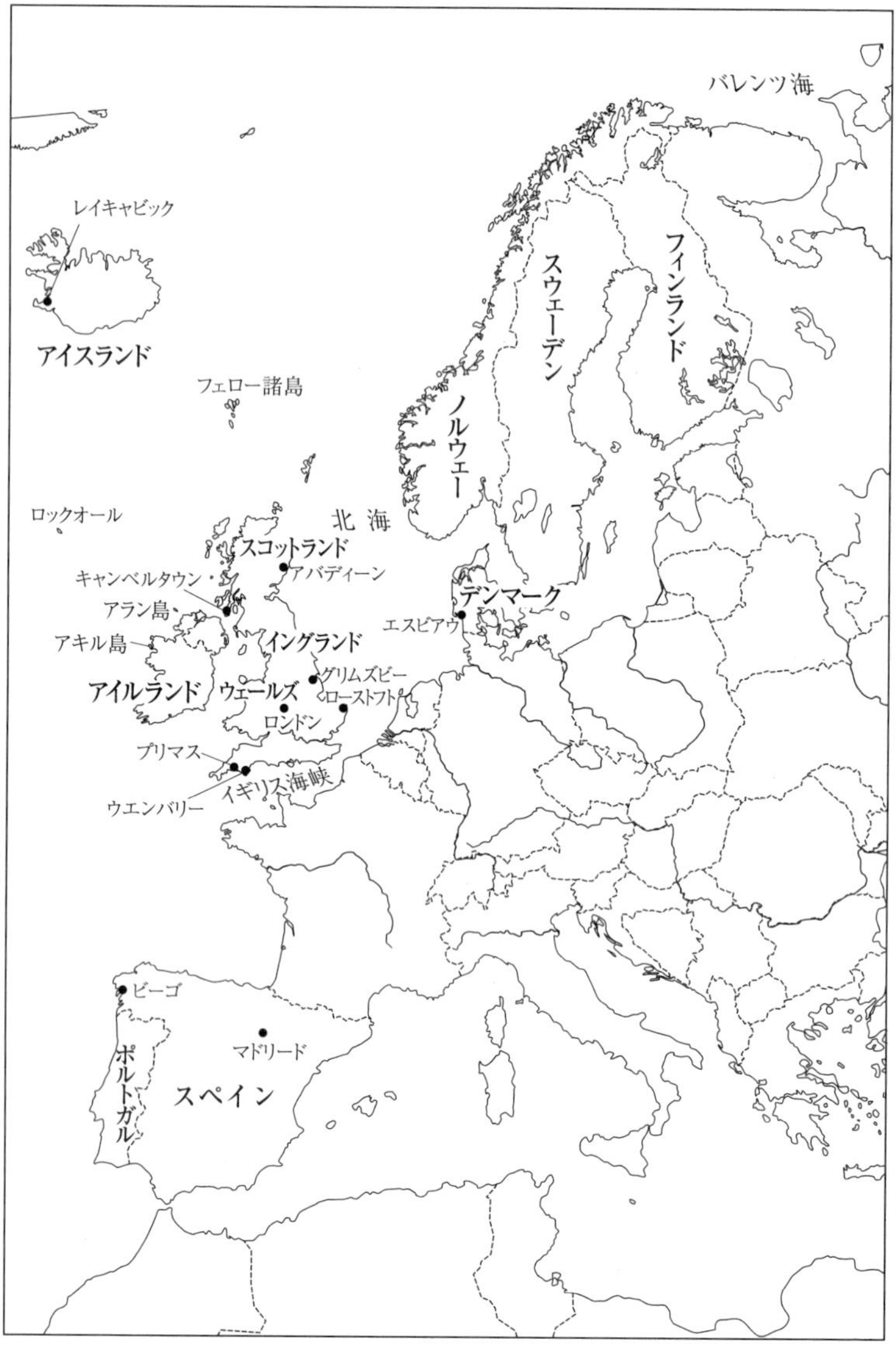
バレンツ海
レイキャビック
アイスランド
フェロー諸島
フィンランド
スウェーデン
ノルウェー
ロックオール
北 海
スコットランド
アバディーン
キャンベルタウン
アラン島
デンマーク
エスビアウ
アキル島
イングランド
グリムズビー
アイルランド
ウェールズ
ローストフト
ロンドン
プリマス
イギリス海峡
ウエンバリー
ビーゴ
マドリード
ポルトガル
スペイン

序　ムダ死にする魚たち

一団のハンターが、二台のオフロード車の間に幅一・六キロメートルの網を張り、アフリカの平原を猛スピードで突っ切って行く図を想像してほしい。映画「マッドマックス」を思わせるこの型破りの装置だったら、行く手をさえぎるものは、ライオンやチーターのような肉食動物でも、サイや象のような絶滅が危惧《きぐ》されている大型草食動物でも、インパラや野生動物の群れでも、子連れのイボイノシシや野生のイヌの群れでも、何もかも一網打尽にかっさらってゆくだろう。妊娠中の雌も網にかかって、捕獲される。何とか網の目をすり抜けることができるのは、ごくごく小さな子どもだけだ。

さて、この網はどのようにできているのかというと、網の先端に巨大な金属ローラーがついているのである。この巨大なローラーは転がりながら、障害物を粉砕し、ぺしゃんこにしていく。泡を食って飛び出した動物は、ローラーの後にやってくる細かい網の中に吸い込まれていく。巨大な鉄のローラーを、サバンナを突っ切って引き回すと、どんな地表も砕かれ、どんな木も灌木《かんぼく》も草花も根こそぎにされ、追い立てられた鳥の群れが逃げるさまは、さながら蚊柱《かばしら》だ。

網が通った後に残されたのは、畑をクワで掘り返した跡のような、奇っ怪で荒涼とした風景である。資本狩猟民族は、そこで車を止め、車の通った後に残された死骸や苦しみもがく生き物たちがからまっている惨状を点検する。その約三分の一は市場に持ち込めない。あまり美味しくない、あるいは単に小さすぎるとか、押しつぶされているというのがその理由だ。こうした死骸の山は、そのまま平原に捨ておかれ、腐肉を食う動物の餌食《えじき》になる。

能率よく、無差別に動物を殺戮《さつりく》するこの方法は、トロール漁〔底引き網〕と呼ばれている。北極に近いバレンツ海から南極大陸に至るまで、あるいは熱帯海域のインド洋から太平洋の中央や温帯水域のコッド岬沖に至るまで、トロール漁は世界中で毎日くりかえしおこなわれている。

網を使った漁業は少なくとも一万年の歴史を持つ。人類は、ホモサピエンス以外の人類を食用として狩り、マンモスを崖に追いつめて落とし、殺した。だが、いろいろな理由から、多くの人は、いまだに、海で起きていることは、陸で起きていることとは違うと思っている。漁師のすることは、遠くのできごとだし、地球をおおっている水のベールの下のことだ。それに、魚は冷血動物で、抱きしめたくなるようなかわいい存在ではない。漁業者のイメージも、気さくなひげ面の冒険家、キャプテン・バーズアイという昔ながらの鋳型《いがた》にはまったままで、そうではない側面は見過ごされている。

魚を食べることは当世風だし、肉を食べるときより良心のとがめも、ずっと少ない。ベジタリアンでさえ、その多くは魚を食べることに違和感を持っていない。

欧米の消費者の間では、魚を食べることが食事の厄除《やくよ》けのようになっている。栄養学者も、魚は体によく、低脂肪タンパク質やビタミンの宝庫で、脂のある魚であっても、オメガ3脂肪酸は脳の機能にとって最適だし、心臓発作や脳卒中の危険を減らし、関節炎や骨粗鬆症《こつそしょうしょう》の発生を遅らせると言う。魚を食べると加齢プロセスを遅らせ、魚中心の食事は空腹ホルモンのスイッチを切るので、われわれは少量の、より栄養価の高い食事で満足できるようになり、結果的に体重も減らせると指摘する研究もある。理想的な体型だとして賞賛しなければならないらしいが、あのやせこけたファッションモデルたちは、やせるためにタバコを吸う必要などない。小鳥のえさほどの分量を食べるだけで満足できるようになっているのである。モデルたちがしなければならないのは、魚を食べることだけである。

だが、残念ながら、われわれと魚のロマンスは長続きできない。その証拠は、われわれの目の前にある。産業技術が、あの大いなるクジラに何をしてきたか？　われわれはそれを見てきた。（全面的にではないが）捕鯨は今や世界中で禁止されている。

そしていま私は、一般の見解に、もう一つの転換期が来るように思う。すなわち、産業技術、監視なき市場勢力、良心の欠如が、海の生物に、どのような影響を与えているかに関する一般の見解だ。

陸の農業についていえば、転換期は、家畜の飼育や作物栽培で使う噴霧剤《ふんむざい》、肥料、食品添加物、バタリー農業技術〔ニワトリなどの飼育に使われる多段式ケージ〕が農家の評判を失墜《しっつい》させたときに訪れた。それ以前の農家には、田園地帯の守り手とか、食物の守護神というイメージがあった。現在は、疑惑のまっただ中で、農家のイメージ回復は遅々としたものである。

かつて、魚は再生可能な資源で、人間のために永久に種を補充する生き物だと思われていた。しかし、世界中で、北海のタラや北海のサバ、南極のシロブチハタ〔ハタ科〕、西大西洋のクロマグロの大半など、多くの魚種が、かつてのクジラのように取りつくされ、回復していない。大西洋の両岸では、公的な情報機関が、海洋は科学的に管理されていると保証しているが、だんだんと信じづらくなってきている。海洋法が実行されていないことが至るところで証明されている。最も民主主義がうまく維持されている国々においてでさえ、専門家は、乱獲に歯止めがかからなくなったことを認めている。

海に対する認識を変えるときがやってきた。わずか、人の一生ほどの間に、われわれは、これまでどんな環境問題でもなかったような規模で、海を危機に追い込んでしまった。そのことを理解することで、われわれは認識を変えることができる。この危機は、規模的には、マンモスやバイソンやクジラの滅亡、雨林の乱開発、野生動物の狩猟に匹敵する。すべて、過度な漁獲が原因なのだ。大量殺戮の方法として、近代テクノロジーを駆使する現在の漁業活動は、地球上で最も破壊的な活動だ。乱獲が世界を変えていると言っても過言ではない。

深海が最後のフロンティアになり、深海生物は映画製作者の多大な興味にさらされるようになった。このときすでに、サメやタツノオトシゴなど浅海《せんかい》の生き物は絶滅に向かっていた。

裕福な国の食卓に高級食材をもたらすための乱獲は、途上国の食料を奪う脅威にもなっている。営利企業は、今日の利益を維持するため、次の世代から健康な食品を奪っている。

これが乱獲の構図である。

伝統的な魚種が滅亡し、別の魚がその代わりをつとめるようになった。乱獲はわれわれの食事を変えている。と同時に、進化にさえ影響を与えようとしている。漁業の圧力に対応して、北海のタラの産卵期が早まってきた。

乱獲は、これまで何度かあったようにこれからも、戦争や国際紛争の口実になるだろう。乱獲は世界貿易や国際関係における「力関係」であり、国やコミュニティの政治をむしばむ腐食剤である。

この本では、乱獲の結果、魚種の断絶や世界の海の生態系の末期が近いこと、今こそ何か対策を講じなければならないことを論じる。形式としては、私が数段階にわたって取材した世界旅行記であると同時に、生じている問題および可能な解決方法に関する、いろいろな対話の記録でもある。

この本はまた、われわれの食欲を満足させるためと称して、われわれの名を借りて海でおこなわれている醜いことが、どの程度まで進んでいるかを暴き出し、レストランのメニューに載っている値段とは違う、魚の真のコストを示すものである。

第1章　嘘をすっぱぬく

イングランド、プリマスに近いウエンバリー。フィルムノワール〔一九四〇―五〇年代のハリウッド製の陰惨な犯罪映画〕と同じように、われわれの物語も、切断された死体が横たわる浜辺のシーンから始まる。死体は、ナショナル・トラスト〔一八九五年、イギリスで発足した自然環境を守るための民間の組織〕が所有する一・六キロのビーチに打ち上げられたマイルカで、今日はこれで六頭目だ。ナショナル・トラストは、イングランドやウェールズのビーチを何百キロメートルも買い上げて保護しているが、その令状は満潮時測標《まんちょうじそくひょう》より先の海には及ばない。岩だらけの岬のあたりには、もっと新しいイルカの死骸があった。われわれの目の前にある大きな雄を見れば、その死因は容易に判別できる。くちばしがねじれたように破損しているところを見ると、このイルカが最後の瞬間まで半狂乱になって海上に出ようと、もがきまくったことがわかる。何ものかがそれを阻止して、イルカは窒息死した。その何ものかが魚網であることは、ほぼまちがいない。

浜に打ち上げられた、いくつものイルカの死体。その腐乱程度は様々だが、死因はどれも同じに見える。くちばしが砕け、下顎《したあご》と尾の先の裂片がないのは、イルカが肺の空気を使い果たすまでの一〇分間ほどを、死にものぐるいでもがいた証拠だ。さぞかし苦しい死に方だったろう。なかには、肉の一部が切り取られている死体もある。打ち上げられた後にキツネに食べられたという説明では無理な傷跡だ。

連れのジョアン・エドワーズは、経験豊かな「ワイルドライフ・トラスツ」〔野生生物基金。イギリス筆頭の野生生物保護のための慈善団体〕の海洋保護官だが、こうした傷や尾の先端の裂片がないことから、おそらく誰かが漁網からはずそうとして死体を切ったのだろうと言う。刺し傷のあるイルカの死骸も見つかった。これはイルカの死骸を見つけた者が、沈めてしまおうと無駄な努力をした痕跡《こんせき》なのだ。

この虐殺の責任は誰にあるのだろう？　明らかに犯人は、イギリス海峡を回遊する魚の群れを追って海峡を往来する漁業者だ。実は、イルカもこうした魚群の跡を追っている。どの漁師が、なぜこんなことをしたのかはわからないが、プリマス港からイギリス海峡にある漁場に向かう間、われわれは常にトロール船と行き交った。最も解決困難な推理小説では、証拠不十分で、誰の責任かは正確に突き止められない。われわれにできることは、動機をさぐり、何度も出直しては調査することだ。

ジョアン・エドワーズとボランティアたちが、イングランドの南西海岸のビーチを歩き、そこに打ち上げられているイルカの切断された死体の数を数えるようになって五年目になる。今年〔二〇〇三年〕は六週間の間に一二三頭見つけた。去年に比べると二五％も多い。専門家は、こうして打ち上げられたイルカは、殺された全イルカの一〇分の一程度だろうと言う。残りは海底に沈むか、海中を漂っているはずだ。イルカの個体群が、これほどの規模の減少に耐えられるとは思えない。

三〇頭ものイルカが一つの網にかかっているところを撮ったビデオフィルムがある。イギリス政府の水産研究所が撮ったもので、私は、これを見たことがある人と話したことがある。テレビで放映されたら、激しい抗議が殺到するのは間違いない。しかし、この研究所は、ビデオがどこにあるかわからないと言った。

マイルカ、スジイルカ、バンドウイルカ、大西洋カスリイルカ、ハナゴンドウイルカなど、ヨーロッパでは種を問わず、すべてのイルカが法律で保護されている。偶然であっても、イルカが網にかかってしまったら、すでに死んでいたとしても、漁師は海に帰してやらなければならない。一年につき、クジラ目動物の個体数の一％以上が網にかかったら、漁業を停止しなければならないと規定している条約すらある。だが、一%のベースとなるイギリス海峡のイルカの個体数や、そこに何頭いるべきかを知っている人などいない。だから条約は発動できない。浜に打ち上げられたかわいそうなイルカのニュースは、南西部のテレビ局や新聞社の琴線《きんせん》に触れ、報道された。ジョアン・エドワーズは、犬の散歩で朝、ビーチに来る人たちが怒りの声をあげているのを聞いている。

地元漁師や環境保護論者たちは、イルカを殺しているのはスズキ類を捕る二艘《そう》引きトロール船(ペアトロール)のしわざだという点で、密かに意見の一致をみているようだ。ペアトローリングとは、トロール船二隻が組んで、何時間にもわたって一キロ長の魚網を引き回す漁だ。イギリス海峡の産卵場所から戻ってくるスズキの群れを捕らえようというのである。行きあたりばったり、出たとこ勝負の漁である。スズキは、柱状に群れて深度を変えながら泳ぎ、その動きは予測がつかず、魚群探知機、ソナー装置(魚群は灰色の雲のようにスクリーンに映る)でも、なかなか見つけられない。したがってトロール漁では、網を長時間引き回すことになる。

スズキを捕食するイルカは、スズキの群れについて泳いでいる。もっとも、漁師に言わせれば、イルカは、魚が網いっぱいにかかったときに限ってやって来ると言う。スズキの群れがトロール網の狭いスペースに追い込まれると、イルカはディナーの支度が整ったと思い、スズキの群れに突進する。それから空気補給のために海面に上がろうとするが、ときすでに遅く、漁網が体にからまっている。

ペアトロール漁が地元で嫌われている理由は、もう一つある。この漁法を使うのは主に大型船を仕立ててフランス、スコットランド、オランダ、アイルランドなどからやってくるよそものであって、イギリス海峡のプリマスやルーエあたり(海峡への南の入口のあたり)にぷかぷかと船を浮かべている地元の漁師ではないからである。

死んだイルカは、地元テレビのトップニュースになり、動物愛護団体はニュースリリースを飛ばす。

だが、地元の人がそれと同じぐらい怒っているのは、スズキという西部地方〔イングランド、スコットランド〕にとって重要な海洋資源が浪費されている点だ。王立動物残虐行為防止協会などの動物愛護団体は、資本漁業のどの漁業方法が魚に害を及ぼしているかには触れず、イルカの被害ばかり言う傾向がある。これは間違いなく、動物愛護団体がよく不平をこぼしている「種の差別」(他の種を軽視する)の一つの例である。

ワイルドライフ・トラスツは地元を拠点としている。そのため、ジョアン・エドワーズにとって、スズキのほうが心配だ。一九九〇年代半ばにトロール船が登場するまでは、スズキは保全が成功した非常にめずらしい例だったのを、この団体は知っている。

スズキの生態は、えさを求めてグリーンランドまで回遊する大西洋サケや産卵のため遠くサルガッソー海まで泳いでいくウナギと同じように驚異だ。最近、漁師や科学者が産卵場所を発見した。イギリス海峡やビスケー湾で産卵するのである。孵化《ふか》した稚魚は、どういうわけか海流を見つけることができるので、それに乗ってイギリスの海岸の河口に戻ってくる。はるか遠くの産卵場所からくるものもある。

スズキの群れは四〜七歳になるまで河口で育つ。一九八〇年代までは、海サケやマス用に仕掛けられた定置網に大量にかかってしまっていた。三種類の魚種が減り始めたところで、イギリス政府はすばやく対応し、スズキが大きくなるために一生の大半を過ごす重要海域である河口に網を仕掛けるのを禁じた。釣り人も、釣った魚は海に戻すよう奨励された。

この保護作戦は、しばらくの間うまくいって、魚資源は増え始め、釣り人にもそれがわかるようになった。釣りは、西イングランド地方の観光経済にとって重要である。スズキは、さお釣りスポーツにとって、ほぼ完璧な獲物なのだ。夏は岸近くまで寄ってくるし、激しく抵抗する。体重も八キロ以上になる。レモンガレイやイカを捕る地元の沿岸トロール漁の漁師たちにとっても、思いがけない漁獲になった。

回復したスズキ資源は、あっという間に大型漁船の注意を惹《ひ》いた。

一九九〇年代初頭、フランスのトロール漁業者たちが、スズキは産卵のためにイギリス海峡に移動することを発見した。これが問題の発端となった。

それまでスズキがタラやハドック〔北大西洋タラ〕ほど豊富だったためしはないが、イギリス海峡で捕れたスズキは確実な需要を持っていて、儲かった。スズキはフランス語でルー・ド・メール〔オオカミウオ〕と呼ばれ、イギリスで捕れるどの魚よりもキロ単価が高く、あまり捕れなくても、漁船の燃料費は出た。

プリマスのドックにあるプラターというレストランでは、皿の大きさのスズキの網焼き料理は一六ポンド〔約三三〇〇円〕である。イギリスのテレビでおなじみのスーパースターシェフのジェイミー・オリバーが経営するロンドンのシックなレストラン、フィフティーンでは、メインコースの一部として数インチ幅の切り身を食べるだけで一八・五ポンドかかる。スズキの料理方法はオリバーの料理本の中でいろいろ紹介されているが、オリバーの一番人気のある料理本の中で、切り身のロースト、トニー・ブレア風が紹介されて以来、スズキはイギリスの国民的魚になった。その本によると、一九九九年七月に開かれたトニー・ブレアとイタリア首相、マッシモ・ダレーマの英伊サミットのとき、オリバーがこれを料理したところ、〝非常に喜ばれた〟という。

二人の首相のサミットのごちそうに選ばれたことで、スズキの料理としての地位は確実に上がった。首脳会談のメニューを決める人たちは、食べ物の重要性に敏感でなければならない。時代が異なり、イギリス農業がその資本農業的な慣習ゆえにおぞましがられ、地位がおとしめられる以前、とくに一九八〇年代末に始まったＢＳＥ〔牛海綿状脳症〕が、人間がかかるクロイツフェルト・ヤコブ病と関係があることがわかる以前であれば、選ばれた食材は間違いなくビーフだったろう。だが、イギリスビーフの輸入禁止令はヨーロッパ全域で解かれていなかったので、たとえ骨付きでなくとも、ビーフをイタリアで一番偉い政治家に出すことなど考えられないことだった。だから、牛の集約農業への信頼が揺らいだ今、魚はもはや大衆向けの安い食材ではなく、文化的な高級食材へと格が上がったという認識で、外務省儀礼局は魚を選んだのである。

スズキは身がしまっていて、味は繊細だ。英国産で、納得のゆく高い値段、まちがいのない低脂肪、健康的でおしゃれ、つまり当世風な魚だった。そのうえ、野生の魚には、養殖魚が持つ産業的なイメージがない。

だが、間違いはそこにあったのである。トニー・ブレアの野生のスズキ(私はオリバーからそれが野生だったことの確認をとった)は、イギリス海峡でペアトロール網で捕ってきた魚だったかもしれないのだ。ペアトロール漁法は、イルカを大量殺戮するだけでなく、イングランド西部の沿岸漁業や観光産業が一部依存しているスズキ資源を浪費している責めも負うべきなのである。漁業者の報告によると、スズキは以前ほどたくさんいないし、平均的な魚体も小さくなってしまった。こうしたことは資源の崩壊を告げる古典的な兆候なのである。

スポーツ釣りをする人は、自分たちの取り分がなくなったとこぼす。全国海釣り連盟のデイビッド・ロウは私にこう言った。

「疑いもなく、沿岸漁場での大量殺戮がスズキの資源量に影響している。大きなスズキは完全にいなくなったことに気づいた。釣り人は大きな魚が釣れるかもしれないという期待でやってくるのに……」

ヨーロッパの海の資源量を査定する国際海洋探査委員会(ＩＣＥＳ)が言うには、捕獲量は依然として持続可能な範囲内に収まっているが、資源量が小さい魚の査定は、実際より一、二年遅れる傾向がある。ＩＣＥＳはＥＵに、捕獲量を現在の水準に抑えるよう求めた。だが、例によって、ＥＵはまだこれを実施していない。

地元の漁師とペアトロール漁船のあいだには反目があった。ルーエを拠点とする沿岸漁業者のビル・

ホッキングが言った。「ペアトロール漁は、利益を出すどころか、とんとんで操業するためだけにでも、とんでもない量の魚を捕っていく。まさに大虐殺と言っていい」。誰よりも長いこと資源保全を提唱してきたホッキングが信じるのは、海にたくさんの魚を残せるような漁法だけである。

南西部のイルカやスズキの窮状は、それぞれ別個の問題であるかのように報道されているが、私は偶然、両者の運命にさらに不吉な影を落とし、その運命がより広範な災いにつながっていることを示す〝あること〟を見つけてしまった。

プリマスに着くと、環境保護者たちが私にこう言った。「イルカを殺し、イギリス南西部の魚を盗んでいるのは六〇メートル級の大型漁船だ」。これらは「浮魚《うきうお》」として知られている公海表層を泳ぐサバやニシンの群れを捕えるための漁船で、巾着網《きんちゃくあみ》で魚を捕る。巾着網とは、群れの回りに網を張り、ちょうど巾着のように紐《ひも》を引き絞って魚を閉じこめる〔施網、巻き網ともいう〕。浮魚の資源状態は悪くないことから、主にシェットランドやスコットランド東海岸の大漁港を基地にする浮魚漁船の収支はよい。その結果、こうした新装備の漁船は、水産業界における富と権力の象徴として、かっこうのスケープゴートになった。

イルカを殺し、南西部の魚を盗んでいるペアトロール漁の一番の責任者は、プリマスの魚を捕っているトロール漁師ではなく、大型浮魚漁船に乗っているリッチで無神経な漁師だという噂《うわさ》が飛びかった。悪役のイメージにぴったりはまったが、噂は間違っていたことが判明した。真実は、もっと痛ましいものだった。

プリマス港でスコットランドの漁師たちと会ったが、イメージとはまったく異なり、タラやプローン〔エビ〕を捕っていた。錆《さ》びた、全長二四メートルのトロール船に五人が乗り組み、獲物を求めてはるばるスコットランドの東からやってきたのだった。大きな船だったが、ピーターヘッド・ドックでニシンやサバを多量に水揚げしていた浮魚漁船に比べると小さく、古かった。やがてスコットランドの漁船がなぜこんな遠くまで南下して来たかがわかった。ヨーロッパの漁業大臣たちが、気乗り薄ながらも、タラを保護するために課した緊急制限のせいで、こうでもしないと、月に一五日間は船を係留しておかなければならないのだった。

同情するな、というほうが無理だった。ジョン・ワットは四一歳で、ディファイアンス号の船長、イアン・ダッシーは二八歳の若さで、ユーベラス号の船長だ。どちらもフレーザーバーグ出身の快活な海の男である。タラ救済対策として、去年、削減を課された。それほど苛酷な削減ではなかったとはいえ、やはり生き残るのは大変だ。これは東スコットランドの漁業者全員に言える。やけになってスズキ漁に切り替えた。そして、今年は二年続きの不漁年だ。

市場の領収書を見せてくれた。これを見れば、船がどのぐらい魚を捕ってきたかがわかる。五日間操業して一一三キロのスズキを水揚げした。それをプリマス・トローラー・エージェンツを介して六七〇ポンドで売った。燃料代にもならなかった。今年の初めから、燃料とオイルに二万五〇〇〇ポンド費やした。水揚げした魚の値段は六〇〇〇ポンドにしかならなかった。乗組員の賃金は当座借り越しでまかなわなければならないだろう。網の中にイルカが一頭入っていたことがあると言った(つまり殺したということだろうと思う)。ワットは、自分の船は三〇年前の船だから、書類上は価値がなくて、保険は高すぎてかけられないと言い、もし(その年多くの漁師がしたように)政府の廃船計画に申請したとしても、当座借り越しを返済したら何も残らないだろうと言った。

つまり、北海のタラの乱獲は、ウエンバリービーチに打ち上げられたイルカの死や南西部のスズキの資源枯渇に多少の影響を与えていたというわけだ。ヨーロッパの海全体が悪循環に陥っている。EU水域のタラの運命は、〝歴史はくりかえす〟のよい例だ。世界一の資源量を誇ったニューファンドランド沖グランドバンクスのタラの崩壊は、カナダはもとより、その他の国に同じ轍《てつ》を踏ませないための十分な警告になっていたはずではなかったか？

だが、明らかにそうではなかった。他人の過ちからなかなか学習できないのは、政治制度の謎である。グランドバンクスでの操業は一九九二年になって、やっと禁止された。その年以来、ＩＣＥＳの科学者は、北海における思い切った漁獲努力〔fishing efforts〕量の削減を緊急課題として要求し続けている。その後、ペニー硬貨大だったタラ資源を示すチャートの中の黒点の大きさが、ＩＣＥＳの秋の査定ではピリオドぐらいまで小さくなっていたことから、ＩＣＥＳは北海のタラ漁の全面的な停止を要求したが、聞き入れられなかった。何とかして漁業をやめさせたいという必死の気持ちが強まったＩＣＥＳの事務局長は、二〇〇二年一二月に、北海で産卵できるタラ（親）の資源量は三万八〇〇〇トンになったという声明を出した。これは、カーフェリー一隻分の重さにすぎない。

その年、二〇〇二年のブリュッセルにおけるＥＵ加盟国の大臣会議は、いつになく難航した。水産業界は、科学者が主張しているタラ漁の禁止は、スコットランドの白身魚産業の死を意味することから、断じて受け入れがたいという決定を下した。イギリスや多くのヨーロッパ諸国の政治家には、もっと捕らせろという圧力がかかった。これは、生物学的には魚資源をさらに災いに近づけることを意味する。

当時保守党の党首だったイアン・ダンカン・スミスは、『フィッシング・ニュース』紙に異常なほど不正確で誤った情報をもとにした記事を書き、タラが崩壊寸前だという科学者の見解に疑問を投げかけた。そのときまで、スミスが海洋生物学にそれほど興味を持っていることは誰も知らなかった。

すっかり有名になってしまったトニー・ブレア首相の電話がある。欧州委員会の委員長に、もっとイギリスの漁師に魚を捕らせてやってくれ、とかけた電話だ。このような電話をかける首相に、環境に関する信任状を発行することなどできないのは明らかである。一カ月後、「水産業者の肩を持った首相は、ダンカン・スミス氏と同じぐらい無責任だ」と非難する人たちをなだめるため、首相は直属の戦略部隊を編成し、イギリスの漁業を「中・長期的」に持続可能にするには、どんな選択肢があるか検討するよう命じた。

そして短期的には、首相は、漁師が洋上にいられる日数を、なんとか七日から一五日に増やすことができた。その一方で、イギリスの閣僚は、漁獲努力量規制は科学的な助言とは矛盾しないと重々しく断言した。これは嘘だった。実際、漁獲努力量は削減されたものの、かなり遅きに失していたし、実施方法もなまぬるかった。資源量は悪循環的に減り続け、回復のチャンスをつかみ損なっていた。悪循環が募るにつれ、自然が巻き返すチャンスは、ますます減っていくだろう。

ウエンバリービーチのイルカの黒くなった死体は、より大きく、より憂鬱《ゆううつ》な問題、すなわち、ヨーロッパの海の魚資源量(つまり自然)の保護管理の失敗を、体現しているにすぎない。だが、政府は相変わらず、資本漁業〔いわゆる家業としての漁師に対して、大資本をバックにした大規模な産業的漁業経営〕は科学的な運営および管理下にあるから、こうした非難はしだいに陳腐な話になっているという印象を与えたい。世界の海で持続可能性の調査に耐えられるところは、ほとんどない。もっと過激で、もっと想像力を発揮させた保全対策をとらないと、ヨーロッパ周辺の海やその他の海は、ますます砂漠化してしまうだろう。

国内からも世界からも、より優れた運営方法がたくさん提案された。プリマス周辺のいくつかの団体が問いかけていたのは、たいして利益も出ないのに、資本漁業規模でスズキを捕ることが、本当にこの貴重な魚の利用方法として最善なのかという点である。

海釣りをする人たちは、かつてのサケ漁の漁師たちと同様、釣り竿で捕った魚の価値は、商業ベースで捕った魚より、地方経済にとって大切だと指摘する。釣り人はホテルやレンタカーを利用し、レストランで食事をし、魚だって、やみくもにたくさん捕ったりはしない。推計によると、イギリスでは、二〇〇万人が少なくとも一年に一度は海釣りに行く。釣り人が用具、旅行、食事、宿泊に費やすお金は一〇億ポンド。ほぼ営利漁業に由来する経済活動量に匹敵する。釣り人を厚遇し、魚資源を浪費する資本漁業を制限することは、南西部の経済にとってより賢明な考え方ではないだろうか？

最初に問いが投げかけられてから五年後、ＥＵが重い腰を上げ、刺し網漁師に音響装置、「ピンガー」を据えつけるよう命じた。ピンガーは、もともと水中の定位表示用など海中探査のための波動音波発信装置のことだが、港湾にいるカメに、網に近寄りすぎているぞと警告するのがねらいだった。だが、こうした諸対策が実際に講じられるのは二〇〇七年からで、イギリス海峡の東のほうから始めるのだという。すこぶる悠長な話であるだけでなく、ごく小型の漁船は除外されるという。

また、これは、強制力を備えた監視計画にしたがって、イルカの混獲も監視するためでもある。目下、イギリス政府は、ペアトロール漁網にイルカの逃げ道を設ける方法を模索している。ニュージーランドやタスマニアで、アシカのために同じような試みがおこなわれたが、脱出口作戦は成功でもあり失敗でもあった。アシカは結局、ひれ足をなくしてしまうから、死んでしまうのである。だから、今回の試みに懐疑的な者もいる。

もしスズキ資源が、地元漁師が信じているように崩壊の危機に瀕しているなら、イルカにやさしい漁網を作ったところで何になるのだろう？　ペアトロールによるスズキ漁をやめさせることは、地元の漁師にも釣り人にも都合がよい。スズキだけでなくイルカも助かる。にもかかわらず、イギリス政府はペアトロール漁の停止に乗り気でなかった。あるいは停止を強要できなかった。一方、スコットランドやフランスの営利漁業者は捕る魚がなくなりつつあった。つまり、これが、ＥＵのご立派な共通漁業政策の実体なのである。

まか不思議なＥＵの政治の世界において、政治権力は、最も営利的なもの（つまり、最も資本漁業的なもの。必ずしも経済的に生産性の高い漁師ということではない)によって支配されている。だから、漁獲努力量は、タラからスズキへ、スズキからロブスター・カニなどの魚介類へと、切羽詰まった漁業者が売れるだろうと思う魚種へと移っていく。不条理が、どんどん上塗りされていく。ペアトロール漁業者が、なぜ損を承知で操業を続けているのかというと、将来EUが割り当て制を課した場合に備えて、自分たちの取り分として要求するための実績を残したいからにすぎない。

こんなことでは共有海の管理などできっこない。魚資源の回復に関するEUの無能さ、海洋野生生物への無関心さ、漁業者からの選挙圧力に対する臆病さ、解決策(例えば、資源回復のために魚を捕らない漁師にはお金を払う)で合意に至れない無能力さなど、すべてが連鎖している。これらは、政治的妥協(すなわち、漁業権とヨーロッパの自由貿易の交換)の結果である。誰もこれに干渉したくない。誰だって、漁師に向かってノーとは言いたくない。だが、大蔵大臣は、魚を捕らないことに対して漁師に金など払いたくない。だから制度はガタピシし、政治家はひそかに、タラ資源が完全に崩壊する前に白身魚を捕る漁船が破産してくれないかと願っている。

＊　＊　＊

イングランド、ローストフト。一月。六〇〇年間、どんな悪天候にもめげずに魚を捕り続けてきた北海漁業の終わりが、これだった。臨海地区の壊れた出入り口やうらぶれたオフィスビルが、経済の崩壊をあからさまに物語っている。魚を揚げるドックも同じだ。かつては、その名を世界に名をとどろかせたイギリス最大の漁港だった。しかし灰色のうねりや篠突《しのつ》く雨が人を陰鬱《いんうつ》な気分にする。気分は、壁に大きく入った亀裂やコーン海運の壊れた事務机の板が立てるぱたぱたという音で、さらに滅入る。

コーン海運は、一番最後まで、町の伝統的な漁場、ドッガーバンク沖で、シタビラメやカレイ・ヒラメ類を捕る「ビームトロール」(大型の桁網。ビームと称する張木によって網口を開口させたトロール漁法)漁船団を操業させていた会社だ。かつては、ドッガーバンクが北海で一番の漁場であることは学校の生徒でも知っていて、ローストフトは東アングリア〔イングランドのラテン語名〕で最も生産的な漁港だった。五八年の歴史を持つコーン海運の事務長、ヒュー・シムズが、二〇〇二年八月に、会社が四〇メートル級のトロール船団を組むのはこれが最後だという困難な決断を下したときのいきさつを話してくれた。魚の数が減る一方で、燃料費は上がるばかりだったのが原因だ。

沿岸漁船は今でも夜間操業をしていて、一、二箱のタラ、エイ、ドッグフィッシュと呼んでいる各種サメを水揚げしている。一四世紀にローストフトが漁村として始まった当時の水揚げ高と変わらない。誰かがスプラット〔小イワシ〕の群れを発見した。目の細かい網でイカナゴを吸いとるデンマークのトロール船をかろうじて逃れたものだ。その深海漁船団も、もういない。ノーフォークブローズ〔イングランド東部ノーフォーク州の湖沼地方〕の観光業のための小売りや商業センターとして以外、ローストフトには未来がない。ローストフト自身には観光するものなどない。この町からしみだしている恐ろしいほどのわびしさは、石炭を取り尽くした後の炭坑街を思わせる。

一九六五年、ヒュー・シムズが、ボストン深海漁業会社が掲載した勅許会計士の募集広告に応募したとき、ローストフトは繁栄した港で、ドックには一二〇隻もの漁船がいた。五社あった漁業会社は、どれも自前の船長や乗組員、さらには大工、整備士、氷運搬人といった陸上職員まで抱えていた。お抱え漁師だからこそ、朝の三時でも連絡を受けたら一分以内に起床し、よい潮を捕らえて出漁することができた。ドックサイドのバーにいる娼婦たちから裕福な船会社の経営者に至るまで、街中が冒険心や浪費をほめたたえた。成功した船長が街に繰り出すときに身にまとうのは、赤やライムグリーンなど色鮮やかなスーツで、ローストフト港で伝統の上陸許可が出たときの服装だった。ある成功した船長がメルセデスベンツを買ったとき、コーン漁業会社の常務は言った。

「よし！　これで、ほかの者もベンツが欲しくなるだろう」

一九五〇年代の全盛期から一九八〇年代まで、ロ－ストフトはロンドンの魚市場、ビリングスゲートにカレイ・ヒラメ類やシタビラメを納める主要供給者だった。ドーバー・シタビラメという名前は間違っている。サボイグリル〔ロンドンの高級レストラン〕のテーブルで饗される魚料理は、ローストフトから汽車でドッガーバンクに運ばれてきた魚である可能性のほうが高かった。ライバルどうしだったローストフトの五つの水産企業は、統合して人員を整理した。しだいに船は大型化し、その分、隻数は減った。トロール漁船は二週間洋上に出っ放しでいられた。新しい投網技術が試され、一九八四年、コーン漁業会社はオランダ方式のビーム・トローリングに切り替えた。二〇〇〇馬力の底引き網トローラーは、底に重い横棒と「ティクラー」チェーンをつけ、海底のシタビラメ、カレイ・ヒラメ類、カスザメ／アンコウを網に追い込む。ビームトローラーは、非常に効率よく魚を殺戮する方法だった。唯一の難点が燃料の重さだった。

一九八〇年代から九〇年代になると、徐々にではあったが、利益が上がらなくなってきた。最も優秀な船長たちは、利益が上がらない北海南部に見切りをつけ、イングランド南岸やアイルランド西岸に移動した。そこならもっと魚が捕れるので、利益も出せる。結局、コーン漁業会社は、海に残された魚の量に比べて、漁船が大きすぎ、それを運営する経費もかかりすぎるという事実を受け入れざるをえなかった。

イングランドの東海岸のカレイ漁船団の没落は、議会の質疑や疑問や叱責《しっせき》を招き、おそらく水産大臣は責任をとらされる羽目に陥ったのではないかと思うかもしれないが、この問題は、最初のメディア報道の後、しぼんでしまった。手遅れだし、市場はすでに他の場所に移ってしまっていた。買い手はイギリスの他の海岸でカレイ・ヒラメ類、シタビラメ、カスザメ／アンコウを求めるようになっていたのだ。消費者は何か感づいていたかもしれないが、店に行けばカレイ・ヒラメ類もシタビラメもまだ買うことができた。

ローストフトのクレアモント埠頭にあるレストラン「キャプテン・ネモ」のメニューには、今でもフィッシュ・アンド・チップスがある。ここではタラ、ハドック、ガンギエイ、カレイ・ヒラメ類、薫製ニシン、マグロの焼き料理などを食べられる。だが、沿岸漁船は、わずかばかりのタラ、ガンギエイ、サメ類を捕ってくるだけだから、足りない分は遠くから、さらにはそのまた遠くから運ばれてくるようになった。キャプテン・ネモに魚を納めているローストフトの魚屋のマイケル・コールは、午前中の四分の一は、魚を探すために電話をかけつづけることで終わると言う。かつては、夜明けにドックで魚を仕入れ、一日いっぱい魚を売ることができた。

コール氏は、ローストフトの深海底漁業船団がいなくなったことを、毎日のように悔やんでいると言う。なぜなら二〇隻の沿岸漁船では、ターボット〔大型ヒラメ〕、ブリル〔ターボットに似たカレイ・ヒラメ類〕、ウイッチスなど深海に住むヒラメ類やレモンガレイを捕ることができないからだ。しかし、世界がどんどん小さくなっていくから、魚商人の仕事は今でもおもしろいと言う。コール氏はフランス、ピーターヘッド、グリムズビー、海峡の港、ミルフォードヘブンに毎日電話をかける。メカジキのステーキ、ヒメジ、フエダイは毎日ヒースロー空港に空輸されてくる。セイシェル、スリランカ、オマーン、ニュージーランド、オーストラリアから来る魚をすすめることもできる。地元の商人が、アイスランドやフェロー諸島で捕れたタラやハドックをコンテナで持ってきて、ドックに水揚げするようになった。

しかし、問題点もある。コール氏が売る魚はすべてまた買いだから、供給者が十分気を配ってくれなかった場合、魚の鮮度が今ひとつ気に入らないこともある。現在のローストフトは、ライバル港のハルやグリムズビーと同様、漁港というよりも魚の取り引き港になっている。コール氏は、消費者として(よいと思うから買ったと想定しても)、夕食のテーブルに並ぶ魚の状態(鮮度、病気、汚染など)がよいものかどうか、消費者にはわかりにくくなっていることを認めた。

通信社、W・H・スミス社のローストフト支社に行くと、トロール漁や勇敢な船長が活躍したローストフトの旧世界が、魚を求めて世界中に出て行く新世界と共存しているのがわかる。地元の作家、マルコム・R・ホワイトが、町の古い漁業会社のことを書いた挿し絵入りの本も、ここで買える。その隣にあったのが、体重と健康が気になる女性のための魚料理の本で、豪華なグラビアがふんだんにある。

反対側には、棚いっぱいに料理の本が並んでいて、とくに目立つのがナイジェラ・ローソン(テレビの料理番組で有名)の料理本だ。最新の夏の料理の本では、メカジキや生マグロの美味しそうな料理が紹介されている。魚を好む風潮は、アメリカや日本からイギリスに伝わってきた。

ローストフトの過去と現在は、漁業の現実(すなわち、漁業も鉱業と同じで、一つの層を掘り尽くしたら、次の層へ移る)を反映している。もしヨーロッパが自前の魚を供給し続けたかったのなら、魚資源を守り、歴史的な水準に戻すためのきわめて厳格な解決法が、すでに講じられ、現在も続いていなければならなかったろう。

しかし、いまや市場は世界規模になった。ヨーロッパは、みずからの魚を調達するために、領海で行使したのと同じ破壊力をもって、世界の他の海に進出しさえすればよい。そして、そういう行為を弁解しなければならないのは、実はヨーロッパだけではないのである。

第2章　クロマグロ狂騒曲

　築地市場（東京）、午前四時四五分。ここは食物連鎖の頂点。海で泳ぐものは、いずれはここにたどり着く。そう言われている世界最大の魚市場だ。世界の中央市場の多くが郊外の卸売り団地に移動したのに対して、東京中央卸売り市場は、ここ大都市の心臓部に居つづけている。朝昼晩と海産物を食べ、その合間にも、〝複雑な自動販売機〟から海産物料理が出てくる国にしてみたら、都市の心臓部こそ、まさに市場にふさわしい場所なのだろう。築地は単なる市場ではない。ある卸売り業者がホームページで不遜にも「無尽蔵の海」と書いていたが、それを祀《まつ》った国家的神殿だ。日本という国全体が魚にはまっているが、ここ築地では思う存分それに耽溺《たんでき》できる。

見物に来る外国人観光客は目をみはる。築地の魅力の一つが江戸前の雰囲気で、日本の古い慣習がたくさん残っている。日本食文化の中毒になり、熱心にも朝まだきに起きて、〝朝の一服〟のために市場にやってくる旅行者。その命や身体は、いろいろな脅威に直面する。箱のようなものにエンジンとハンドルが付いた動力式三輪トローリーが、ものすごいスピードで競《せ》り会場と売場を行き交っている。巨大なさじを装備したトラクターが、岩のようにかたい冷凍マグロを、頭の高さにあるトラックの荷台に積んでいる。ふだんは礼儀正しい日本人だが、このときだけは情け容赦のない〝攻撃性〟を示す。道を譲ったほうが賢明だ。

　築地市場のレイアウトは、こうだ。この大きな平屋建ての海産物競売所では、二つの大きなスペースがマグロ専用にあてがわれている。これよりさらに広い鮮魚用の競り会場では、サケからマアジに至るまで、文字通りありとあらゆるものを売っている。品質にこだわる築地市場では、何もかもが最低温度に保たれている。見せるために少しだけ開けられている氷詰めの発泡スチロール箱の中をのぞくと、ブリ、いろいろな大きさのイカ、アンチョビー、フエダイ、カマス、ぬるぬるしたギンポ、はっと目を引く深紅のキンメダイがいた。

メインの競り会場（場内）に通じるアーケードは場外と呼ばれ、たくさんの小さな店で埋め尽くされている。ほしいものなら何でもありそうだが、ごめんこうむりたいものもたくさんある。中国からきた指の大きさほどのウナギがバケツの中でうごめいている。タンクの中では、ブリ・カンパチ類や太平洋タラの活魚が売られるのを待っている。悪名高いフグもせわしなく泳ぎながら、誰か運の悪い人を殺そうと待ち構えている。フグの皮や肝臓には毒があって、正しく下ごしらえをしないと、食べた人が死んだりする。嘘みたいに大きくて、ペニス状のフジツボなどの蔓脚類《まんきゃく》、新鮮なイガイが、専門の買い手を待っている。タコ専門の店もあり、ピンク色のゆでダコがきちんとおすわりして並んでいた。吸盤は上を向き、その下に脚（触手）が畳み込まれた様子はさながら棘《とげ》のないウニである。いまだメニューでは拝見したことがないが、仕切り箱に入ったダツ〔サヨリ属〕はホースのように丸められ、長いくちばしは体の間に押し込まれていた。ここでは買い手は、種類だけでなく、季節も楽しめる。ちょうど入荷したところで、よい競り値をつけていたのは太平洋産のハシナガサンマだ。バラクーダのミニチュアのような形をした銀色の細長い魚である。

築地市場で最も混雑していて、自転車で来る買い手にはね飛ばされる危険があった場所は、世界の海から空輸されてくる（当然、大量の排気ガスがかかわっている）「海のごちそう」売場だった。メキシコからきたピンクのプローン〔エビ〕、ベトナムやマレーシアのブラックタイガー、北大西洋のホタテ貝、ロブスター、カニ、チリやノルウェー産の養殖サケや生イクラなどが所狭しと置かれている。それぞれの店が何かの専門店だった。

売店には、刺身にとても執着を持つ一五〇〇万都民に新鮮な魚を供し、寿司盛りのできばえや価値を高めるという役目もある。市場で最も儲かる商売だ。東京では至るところで最高級の刺身が食べられる。ビールを注文すると、肴《さかな》として出てくる。マグロやメカジキのような大きな魚は、朝の喧噪《けんそう》の競りが終わると解体され、扱いやすく、さくに小分けされる。

仲卸業者は、午前四時ごろから集まり始め、市場側がパレットに乗せたマグロを吟味する。このあと二時間以内に、およそ一〇〇〇匹の生マグロ（北の海で捕れたクロマグロ、南の海で捕れたミナミマグロやメバチマグロ）が売られていく。隣接するホールの床の上には、生マグロと同じぐらいの数のエラを切り取られたマグロが横たわっている。こちらは、洋上でマイナス五〇度で急速冷凍された魚たちだ。マグロが温まるにつれ、買い手の白いゴム長靴の周りには霧が立ちこめてくる。最も高価なクロマグロが、腹の中の深紅の色（最高の鮮度のしるし）が見てとれるようにと、縦に切り裂かれる。どの魚にも、重量を示したラベルがつけられていて、紙の上に仲卸業者が味見できるよう、小さな試食用の切り身が載っている〔尾は切り落として売られるので、尾のあたりを少し切り取って試食用のサンプルとして皿に載せている〕。だが何よりも経験を尊ぶ仲卸業者は、こうしたサービスを無視し、ひたすら懐中電灯とかぎ針を使って、やけ（腐敗の最初の兆し）の有無や程度を調べる。やけがあれば値は下がる。

休日前の金曜日だから大商いになっていると言うのは、ガイド役を務めてくれたヒデである。二〇代半ばの学生で、来年から働くことになっているオーストラリアのマグロ企業のロゴのついたフリースを着ている。五時半きっかり、競りの人が鐘を鳴らす。帽子の正面にライセンス番号を付けた仲卸業者がスタンドにどっと押し寄せ、競りが始まる。ここ以外にも四カ所で同時に競りがおこなわれている。競りの人はそれぞれ独自の口調や語彙《ごい》を早口で唱えながら競っていく。日本語を解さないものにとっては、競りの人がウォーウォー、キャンキャンという音を怒濤《どとう》のように発し続けているようにしか聞こえない。

一〇秒以内に値段がつく。仲卸業者たちは、指し値を指で示している。信用にもとづく暗黙の契約である。

進化の頂点に達した魚、それがクロマグロだ。〔一般的にはホンマグロと呼ばれている〕。時速八〇キロ以上のスピードで泳ぐことができ、その加速力はポルシェを上回る。毎年大西洋を横断して回遊する。このような目くるめくエネルギーの炸裂を作動させる能力の秘密は、この魚が温血動物だからである。しかし、ここ東京で問題なのは味だ。アルゼンチンのパンパスで飼育されたアバディーン・アンガス〔牛の品種〕に匹敵する魚だという点で一般の意見は一致している。クロマグロにとっては不幸なことである。

まっ先に競りにかけられるのは、魚体の一番大きな鮮魚のクロマグロだ。コッド岬沖〔マサチューセッツ川〕で、複雑な動機を持った漁師に捕らえられた二三二キロの巨大な魚である。伝えるところによると、ニューイングランドの漁業はスポーツ目的でおこなわれているそうだが、明らかに別の動機（お金）もあるようだ。カール・サフィナの著書 “*Song for the Blue Ocean*”〔邦訳『海の歌　人と魚の物語』共同通信社〕の中で見事に明らかにしているように、強欲と政治的圧力がなかったら、マグロ漁はとっくの昔に操業停止か大幅削減をされていなければならなかった。一九六〇年代にはすでに、西大西洋の資源としてのクロマグロは危機的状況にあったが、毎年アメリカ東岸の沿海漁業は、科学者がよしとする以上の数のクロマグロを捕り続けてきた。東京で売られている頭のないクロマグロの死骸は、うやうやしくビニールにくるまれ、氷が詰まった巨大なダンボールの棺桶に入れられて冷蔵されたまま、ボストンから空輸されてきたものだ。アメリカのマグロ漁師が、西大西洋のクロマグロ漁業は、かつてないほど厳しい制約下に置かれていると言っているのは、おそらく正しいだろう。今日誰もが認めている緊急課題は、東大西洋でえさを食べ、地中海へ回遊していくクロマグロの別の大きな〝個体群〟についてである。

まず、驚くのがマグロの値段である。ボストンでは、キロあたり四〇〇〇円しかしない。まるまる一匹だと約一〇〇万円だ。魚一匹の値段としては、これだけでもまれにみる金額だと思われるが、特大の鮮魚クロマグロは一匹五万ポンド〔約一〇二〇万円〕になる。ヒデの期待はもっと高かった。だが、新しい傾向が、市場に下降圧力となって働いている。築地では、最高級クロマグロはふつうキロあたり五〇〇〇円はする。だが、最近は需要が高いにもかかわらず、ぴっかぴかの新鮮なクロマグロの価格は、キロ四〇〇〇円を下まわる不振ぶりだ。南海で捕られ、頭を打ち抜かれるまでオーストラリアの〝養殖場〟で肥育《ひいく》されたミナミマグロが瞬間的に四六〇〇円をつけた。

ヒデは、マグロの「肥育」こそ、市場価格の下げ要因だと言う。もっともヒデはこれを肥育と言わず、「養殖」と呼んでいる。世界中の海で乱獲されているとみなされている魚が、供給過剰になっていると は何とも皮肉な話である。市場では多すぎるのに、海では少なすぎるのだ。

私の知る限り、マグロの養殖は、種をまかずに刈り取りだけをしている唯一の〝農業〟である。本来はマグロ肥育と呼ぶべきで、オーストラリアで始まった。乱獲の結果、小さな魚しかいなくなったミナミマグロを巾着網で群れごとさらってきて、海の中の生け簀《す》に放つのである。価値の低い野生魚をえさにして与え、脂がのるようにする。だから、養殖マグロのほうが野生のマグロよりトロが多い。当然高い値段で売れる。

養殖というが、本来の繁殖事業はおこなわれていない。日本の研究者〔原田輝男、熊井英水ら近畿大学水産研究所〕が明らかにしたように、完全な人工繁殖は理論的に可能であるにもかかわらずである〔まだ産業化はできていない〕。野生種の乱獲に対する課税や罰金がないので、捕り放題の野生種を捕まえてくるほうが、卵から繁殖させるより経済的だ。養殖は、本来の意味の養殖であればよい考えだろうが、そのためにはまず親になる野生種を確保し、卵を採り、孵《ふ》化《か》させ、その後も適切な面倒をみなければならない。オーストラリアは、ミナミマグロはきちんと管理されていると主張しているが、ヨーロッパでは違う。

マグロ肥育が地中海を席巻《せっけん》するには一〇年もかからなかった。クロマグロは、古代ギリシャ時代から、それを殺すことは栄誉あるものとされ、古代ローマの軍団は戦いに備えて食べた。東大西洋のクロマグロの個体群は西太平洋のクロマグロの個体群より大きい。クロマグロは大西洋の大きな長円の範囲を大回遊し、さらには地中海の一角にも移動する。かつては、マグロ漁は非効率的に捕るか、シシリアのマッタンツァ〔マグロの追い込み漁〕のように、定置網を複雑に仕掛けて群れを追い込み、やすを使った血みどろの方法で、魚体の大きな種だけを捕っていた。

現在では、フランスやスペインの巾着網船団が、先端技術を使って魚の居場所を探知し、巾着網であらゆる大きさのクロマグロを囲い込み、ゆるく絞った巾着網の中身を生け簀に入れる。生け簀はゆっくりと、二ノットの速さで、最終目的地へと引っ張っていかれる。スペイン、マルタ、シシリー、キプロスといった地中海周辺では、肥育させる蓄養場《ちくようじょう》は、クロマグロの損傷数をなるべく減らして海辺の生け簀に連れて来るのに都合のよい場所に発達した。この交易は、日本と貿易をする者だけではなく、マグロを輸送する航空会社にも漁網や生け簀のメーカーにとっても非常に額の大きな商売を産みだした〔日本では、肥育マグロのことを蓄養と呼び、本当の孵化からの養殖と区別しようという傾向がある〕。

マグロの蓄養が始まって以来、漁獲量を正確に監視(モニター)しようという希望は消えた。地中海で割り当て制が適用されるのはクロマグロだけである。他の魚の魚体は情けないほど小さい〔成魚が取り尽くされて、若魚しかいないということ〕。このことは、ヨーロッパ文明のるつぼの中で、二〇〇海里排他的経済水域(EEZ)内においてさえ、漁業管理がおこなわれていないことを反映している。クロマグロの漁獲量を測るのがとくにむずかしいのは、蓄養魚がそのままそこで水揚げされないことと、最初に捕獲された海とは別のところまで連れて行かれることによる。

この二年のうちに、蓄養／肥育は、地中海からカナリア諸島、さらに西のバハ・カリフォルニア〔メキシコ〕へと広がっていった。こうしたところでは熱帯種のマグロが、日本市場はもとよりロサンジェルス、ニューヨーク、トロントのフュージョンレストラン〔ジャンルを越えた融合／創作料理〕に送られるために肥育されている。

築地市場では、地中海やオーストラリアの蓄養場から届くクロマグロの数は、死骸に貼ってあるステッカーに記載された数字からわかる。今年は、明らかな供給過剰が判明した最初の年である。価格に影響を及ぼすから、日本では懸念材料だ。ヒデは、「今年は地中海から三万トンのクロマグロが来た。地中海では豊漁だった。だが、二年以内に供給問題が生じてくるだろう」と言う。

ヒデは婉曲《えんきょく》に供給問題と言ったが、どういうことかと言うと、クロマグロの成魚資源が殺されてしまうので、じきに親マグロはいなくなるという意味なのである。この問題はすでにコペンハーゲンに本部のある国際海洋探査委員会（ＩＣＥＳ）で取り上げられている。ＩＣＥＳの科学者は、三万トンですら、持続可能な漁獲量の二倍ほどになると信じている。

困ったことに、クロマグロの管理はＩＣＥＳの仕事ではない。大西洋のクロマグロの保護は、マドリードに本部を持つ大西洋マグロ類保全国際委員会（ＩＣＣＡＴ）の仕事なのだ。ちなみにＩＣＣＡＴは、マグロ類乱獲国際委員会(International Conspiracy to Catch All Tuna)と揶揄《やゆ》されている。ＩＣＣＡＴの科学者は、クロマグロの資源量を査定し管理方法を提言する。アメリカ、日本、ＥＵを含む大西洋マグロ条約加盟国の政治家は、しかるべくそれを無視する。

科学者の最新の評価によるとは、事態はこれまで以上に悪化している。西大西洋のクロマグロはアメリカやカナダの東海岸で増えるのだが、その資源量は、一九六〇年代の約一〇分の一まで減ってしまった(さらに事態を混乱させることには、ある種のマグロは今や大西洋を渡って他の地域のマグロと入り混ざっている。この点を考慮すると、資源量の管理は政治的にいっそう困難になる。だからICCATは、あえて査定しようなどとは思わないわけだ)。

マグロの蓄養が始まった結果、東大西洋や地中海における漁獲量情報の収集や規制設定のためのシステムが崩壊してしまった。ICCATは、地中海および東大西洋における現在のクロマグロの漁獲量は三万二七五四トンで、同委員会が考えるクロマグロの持続可能な漁獲量は二万六〇〇〇トン以下だと考えている。これは、ICESの数字よりだいぶ高いが、それでも現在の漁獲高より相当少ない。したがって、現在の漁獲水準が、繁殖可能な親の個体数をさらに減らすことは文字通り保証つきである。

科学者は、マグロ漁獲国が、捕った魚の量と種類の記録を提出していないことを「強力に」懸念《けねん》していると言う。強力に懸念という表現は英語としては正しいとは思えないが、イギリス人の関知したことではない。なぜなら、この場合、マグロ漁獲国とは、原則的にフランスを指すからである。

一九七五年以来、大西洋および地中海では、これ以下の魚体のマグロは捕ってはいけないという規制が設けられているが、科学者はこれが無視され続けていると指摘する。七月中旬から八月中旬にかけての巾着網漁の禁止や、マグロの群れを見つけるための偵察航空機やヘリコプターを六月に使用することも禁止されているが、こちらも同様に無視されている。科学者たちは力なく、こうした禁止手段は強制的にするべきか、あるいは強制できるものかという問題を問いかけ、ICCAT規則を守るものとされている各国の政府に対して、「小型の魚が過剰漁獲されているし、大型魚の漁獲量が一九九四年以来急増しているのを深刻に懸念している」と指摘している。

マグロ蓄養場の爆発的な増加により、野生のマグロは持続可能でなくなるまで捕られ、一九九六年には五万トンも過剰漁獲された。翌年もほとんど同量の乱獲で、その大半が、産卵もできないような小さな魚だった。皮肉な見方をすれば、捕らえた魚の量と種類の記録は、漁業国を困らせる原因になるかもしれないから、記録(データ)など発表しないほうが無難なのだ。

科学者の真剣な警告にもかかわらず、二〇〇二年のICCATの会議に送り込まれた政治家連中は、来るべき四年間で割り当て量を二万九〇〇〇トンから三万三〇〇〇トンに〝増やす〟ことを可決し、これを多年次管理計画と称した。私は帰りの飛行機の中で「マグロ評価」を読み直してみたが、なぜ増やすことになるのか、どうしてもわからなかった。もしかしたら、自分は、本当はマグロ資源の実際的な保護に結びつく何かを理解しそこなっているのだろうか?

そこで、スペインのWWF(世界自然保護基金)のセルジ・トゥデラに聞いてみた。私は何も理解しそこなっていなかった。これがICCATなのだ。「これはゴールドラッシュなんだ。だれもが群らがっているが、クロマグロの漁獲量を持続可能なレベルに収めておこうと真面目に取り組んでいる者などいやしない」とトゥデラは言った。

だから、われわれが築地市場の競り会場で見ているものは、正真正銘のスキャンダルなのである。世界の魚市場には悪臭が漂っているが、築地は世界でもまれに魚臭くない市場かもしれない。日本人の強迫観念に近いきれい好きが、小路や側溝に至るまであらゆる箇所で発揮され、一日に何度もホースで水をまき、汚れをブラシでこすり落としている。とはいえ、何かがにおう。なぜなら、ここには、世界の量のクロマグロ資源をほぼ枯渇状態にさせてしまうほどのクロマグロが毎日出入りしているからだ。一九八〇年代にアフリカに蔓延した、あのおぞましい密漁によってクロサイや象がたどった運命と同じ〝におい〟がする。クロマグロは、グローバライゼーションと言うとき、ほとんどの人が意味している「持続可能でない自由貿易」の手本のような例である。

事実、世界にはワシントン条約(CITES、絶滅のおそれのある野生動植物の種の国際取引に関する条約)という健全なることこのうえない地球規模の解決法がある。同条約の付属書1(全面的取引禁止を意味する)に象を追加したことで、お察しの通り日本の高い象牙需要を満たすために絶滅寸前だった象が助かったのは確かである。

スウェーデンはクロマグロの群れを壊滅させてしまった国である。一九九二年、善意と良心の呵責《かしゃく》から、スウェーデンがクロマグロをワシントン条約のリストに入れようとした。ワシントン条約の付属書2に入れようと提案したのである。付属書2に入るのは、取引こそ禁じられていないが、取引をする双方の国で厳しく管理され、その動物が合法的かつ資源持続可能な方法で捕られたことを証明する文書を伴っていなければならない。

付属書2には、すでにカスピ海のチョウザメなど数種の淡水魚が含まれているから、明らかにマグロを含めることは可能である。だが、一九九二年の提案は、日本の強い外交圧力やアメリカ国内のマグロのロビイストの圧力でつぶされてしまった。日本がどのような圧力をかけてスウェーデンに提案を撤回させたかを記した記録はない。トヨタやソニーテレビを輸出しないと脅したのだろうか、それともボルボに対する関税障壁《かんぜいしょうへき》を高くすると脅したのだろうか? いずれにせよ、この圧力が効いて、スウェーデンは提案をひっこめざるをえなくなったのである。

CITESで再び圧力を作るには、現実的にはクロマグロのリスクが、大西洋クロマグロ(国際自然保護連合〔IUCN〕のレッドリスト中で絶滅危惧種として分類されている)より高いことを示す資源評価を整える必要がある。目下、リストにはクロマグロの世界資源は「データ不足」と書かれている。皮肉屋だと言われるかもしれないが、もしかしたら地中海諸国がなかなか漁獲高を報告しないのは、このためなのではないかと思う。

誰でも自由にマグロ蓄養ができるということは、クロマグロは絶滅か、シロナガスクジラ程度の個体数(一五〇〇頭)で生き延びるかの運命をたどるしかないと思われる。そうであるなら、責められるは日本だけではない。もちろん日本は正真正銘、世界で唯一のクロマグロ市場だし、一九七〇年代、一九八〇年代にブラジル沖のマグロの個体群を延縄《はえなわ》漁船団で捕り尽くしてしまった国だから、公正な責めを受け止めなければならない。日本は、自由貿易のルールに従っていると、とぼけている。だが日本は、おそらく間違いなく、主に台湾の違法延縄漁が捕ったマグロを、他のどこの国よりもたくさん買っている。日本はこれまでに、熱帯の海のマグロ（キハダマグロ、カツオ、メバチマグロ）を捕る台湾の延縄漁船を一四〇隻買収した。これらの台湾船は、日本の熱帯延縄漁船団のライバルである。温帯水域のクロマグロについては、これからまだまだたくさんしなければならないことがある。

しかし、大西洋の大型のマグロが崩壊でもしたら、次世代の食料となるはずだった群れを絶滅させた責めは、日本にとどまらず、七五の捕獲国（主として、最大の漁場に対する管理責任のあるアメリカとヨーロッパ）に及ばなければならないだろう。欧米は何かにつけて、保全の先頭に立っていると主張している。しかし大西洋に残された最大のクロマグロの個体数へのアクセスを持つヨーロッパの場合、皮肉な事態がはびこっている。

ＥＵ漁業委員のフランツ・フィシュラーは、マグロの新しい蓄養場は水産補助金を受ける資格があるかと質問され、ＥＵの規則の下では「イエスだ」と答えた。私は、一九九四年以降、スペインだけでもマグロ蓄養に六五〇〇万ユーロ（約九億円）の補助金を与えているという事実を突き止めた。すべてとは言わないが、その多くはＥＵの金庫からきた金だろう。あるＥＵの役人は、こうした補助金を出す口実として、海サケ蓄養場の例を引き合いにだした。こちらも孵化をせずに魚を育成しているではないかというのである。こうした蓄養サケは淡水の湖や川で育てられていた。私が、蓄養サケは幽閉された状態で育てられている点を指摘すると、「補助金についてはＥＵも懸念しているが、ことはＥＵだけの問題ではなく、地中海全域を巻き込む」という弁解に切り替えた。こうして、マグロ問題は身動きがとれなくなってしまった。いずれにせよ、EUのこの役人は、漁業規制責任者の決まり文句となっている実用的な言葉を言い添えた。

「この問題は、一斉禁止ではなく、規制に持ちこみたいと思っている」

もしクロマグロが濫費《らんぴ》され、枯渇《こかつ》がそう遠い先のことでないなら、責められるのは政府だけではない。消費者もまた責任を負わなければならないだろう。そして、消費者というのは、日本食を食べる日本人に限られない。寿司嗜好は東洋ではすでに確立しているが、日本からはるか遠くにある国々のレストランやスーパーにも広まっている。

ヨーロッパには、日本では、クロマグロがうそのように高いので、金持ちしか食べることができないという神話がある。もしそうなら、取引規制など簡単だろうと思うのだが、現実には、三万ポンド〔約六一二万円〕の値がつくクロマグロは築地でも珍しい。ほとんどのクロマグロは、何百人もの人が少量ずつ消費している。

築地市場を取り巻く「場外」にはたくさんの食堂がある。ヒデと私は九時にそこに行った。早起きしてからもう何時間も経っているので、朝食にありつこうと思ったからだ。最初に見かけた食堂に入った。ヒデはタラとキャベツのスープを選んだ。合わせて六〇〇円だ。メニューに、クロマグロの刺身セットというのがあった。一一〇〇円だった。私は空腹と好奇心にまかせてそれを注文した。優雅にカールした新タマネギのスライスとキュウリ、ワサビ、醬油が、一五〇グラムの暗紅色の刺身の盛りに添えられていた。刺身の舌触りは官能的で、味は濃かった。ご飯の入った箱とみそ汁の椀とセットになっていた。美味しかったが、忘れられない味となった。なぜなら、クロマグロを食べたことで私は罪悪感にさいなまれたからである。奇跡が起きてクロマグロ資源が回復をするまで、生涯今回食べただけで十分なのだと心に決めた。もし奇跡の回復が起こるとしたら、それは、日本人はもともと世界中の人が、もっと魚を食べる量を減らすことに慣れたときである。

＊　＊　＊

ビーゴ（スペイン）、朝七時。ビーゴは、人が消費する魚の水揚げでは世界最大の港だと豪語している。北海やペルーでは、フィッシュミール用の小魚をもっと大量に水揚げしているが、ビーゴには生き残っている見事な大型深海魚が揚がる。メカジキやサメが真新しい市場の床を埋め尽くしている。スペインの遠洋漁船団のために建てられた建物で、建設コストの七五％はEUの補助金でまかなわれたと聞いた。波止場には他にも二つのとてつもなく大きな競り会場があり、一つはタラやメルルーサなど海底に住む底魚《そこうお》専用で、もう一つは、アンチョビーやイワシなど浅海《せんかい》に住む浮魚《うきうお》専用の競り会場だ。ちなみに、この日そこを埋め尽くしていたのは、たった二隻の漁船が遠洋水域で、二週間未満の操業で得た成果だった。

通路を除き、フロアー一杯に、重さ四四〜二四一キロのメカジキが並べられていた。ポーチュギーズ・シー号という名前の全長二八メートルの延縄漁船がアゾレス〔ポルトガルから一五〇〇キロの大西洋に浮かぶ諸島〕沖で捕獲してきたものだ。水揚げ時、市場の秤で一匹ずつ重さを測り、船長の航海日誌に記録される。

ポーチュギーズ・シー号の副船長のカルロス・パチェコは、漁獲記録をつけながら、われわれにこう言った。

「これだから漁師はやめられないよ。もっとも、すごい嵐にも何度か会ったがね。最後の嵐のときは、ビールのジョッキの縁に立っているかと思ったぐらい波が泡立ち、デッキが見えないほどだった」

メカジキは、鉤《フック》で船に引き上げられるときに非常に攻撃的なことで知られている数少ない魚の一つである。時には漁船を沈めてしまうこともある。そのメカジキがパレットの上に載せられ、長い列になって何列も並んでいる。各列の後尾にはサメが積まれている。ほとんどがオナガザメだ。尻尾の上が長い脱穀機のリボンのようになっているのでわかる。あまり価値がないとされている魚だ。ところどころに、ヨシキリザメがいる。その身はオナガザメより高く評価される。おそらくこれらのサメは、一年前なら決して水揚げなどされなかったろう。ヒレだけ切り取り、残りは海に捨てられていた。EUは、まもなくサメは丸ごとの水揚げを義務化すると決定した。だから船長たちは早々とこの規則に従うか、サメの価格の値上がりを見込むかのいずれかのスタンスをとっている。

二〇トンほどの獲物には二つの異国情緒豊かな魚も含まれていた。レモンドラド〔シイラ〕とマンボウだ。メカジキはキロあたり六ユーロで売られている。もっと市場性のあるサメはキロあたり一・五ユーロ、残りは七五~八〇セントだ。競り会場を見渡し、このすごい量の漁獲が、たった二隻の延縄漁船の一〇日間の操業で捕れたものだと思うと、海の生産性に対する畏怖《いふ》の念がわいてくる。

私のWWFスペイン支部の情報源《コンタクト》で、ガリシア〔スペイン北西部〕のラウル・ガルシアは、四メートルもあるメカジキを見て安心したようだった。われわれの目の前にあるのは保全の成功例だと言うのである。もっとも、この成功は短命で終わりそうだ。マグロだけでなくメカジキも管理しているICCATは、一九九〇年代末、北大西洋のメカジキの漁獲量の驚くほどの落ち込みと魚体の小型化に直面し、数年間ではあったが、メカジキの割り当て削減に成功した。合法的な漁業を実施している国々は、漁獲報告をしない違法操業船に便宜的に船籍を供与していた国々に貿易制裁を課した。その結果、ベリーズ〔中央アメリカ、カリブ海に面する国〕などの国々は、海賊漁船に国籍証明書を出すのを止めた。アメリカでは、メカジキ不買運動も功を奏したように見えた。

一〇年前に絶望的な状態に陥っていた北大西洋メカジキ資源は回復した。最近、ICCATはメカジキの割り当てを一〇%増加した。ほぼまちがいなく時期尚早である。これが残った魚の乱獲に拍車をかけるかどうかは、これからわかる。最も懸念されるのは、これまでアゾレスとポルトガルの漁師にだけに二〇〇海里ＥＥＺが開かれていたアゾレス諸島周辺で、近々ヨーロッパの漁船に対して一〇〇海里水域での操業が許されることだ。これにより比較的操業が少なかった水域が開放されてしまうことになる。ビーゴ市場に来ているメカジキは主としてこの水域、すなわちメカジキがＥＵの延縄魚船団から避難できる最後の逃げ場で捕られたものだった。ＥＵは、またしても持続可能でない漁業の手先となっている。

これに限らず、どこの海でも心配な兆候が現れている。南大西洋のメカジキの状態は、もっと悪かった。地中海のメカジキも絶望的で、捕れるのはすべてまだ一度も産卵のチャンスがなかった小さな魚だった。ひどいことに、記録的な漁獲量が続いた。北大西洋での成功例は、われわれに何かできるかを教えている。一般的な傾向とは逆だが、どのぐらい続くのだろうか？

この傾向については、科学雑誌『ネイチャー』に背筋の凍るような論文が載った。著者は一〇年かけて世界の主な漁場を評価し、大型魚（マグロ、メカジキ、マカジキなど）や大型の底魚（タラ、オヒョウ、ガンギエイ、シタビラメ）資源は、一九五〇年当時の資源量の一〇％しか残っていないことを突き止めた。同記事の共著者で、カナダのダルハウジー大学の漁業生物学者であるランソム・マイヤーズは、当時、次のように語っていた。

「巨大なクロカジキからクロマグロに至るまで、熱帯のハタから大西洋のタラに至るまで、資本漁業は世界の海で漁りまくってきた。青いフロンティアはもう残っていない。一九五〇年に資本漁業が始まってからというもの、魚資源量を一〇％を切るまでに減少させてしまった。これは、特定の海域や特定の魚資源に限られたことではなく、熱帯から極洋に至るすべての海にいるこうした大型魚類の群集全体について言える」

わけても懸念されるのが、資本漁業が、新しい魚類群集を見つけては、それを枯渇させるのに要した歳月の短さではないだろうか。わずか一〇～一五年で、資源はかつての一〇分の一になってしまった。マイヤーズの同僚で、ドイツのキール大学のボリス・ワームは次のように言っている。

「人類が生態系に与えた影響は、きわめて過小評価されている。大型動物相、海の大型捕食動物（マグロなど海の食物連鎖の頂点にいる動物）、人間が最も重んじる種、これらの枯渇《こかつ》は、それぞれの魚やそれに依存する魚の未来にとっても脅威であるばかりか、海の生態系の組織を総入れ替えしてしまうことすらありうる。その結果、地球がどうなるかは未知である」

マイヤーズとワームは、楽観主義のつけいる隙《すき》などないことに気づいた。二人が発見したことは、大陸棚の海はもとより、誰もがまだ栓を切っていない大型魚の貯蔵湖があるかのように思っていた公海にも当てはまったからである。二人は、日本の延縄漁船団から得たデータを見た。延縄漁は広くおこなわれている漁業方法で、極洋付近の海を除いて、世界中の海で漁に使われている。この日本のデータによると、かつては一〇〇の鉤《フック》をつけた延縄に一〇匹かかっていたのが、今では一匹しかかかっていない。

このことを、ダニエル・ポーリー（ブリティッシュ・コロンビア大学教授、水産資源研究所所長、シー・アラウンド・アス・プロジェクト主任研究員。二〇〇五年（第一三回）花の万博記念「コスモス国際賞」の受賞者）は、「紙の焼けこげの穴みたいなものだ」と説明する。「穴が大きくなると、魚は縁へ縁へと集まる。結局最後には逃げ場所がなくなるわけだ」。

マイヤーズとワームが提案する解決策は単純だが、荒療治でもある。最も危機に瀕している個体群では、一年間に殺す魚の数を五〇％削減しろというのである。どうすれば政治家という猫の首にこの解決策の鈴をつけるか、それが世界最大の政治的課題の一つである。

マイヤーズは「資源量が回復してきたら、投入する漁獲努力量を三分の一とか一〇分の一にして、回復した分だけ漁獲すればいい。最初は、これは漁業者にとって受け容れがたいだろうが、長期的に見るなら漁業者にとっても得になる」と言う。

　海の大型魚を保護するには十分な大きさの完全な禁漁水域を、ネットワーク的に設けるという手もある。これらは海洋保護区的な役割をする。

　ずいぶん思い切ったやり方だと思うかもしれないが、こうでもしないと、マグロ、メカジキ、サメといった魚は、記憶の中に住むだけの魚になってしまうだろうとマイヤーズは言う。

「強力な反対がある。生き残っている資源量をめぐる議論は相変わらずかまびすしい。衛星やセンサーを使って最後の一匹まで捕えようとしている。われわれは、種によっては、本当に絶滅がすぐそこまで迫っていることを理解しなければならない。そして、手遅れになる前に、いま行動しなければならない。シュモクザメやクロマグロが、うちの五歳になる子が泳ぐような海にいてほしい。もし今のままで魚を捕り続けるなら、こうした大型魚は恐竜と同じ運命をたどるだろう」

　マイヤーズとワームは、わずか人の一生ほどの期間に起こった変化の大きさを明らかにし、漁業を立て直して海洋生態系を健全なレベルに戻すのに必要な「失われた基準値」を定めたと信じている。だが、ご想像に違わず、最後の一〇％の命運を握るのは自分たちだと非難されていることがわかった多くの現役の漁業科学者や役人は、二人の出した結果の受け入れを渋っている。

「魚類群集の急速な枯渇の全体的なパターンは認められてきたが、個々の種の現状、とくにマグロの現状となると、論争がくりひろげられた。無理からぬことだが、漁業管理者の中には、とても容認できないという者もある」とマイヤーズは言う。だが、『ネイチャー』誌の編集者は、そんなことには頓着《とんちゃく》しないでいい。マイヤーズとワームの結論は、プロの漁業〝管理者〟や『ネイチャー』誌への投稿記事を評価するフリーランスの科学者の厳しい目をクリアし、見事同誌のカバーストーリーとなった。

　大型魚が取り尽くされるにつれ、代替魚探しが始まっている。メニューに登場する大きな魚は、しばらくは資源が豊かな小型の魚に取って代わられる。小さい魚は、大型の魚がいなくなったので一時的に増えるのだ。あるいは輸入大型魚が代わりを務めることもあり、このプロセスは、東京からローストフトへ、ビリングスゲートからヨーロッパ最大の魚市場「メルカマドリード」へと続く。メルカマドリードの競り人の一人が私に言った。

「二〇年前、市場はこんなに大きくなかった。あっという間に大きくなった。以前は、魚はチリやアルゼンチンやスペインから来たものだが、今や魚は世界中からやってくる」

ランソム・マイヤーズもボリス・ワームもダニエル・ポーリーも一致して、この現象は、魚の供給がふんだんにあるという間違った印象を与えると言っている。ダニエル・ポーリーが、一九五〇年代から続いているこのプロセスに「フィッシング・ダウン・フード・ウェブス」という素晴らしい名前をつけた（「食物網における漁獲対象の低次元化」のこと。つまり海洋における食物連鎖の上位に位置する大型魚類を乱獲すると、漁獲の対象が、次々に下位の中型魚類、さらに小型魚類へと移行し、これにより水産資源の枯渇と海洋生態系の破壊を招くという。東京農業大学新聞ウェブサイトより）。「食物連鎖における漁獲対象の低次元化」と呼ぶ人もいるが、魚には、鎖より網のほうが縁が深いから、私は前者のほうが好きだ。

ポーリーの見解によると、最終的にわれわれに残されるのはクラゲとプランクトンだけである。だが、そうなったら漁業もおしまいだろうと思ったら大間違いだ。ポーリーは、アメリカのジョージア州の漁師がすでに毎週二万二五〇〇キロのクラゲを日本に送って生計を立てている事実を報告している。日本では、クラゲの棘《とげ》を取り去り、ウエハースのようなものに加工してしまうのだそうだ。

ところで、スペインやその他のEU諸国、アメリカ、日本の消費者は、魚にはもっとお金を払えることをみずから証明してきた。理由は、魚は健康食品だし、魚を食べるのは当世風だからだ。供給が減っていることを示す確かな証拠は、価格が上がり続けていることだ。需要の増加とともに、魚の実質価格は上がった。農業技術が大きく進歩した結果、チキン、ビーフ、ポーク、酪農製品が劇的に値下がりしたことを考慮すると、過去三〇年間における海産物価格の上昇の意味は、より明白になる。

一〇年、いやそれ以上になるが、私が個人的に海の幸がいたるところで減っていると確信するようになって以来、どうしても不可解なことがあって、悩み続けてきた。

良心を持った魚商人のレン・ステイントンが私をピーターヘッド(スコットランド最大の北海漁港)の事務所に招いてくれたときだ。レンが静かにこう言った。「以前は、人間ほどの大きさの魚が揚がったものだ。今じゃ、手のひらサイズの魚でも掛かってくれれば運がよいほうだ」。それから私を二階の取締役室に連れてゆくと、一九八〇年代初期の市場の写真を見せてくれた。現在と比べると、床面積も二倍、魚箱の数も二倍はあったろう。漁師たちは、思い通りの競り値がつかないと、魚を埠頭まで押して行き、海に捨ててしまったものだとレンが苦々しげに言った。漁獲量は世界的に減少しつづけているにちがいないとレンは言った。

多くの人が不可解に思ったのは、われわれの目の前で起きていた減少が、漁業統計の究極的権威である国連食糧農業機関(FAO)が編纂している「世界年次漁獲量統計」に現れていなかったことだ。FAOの統計によると、世界の漁獲量は増え続けていた。おそらくレン・スタイントンや私のような人間が考えているよりも多くの魚が、どこかにいたのだ。

現在、(ブリティッシュ・コロンビア大学のレグ・ワトソンとダニエル・ポーリーの優れた探偵作業のおかげで)一九五〇年以降上昇し続けているとされている世界の漁獲量は、実はその年から減少し始めていたことがわかった。だが、この情報が広く大衆に知られるまでには一一年かかったのである。この情報は、われわれが地球の四分の三をどう管理するかにとって決定的に重要で、世界の食料供給にとっても非常に重要であるにもかかわらずである。

何よりも多くを物語るのは、この情報がＦＡＯの出版物ではなく、科学雑誌の『ネイチャー』で紹介されたという事実だろう。

国連の公式数字がまちがったのは次のような事情による。ＦＡＯは、世界の漁獲高は毎年増えていると報告した。一九五〇年には四〇〇〇万トンだったのが一九九〇年初頭には八〇〇〇万トンになった。一九九二年にはグランドバンクスのタラが崩壊した。にもかかわらず、世界の漁獲高は増加し続けた。そして他の漁場の崩壊(その七五％について、ＦＡＯは枯渇あるいは過度な漁獲であると警告していた)にもかかわらず、総漁獲高は容赦なく増加し続け、二〇〇〇年には九五〇〇万トンにまで増えた。

どうしてそうなるのか？　ワトソンとポーリーは世界中の海の生産性を調べてみた。それを推計してみると、生産性は、一つの海を除いて、どの海洋でも報告された漁獲高と一致して減少していた。世界で最も人口の多い国、中華人民共和国周辺の海は、ほかの海と同様乱獲が進んでいることで知られている。ところが、中国の漁獲高だけが上昇し続けていて、年間一〇〇〇万トンだと言っている。信じられないような数字である。生物学的に可能な数字の二倍だとワトソンとポーリーは言う。なぜこのような間違った数字が出たかというと、今でも共産主義の中国ならではの理由が考えられた。中国では、生産性を高めた役人だけが昇進できる。だから生産性は奇跡の上昇を遂げるわけである。もし中国がもっと現実的な推計を使ったなら、世界の漁獲高は一九八八年以来減少していることが明らかになったはずだ。

ワトソンとポーリーの二人の博士は、毎年の減少高は七〇万トンだと考えている。これであれば、世界の魚資源の減少と一致すると言う。減少を示す公式な数字はまだない。中国の出してくる数字が不正確だと信じるようになったＦＡＯは、中国政府に正確な水揚げ高の記録を提出するよう説得している最中である。

人類の人口が容赦なく増え続ける一方で、世界の魚が尽きようとしていることがわかった。これは、一九七〇年代に環境保護者たちが予言した「成長の限界」に陥ってしまったということを意味する。魚の養殖によって、食料供給を安定・増加させる方法はいくつかある。もっとも、サケのような捕食動物のえさは野生の小魚である。これは、資源としての海の野生の魚について、われわれが充足の時代から懸念の時代へと時代の境界を越えてしまったということを意味する。

ワトソンとポーリーは『ネイチャー』誌に次のように書いている。

「世界の漁業と人間の需要が同じペースで進んでいるなら、一般の人が心配したり、国際機関が介入する必要はないだろう。だが、調整済みの数字が示すように、世界の漁業生産高が全般的に下降線をたどっているなら、明らかに何かしなければならない。……現在の乱獲傾向、大規模な沿岸生息地の破壊、持続不可能な蓄養(アクアカルチャー)事業の急拡大は……世界の食料安全保障にとって脅威である」

私はアイルランド生まれの、南カリフォルニア大学の生物化学教授、ドナル・マナハンと話していた。一九七〇年代にトリニティー大学(ダブリン)の学生だったマナハンが私に言った。

「一年生のときの講義を覚えている。先生は、君たちの生きている間に、世界の漁場は、崩壊か減少の一途をたどり、完全に消えてしまうだろうとおっしゃった。先生は何という洞察力をお持ちだったのだろう！」

第3章　貧者から盗んで、金持ちの食卓にぎわう

ダカール（セネガル）、西アフリカ。一四九トンの冷凍トレーラー漁船、ビダール・ボカネグラ・クアルト号はスペインのフエルバで登録した船である。重油で汚染された黒い水をたたえるダカール港内に停泊しているところは、さながら白鳥のようだ。このスペイン船籍の船は、船首から船尾までライトグレーに塗られている。甲板にまだペンキの缶が転がっているところを見ると、ごく最近の航海に出るときに塗られたのだろう。常時海中につかっているトロール・ドアと船を係留するための大索《だいさく》以外は一片の錆《さ》びもない。

一方、その周囲で作業中のセネガルのトロール漁船は、塗装部分全面に錆の筋が流れている。修理やスクラップになるために、いっしょくたに引っかけられているケーソンなども同様だ。こうしたたくさんの船の残骸の中で、スペインのトロール船はひときわ目立つ。

逆に、ひときわ腐食が進み、薄暮《はくぼ》の中で見ると不吉にすら見える船がある。ノースシー一号だ。一九七〇年代半ばにイギリス・アイスランド間で起こった最後の「タラ戦争」の時代に登録され、以来ずっと遠洋漁業に出ていたトロール船である。この老海賊船は、今ここでその生涯を終えても不思議ではない。

報道陣がスペインのトロール船をもっとよく見ようと乗り込んだとき、船長が現れて、われわれも乗せてくれた。長年海で生きてきたペペ・ホセ・ベダール・アクナ船長は錆び茶色をしていた。ここ、ダカールに入港した目的は、必要品の補給とプローン、カニ、ロブスターなどの漁獲の水揚げだ。これらの漁獲物はその日のうちに、目の肥えたスペインの魚

市場に空輸されていく。地中海諸国はプローンに最高の値段をつけてくれる。プローンは地中海の味そのものなのだが、皮肉なことに、地中海ではもはや捕れない。非番でご機嫌だったペペは、船を案内してくれた。スウェーデンの漁師でありジャーナリストでもあるボー・ハンソンが感心したようにブリッジの上にずらりと並んだスクリーンを指さした。この船の自慢は二基の魚群探知機、二基の衛星ナビゲーション・システム、二基のソナー、二台のコンピュータといったように、すべての装置をダブルで備えていることだ。理由は、機器が故障して、漁の途中で帰港を余儀なくされないでもすむようにとの備えである。あらゆるものがそろっているビダール・ボカネグラ・クアルト号は、経営内容のよい、完璧な殺魚マシンだ。

「スペインの漁師は世界中にいる」とペペは大きな身振りで断言した。アンゴラ、モーリタニア、モロッコ。セネガルでは、一七人の屈強なセネガル人クルーと三人のスペイン人が乗り組んでいる。ペペは毎年六カ月間、西アフリカ沿岸沖で貝を捕る。今回の長い遠征で、あとの半年を故国で暮らせるだけのものを捕ることができた。

二日前この海域で、われわれはモーターボートを、セネガルの伝統的な遠洋航海用のピローグ（大きな丸木舟、カヌー）に横づけした。一一人の漁師からなる乗組員は、歌を歌いながら巾着網をたぐり寄せたが、網の中は空っぽだった。あったのは、損傷した小さなタツノオトシゴと一つか二つのウニだけだった。ラミン・サールという若い漁師は、捕った魚を入れておく容器の中にぱらぱらと入っているサーディネラ〔ニシン科〕を見せてくれた。「今日はまったくだめだね。燃料代にしかならないだろう」。おじいさんの時代は毎日豊漁だったというが、今は運のよい日でも、乗組員一人あたり一〇ポンド〔約二〇〇〇円〕稼げればいいほうだという。そうして、運のよい日は月に一度あるかないかだという。

翌日、ウンブールという海岸沿いの大きな漁港で、金縁めがねをかけ、青いロープをまとった古老が外国のプレスと会うためにやって来た。政府が契約した協定について一言言いたいのだという。この協定により、EU、日本、台湾のトロール船がセネガル水域で漁業できるようになった。「このような漁業協定はセネガルに貧困をもたらした」と、この古老は簡潔に言った。この意見にはノスタルジア以上のものがあることを科学者が証明している。

大西洋最大の大湧昇《ゆうしょう》〔栄養塩に富んだ深層水が、海洋の縁辺で上へ湧き出る場所〕のおかげで、西アフリカ沖は世界で最も豊かな水域だ。一二〇〇種以上の魚がいる。モーリタニアの砂漠を吹き抜けてきた貿易風が、海に抜けるとき上昇海流を起こし、これが深層水の養分を表層まで引き上げているのだ。この栄養分のおかげで、海洋の食物連鎖全体の基盤であるプランクトンが生産される。

明るい色を塗った丸木舟が点在するセネガルの海。セネガルの魚市場は、その周縁にある。市場に行くと、この水域の生態系の素晴らしさを見ることができる。一・五メートルはあるカマスが台の上に並んでいる。カマスが愛でられるのは、その締まった肉による。ピンク色のアフリカ・シタビラメ、タイ、チオフというハタ科の魚、キャピタンというツバメコノシロ科の大きな魚も並んでいる。初めて見る頭の平べったい魚やぷりぷりしたウナギもある。どれもヨーロッパ名などない魚たちだ。

おっかさんたちは、よく見えるようにと、皿ほどの大きさの小さなグルーパーを高くかかげて見せている。グルーパーはレストランの寵児だが、このぐらいのサイズだと、親になっていないので、本当は捕ってはいけないのだ。笑顔の子どもが抱えている皿には数匹の小魚とタコが載っている。誰にも何かしらがある。アフリカの貧しい人たちは、サーディネラや浅いところを泳ぐ浮魚《うきうお》など小魚を食べる。丸木船に乗った漁師が巾着網を手でたぐって捕ったものだ。女たちが台の上で乾燥させた干物は、内陸部に持っていって売られる。

この一〇年ほど、科学者たちは、西アフリカの大陸棚の魚資源が乱獲され、ハタやタイといった魚種の崩壊が現実味を帯びてきたと警告し続けてきた。かつては無数にいたニューファンドランド沖の北大西洋タラや北海のタラと似たような運命にあるが、これを阻止しようという企ては、まったくない。メルルーサもまた、大陸棚の斜面のもっと下のほうにいる深海プローン漁で混獲されてしまうので、過度に漁獲されている。魚資源が枯渇し、地元の人たちが飢えることになったら、一番責めを負わなければならないのは、かつてのソ連を含むヨーロッパである。ソ連は、一九八〇年代末まで、この水域で猛烈な勢いで魚を捕っていた。

ＥＵは、みずからの水域の魚さえきちんと管理できないのだが、漁業の伝統は強く、漁師には選挙権があり、ロビイングでそれを有効に使うすべを心得ている。だからＥＵはヨーロッパの漁師のために、はるばる北極圏からフォークランド諸島にいたるまでの遠洋水域の操業権を買ってやっている。それに費やす金額は年間一億二七〇〇万ポンド〔約二六〇億円〕にもなる。最近新たに、セネガルを含む西アフリカ数カ国と操業協定を結んだ。あまり広報されていないが、このいかがわしい協定で恩恵を受けるのは、スペイン、フランス、イタリア、ギリシャの遠洋トロール漁船である。ＥＵが協定を結んだ相手国にはアンゴラも入っている。アンゴラは、何百万もの人が餓死の危機に瀕しているが、この国には石油収入で年間何億ポンドもの収入のあるエリート層もいる。

協定はこうした特権階級の存在を考慮しないで結ばれた。実は、八五隻のマグロ、プローン、深海魚の操業権を買う見返りとしてＥＵが支払う一八〇〇万ポンドは、こうしたエリート層の懐に入ってしまうのである。ＥＵにしてみれば、超お買い得の漁業権を獲得できたと思えるだろう。

スペイン人はもとより、パック旅行でスペインを訪れて休日を過ごすイギリス人やドイツ人は、パエリヤの上に載っているプローンが、地中海産ではなく、理論的にはアフリカの飢餓《きが》の人たちに属する海からきたものであることを知っているのだろうか？

社会不穏によって混乱状態にある国々の水域で操業するのは、EU漁船団の得意技だ。スペインとフランスのマグロ漁船団はいつもソマリア水域で操業している。ソマリアは、目下、世界で唯一の政府を持たない国である。

欧州委員会は最近、内戦の苦しみのまっただ中にあるコートジボアール〔西アフリカ〕との漁業協定を更新したところだ。

イギリスも、大型遠洋漁船団をハルやグリムズビー〔いずれもイングランド北東部のハンバーガー河口にある海港〕から送り出していた時期がある。どちらも世界最大の漁港というタイトルを競っていた町だ。当時、イギリスのトロール漁船は、はるか北極圏まででいってタラを捕っていたが、そこがアイスランド、ノルウェー、ロシアの領海になってしまったため、イギリス船団は、ごくわずかを残して消滅した。

国連海洋法条約(UNCLOS)の調印をもって、誰でも勝手に捕り放題の時代は終わった。この条約は、ノルウェーやアイスランドが、資源保全のために自分たちの水域から外国船を閉め出すための法的根拠となった。アイスランドの場合、これが引き金となってイギリスとの三度にわたる「タラ戦争」が起こった。北欧の人の勝ちだった。アイスランドとノルウェーは、裕福で民主的な国だったから、自分たちが生まれながらにして持っている権利をそうそう安く手放す必要はなかったのである。

ところがアフリカ諸国(というより、それらの国のエリート支配層)は、自国海域を、すぐに外貨を獲得できる金づると見なしていた。だから、西アフリカ沖で、主としてEU諸国の金を利用して二〇〇隻以上のトロール船を操業させているスペインは、新植民地時代に逆戻りしていると言えるかもしれない。

一九七九年、欧州委員会は、すべての国に二〇〇海里以内の資源開発に対する排他的権利を認めたUNCLOSの下では、公正なアクセス・アグリーメント〔他国の漁業権を買うことを認める操業協定〕が奨励されていると主張している。漁業アクセス・アグリーメントは、貧しい国々が、みずからの技術では捕れないので手つかずになっている〝余剰〟資源から利益を得る手段を確立したという理論である。

理論的には、こうした〝余剰〟は、漁業が丸木舟の零細沿岸漁船の小規模な船団によりおこなわれ、かつ大きな大陸棚を持っているモーリタニア沖の水域にはまだ存在しているかもしれない。しかし、セネガル沖には、そのような〝余剰〟はない。セネガルは自前の資本漁業船団を有し、年間四万八〇〇〇トンの魚や貝を捕っている。そのほかに、丸木舟を使った零細沿岸漁船の大船団もいて、こちらは三二万トン以上捕っている。漁業は、六〇万人の雇用源だ。六〇万という数字は、沿岸部の人口の大きな割合を占める。一九七〇年代以降、降雨量が減少するにつれ、内陸の人たちは沿岸部へ集まり、こうして沿岸部の人口は増加している。

漁師と共同で小さな地元組織を運営しているカリクストゥ・ンジャイという大学教授が言った。

「昔は漁師の子は、二歳になるまでに泳ぎを教わっていたものだが、今では泳げない漁師がたくさんいる」

ここには、もはや余剰な魚などない。何年にもわたって熱帯漁業を研究してきたブリティッシュ・コロンビア大学のダニエル・ポーリー教授は、西アフリカ沖の魚資源は、一九四五年当時の半分にまで減ってしまったと言う。一九四五年といえば、効率の高い資本漁業が海を開発し始めた年である。資本漁業と伝統的な漁業の間の摩擦はますます大きくなってきている。

アクセス・アグリーメントでは、伝統的な漁法で捕る丸木舟の漁師だけが沿岸一〇キロ水域で漁をしてよいと特定している。しかし、この規則は日常的に破られている。外国、セネガルのいかんを問わず、資本漁業のトロール船が夜間この一〇キロ水域で漁をしていることがわかっている。丸木舟の漁師も、近代的な漁網や船外機を装備し、危険を冒して一〇キロ水域のさらに向こうまで出かけていく。概してヨーロッパ人は、こうした丸木舟漁師を見つけると安全距離を大きくとる傾向があるが、台湾の船はひんぱんに、丸木舟がかかげている松明《たいまつ》を無視する。命にかかわる事故が、たくさんあった。一九九七年にはEUのトロール船と丸木舟の衝突により九人の漁師が死んだ。この丸木舟は、フランスの開発慈善団体が貧しい村人のために買ってくれたものだった。

資本漁業のトロール船と零細沿岸漁師とでは、捕る魚が〝異なる〟というのがEUとそのパートナーであるセネガル政府の主張だが、それは違う。

外国のトロール船は水深二〇〇メートル未満の狭い大陸棚の底に住む魚を捕る。地元の丸木舟の漁師が捕るのと同じ魚なのだ。もっとも、丸木舟漁師のほうがもっときちんと選んで捕っている。セネガル水域の外国漁船は、丸木舟漁師が捕るサーディネラなどの浅海《せんかい》を泳ぐ浮魚は捕らないというのは本当である。だがこうした浅海魚はモーリタニア沖の水域に向かって北東に回遊するから、そこで、巨大な国際的魚工場ともいうべき船団に捕まってしまう。セネガル水域の監視は未発達である。魚調査のための飛行機が一機あるが、たいていは陸にいる。それに調査システムを欺《あざむ》く余地は、たくさんある。

非常に印象的なのは、EUがセネガルと交わしたアクセス・アグリーメントには、資源保護のための漁獲割り当て制が課せられていない点である。代わりに、セネガル海域で、いつでも同時に操業できる船の総トン数を決めた。ダカール港にいる一五〇〜二五〇トンのトロール船は、正しい漁網(EUでの同等の漁業より目が細かく、選択性は少ない)を使いさえすれば、ほしいものは何でも捕ることができる。ヨーロッパ漁船団の申告によると年間漁獲高は一万二〇〇〇トンだが、すこぶる信じがたい。WWF(かつての世界野生生物基金)への報告では、EUの年間漁獲高は八万〜一〇万トンと推計されている。申告量の八倍近い数値だ。

この重量は、水揚げされた魚の重さである。脇によけておいた魚は含まれていない。プローン漁でも、たくさんの雑魚がかかる。スペイン料理のパエリヤに使うプローンを捕るトロール漁師たちは、プローンは漁獲の一五％を占めるに過ぎず、残り八五％は雑魚であることを認めている。多少は地元で売れるものもあるが、ほとんどは売れる魚ではない。

ビダール・ボカネグラ・クアルト号は、メッシュが四〇ミリの網を使い、一時間に二〇キロのプローン(二〇センチ長はある大きなエビだ)と五〇キロの売れる雑魚を捕ると予想される。船は同じぐらいの量の小型のプローンや稚魚、ウニなど食べられない種、小型のタコや甲殻類も捕獲すると予想される。これらは海に投げ捨てられる。

腹立たしいのは、地元の人にとって最も重要な魚種、とくに最も危機に瀕《ひん》しているタイやハタの幼魚を「くず」に含めてしまう点だ。だから、このような資本漁業トロール船は、セネガル人の未来を盗んでいると責められて当然だ。

プローン漁獲は減少している。同じように、混獲される雑魚も減ってきている。

ダカールを基地にしてトロール漁を営む一九隻のセネガル船籍の漁船団団長、ジャック・マレックはフランス生まれだ。彼はプローンの漁獲は毎年三〇〇トンずつ減っていることを認めた。一九八三年には各トロール船は一五〇トンのプローンを捕っていた。今や四〇トンである。

なぜ減っているのか？　競争の激化ということもあるが、最大の理由は魚介がいなくなったからだ。セネガルの資本漁業船団が誰よりも乱獲の責任を問われるのは明らかだが、ヨーロッパ人も簡単に責任から逃れることはできない。セネガル船が捕った魚は、ほとんど独占的にヨーロッパ市場に輸出される。西アフリカの魚資源の滅亡はヨーロッパ、次いで日本や台湾の需要に起因するという事実からは逃れられない。ところが、これらの国の消費者は、こうした事実についてはまったく気づいていないのである。

欧州委員会は、アクセス・アグリーメントは、関係するアフリカ諸国の助けになっていると主張したい。しかし、アフリカ諸国との交渉は、後ろめたい秘密でもあるかのように、こそこそとおこなわれている。

セネガルとの間で調印した最も新しい「パートナーシップ」協定は、二〇〇二年にヨハネスブルグでおこなわれた「持続可能な開発に関する世界サミット」の直前に交渉がなされるというご都合主義だった。このサミットで、ＥＵは絶滅の危機に瀕《ひん》している種の回復計画を二〇一五年までに実行しようと企てた。セネガルとの交渉には仲介役が入り、ほとんど一般に知らされることなく、サミットに集まった大臣たちが、こうした協定の条項を将来改善すると決める六カ月前に調印された。

セネガル政府の海洋漁業長官のジャカ・ゲイ博士は、自分が交渉していることについて思い違いなどしていなかった。「われわれが交渉していたのは貿易協定だ」。博士が団長となって率いた一八カ月に及ぶ交渉の中で、ＥＵは多くの保護手段に積極的に抵抗し、価格面では安値で契約しようとした。博士は、この協定の条項の下では、危機に瀕しているセネガルの資源を救うための割り当てを課さないほうが、国にはより多くのお金が入ってくる仕組みになっていたと明言した。日本人はセネガルの研究調査船を一隻提供した。だがＥＵは、魚資源の管理に関する限り何の手助けもしなかった。

では、なぜセネガルは調印したのか？　博士は、四二〇〇万ポンド〔約八六億円〕という金は、貧しい国にとっては相当な額なのだと指摘した。セネガルは病院や学校を必要としている。次の世代に漁師以外になることを学んでほしいのだ。

こうした収入の用途については透明で開示されていると博士は主張したが、奥歯にものがはさまっているような気がした。そこで、他にもわけがあるのではないかと尋《たず》ねてみると、博士は「政治的、外交的な理由もある」と口ごもった。もしかしたら、ＥＵは漁業交渉と「援助」とを結びつけて交渉したのではないだろうか？　博士の口調からはっきり感じ取れたのが、この点だった。さらには、ダカールにあるスペイン大使館の外交官（ブリュッセルの役人ではない）から、協定が最終的合意に至るまで、漁業省でたいへんな時間を費やしたという情報も得た。

地元の漁師たちは、新協定の中の、ある取り決めを喜んでいる。それは、乗組員の一定割合をセネガル人とすること、また、ガンビアやモーリタニア沖で捕られる年間一万七〇〇〇トンのマグロは、これまでは直接外国に送られてしまっていたのが、これからは加工処理のため、いったんセネガルに水揚げされなければならないという取り決めである。マグロは、地元の漁師が捕る手段を持っていない魚種だ。経験もない。とはいえ、セネガルのトロール漁師たちは、乱獲がはっきりしている今、このような操業協定の合法性を疑問視している。それに伝統的な漁法を用いる丸木舟の漁師たちも、協定が自分ぬきでこっそり締結されたことを怒っている。環境保護者たちは、EUが調印した「現ナマと交換に操業権を得た」ことを、うさんくさく思っているが、これまでの取り決めよりはましだと思っている。

WWFのジュリアン・スコラは、こうした協定が、EUがうたっている持続可能な開発とか（セネガルの）貧困撲滅を掲げるEUの開発政策と矛盾しないのか、真剣に疑問視しているという。環境保護者たちはジレンマに陥っている。EUが撤退すると、EUよりもっと悪質な個々の企業や漁業国との不明瞭な協定への道を開いてしまうことから、環境派は全面的な反対はできないのである。ということから、環境保護者は、もっと手厚い保全がされるよう、協定の条項を書き換えてほしいと思っている。

資源の保全をさらに困難にしているのが、セネガル船籍に変えて操業するEUトロール漁船の数の増加だ。規制は、地元漁船に対してはそれほど厳格ではない。EUの大型船は、役人をオブザーバーとして乗せなければならないのに対して、セネガル船籍の漁船は乗せなくてもいい。理論的には、セネガル企業と外国船団との合弁会社は、五一％がセネガルによって所有されなければならない。

しかし、この規則をまともに守っている者などいない。「昨日まで長ズボンすら買えなかった人が、ある日突然四隻のトロール船のオーナーだというんだから……」と、あるセネガル人の役人が辛辣《しんらつ》に言った。私が会ったオブザーバーは全員、ＥＵの船長から、規則には目をつぶってくれと言って賄賂を提供されていた。ＥＵは、ＥＵの船が外国船籍に転換することを望んでいないと言ったが、いかにもＥＵらしく、この規則の実施に一年間の猶予期間を与え、導入後も新しい規則は、さかのぼって効力を発揮しないことがわかった。言うまでもなく、合弁事業は急速に広がりつつある。

「みんな、新しい状況を認識しなければならない」と言うのはセネガル船籍のトロール漁業会社のジャック・マレック社長だ。

この業界では、新しい変化の風がアフリカを吹き抜けつつある。そして、ついに二つの漁業アクセス・アグリーメントが、新植民地主義的な慣行だと認識され、廃止された。一九九二年、ナミビアがヨーロッパのトロール船を取り締まったのを皮切りに、二〇〇一年にはモロッコがトロール船団をすべて退けた。スペインは烈火のごとく怒った。一九七〇年代にナミビアが独立国となってからも、スペインのトロール船は、ナミビアのメルルーサを大量に捕り続けた。そのころになるとメルルーサはほとんど産卵できない若い魚だけになっていて、魚種の枯渇が逼迫《ひっぱく》していた。ナミビアはヘリコプターを雇い、不法に漁をしている船の甲板に地元の漁業検査官を下ろし、逮捕させた。スペイン側は憤慨したが、徐々にナミビアが統制権を奪還し、自国の海洋資源を自分たちのために利用できるようになった。以来、漁業は、ナミビアの経済成長の牽引《けんいん》役になっている。

とはいえ、ＥＵは引き続き新しい漁業協定を、(自分たちがこれからどんなことに巻き込まれようとしているのか気にしない／よくわかっていない)国々と調印し続けている。

ごく最近では、太平洋に関する協定をソロモン諸島と結んだ。おそらくスペインやフランスの遠洋マグロ漁船団(思い立ったらすぐに西太平洋まで急行できる船を持っているのはこうした船団ぐらいだろう)の誰かが、ＦＡＯによる世界の魚資源の最新評価を読んだにちがいない。そこには、西太平洋は、地球上で資源が乱獲されていない数少ない海の一つだと書かれていた。それがいつまで続くのかは、われわれには見守るしかない。

セネガルは、多くの観点から、アフリカの基準では近代民主主義国である。だが、いずれは誰も望まない決断を下さなければならない。資源が絶滅の危機に瀕しているから、何か手を打たなければならないことは認識している。しかし、対策のスピードが緊急性に追いつかない。五年のうちに丸木舟の零細漁師の増加を抑えなければならず、それができないと、悲惨な結果に至るというのが一致した見方だ。

セネガル国籍の資本漁業の増加を抑えるという、むずかしい課題もある。セネガル水域から排除されたヨーロッパのトロール船だが、なんとセネガル国籍の船になって、そのまま居座っている。

将来は暗いように見える。地球全体を見ても、このように複雑化した漁業の管理に成功した手本はあまりない。セネガル同様の状況下にあるアフリカの国として、まずは近隣の西アフリカ諸国がある。インド洋に面しているアフリカ諸国もそうだ。さらには、二〇〇海里ＥＥＺを主な収入源として頼っている世界中の国々も、同様の課題に直面している。

手本となる協定や消費者向けの情報がもっとあれば、ヨーロッパの選挙民や消費者は、魚資源の保全へ圧力をかけることができるはずだ。しかし、ＥＵは既得権を持つ者や、管理はうまくいっていると言う者の話にばかりに耳を貸している。その一方で、アフリカ諸国を買収して、持続可能でない漁業方法を続け、アフリカ海域をＥＵの漁船が略奪するにまかせている。現在のヨーロッパとのアクセス・アグリーメントは、破壊の開始を早めているだけである。

この本は、ここまで一気呵成《かせい》に世界の海で続いている憂慮すべきことを述べてきたが、それもここまでとしよう。読者は頭のなかがぐるぐると回っているような気がするかもしれない。あまりにも知ることが多いし、消費者や選挙民として、最も懸念されるのは何なのか、わからなくなってしまったかもしれない。告白すれば、私自身もときどきそういう気持ちになる。そうなったときは、私はある海のことを考える。家から五キロほど離れたあたりから始まる濁った北海の工業地帯である。北海は世界で最も酷使《こくし》されている海の一つだ。石油やガス産業を支えている。かつてはヨーロッパの魚籠《びく》であり、北欧文明の主要交通網だった。そして、つい忘れがちだが、かつて北海の生態系は野生生物に満ちあふれていた。それが今では、この変わりようだ。北海が失ったものを考えると、私はふたたび毅然《きぜん》となる。怒りが、ふつふつと蘇ってくるからである。

第4章　北海——世界で一番酷使されている海

沿海の生産性は、大地のそれに比べて、一般に思われているよりはるかに高い。最も操業がひんぱんにおこなわれている漁場は、同じ広さの最も豊かな土地よりもたくさんの食料を産出する。一年に一度、一エーカーの肥沃な土地を入念に耕すと、一トンのトウモロコシあるいは九〇〜一三五キロの肉やチーズを生産する。最も豊かな漁場の同面積の海底は、それよりずっと重量の多い食料を、年中休みなく魚を捕っている不屈の漁師に与えてくれる。

トーマス・ヘンリー・ハクスリ教授〔一八二五―一八九五年〕。国際漁業博覧会〔ロンドン〕でのスピーチ、一八八三年

北海は、世界で最も魚の生産性の高い海の一つだが、数千年前、ここはツンドラだった。最後の氷期には、大量の水が氷河や雪として地上に蓄えられていたため、海面の高さは今よりも五〇メートルほど低く、現在の北海南部はヨーロッパ大陸とつながっていて、人間が定住していた。

現在ベネルクス三国がある北海沿岸の低地帯に〔一万年前、石器時代に〕住んでいた人々は、いまはイギリス海峡になっているところを渡り、南西イングランドにある聖地〔ストーンヘンジなど〕まで、隆起地帯に沿った葬列ルート〔聖地に向かうことからこう言った〕をたどったものだった。石器時代の海岸の定住地跡が、現在イギリス海峡の海底で発見されている。貝塚〔魚や海のほ乳類の骨や貝を含むゴミ捨て場〕である。考古学の記録が示すように、原始時代のヨーロッパは、海を食料源とし、海岸にしがみつくようにして住んでいた。脂肪が豊富な海洋ほ乳類を食べることで、氷河期のヨーロッパ人は暖められたはずだ。

したがって、北海は浅い海で、その三分の二は水深五〇メートルである。五〇メートルといえば、トラファルガー広場のネルソン提督の像の高さだ。だとすると、カレイ・ヒラメ類は広場に群がる鳩といったところだろうか？

北海南部を訪れる観光客が最初に気づくのは、海の濁りである。東からの強風に沸き立つ波は灰茶色で、夏は浮遊する沈殿物やプランクトンで青緑色になる。ダイバーの視界は数メートルしかきかない。プランクトンが増大しているだけでなく、川が運んできた堆積物や砂や砂利が、波や潮の満ち干によって攪拌《かくはん》されるためだ。港を掃除し、砂や砂利を除去する浚渫《しゅんせつ》の結果、さらに濁っている地域もある。五月に短期間、三週間ほど水が澄む時期がある。北海南部では、それ以上のものは期待できない。

北海も北のほうはもっと深く、ノルウェー海溝の水深は七〇〇メートル以上にもなる。ダイバーに聞けば水はずっと澄んでいると言うだろう。その海底は科学者が硬基層と呼ぶ硬い床で、多彩な植物や植物のような動物、多様な貝類を養うことができる。しかし、北海南部は最初からずっとこのように濁っていたのだろうか？ 私は、休暇は必ず砂や小石の砂浜で過ごした。泳いだり、セイリングをしたり、黄昏時にはフェリー、小型サービスボート、漁船が通るのを眺めたりした。だが、一度たりとも、海が濁っていない日がくるとは考えなかった。しかし、ごく最近になって、水の濁りは乱獲で簡単に説明がつくことを発見した。

イエス・キリストの時代には、広大な天然のカキの漁場がイングランドの東海岸の海底を被っていて、ローマ人がブリタニアを侵略する前から、カキはヨーロッパ中で取引されていた。エセックスやケント〔どちらもイングランド南東部の州〕では、こうしたカキ漁場が今でもカキを生産している。もっとも、何世紀にもわたる漁業や、二〇世紀に入ってカキの個体群を荒廃させた寄生虫のために、生産率は大幅に低下した。

忘れられがちなのが、公海の浅い海の部分にも広大なカキ漁場があって、一世紀前は、今日の一〇〇倍以上のカキを生産していたことである。一九世紀の地図を見ると、ドイツ、オランダ側に二〇〇キロにわたってカキ漁場が伸びているのがわかる。だが、第二次世界大戦前に最後のカキ漁場は取り尽くされてしまった。以来、カキは消え、海底に硬い基層が形成されることもなくなった。たぶん北海に入ってくる大西洋の水にも変化があって、カキ漁場がカキにとって居心地の悪い生息地になったこともあるだろう。しかし、北海の巨大なカキ漁場が消滅した最も単純かつ明白な原因は乱獲である。

もし海底が、もっとずっと多くの大きなカキと、過去の世代のカキの殻《から》の堆積で形成されていたなら、北海の底はもっと固定していて、プランクトンも食料としてもっと消費されていたにちがいない。海底は、硬基層の上に落ち着き、プランクトンや水中を浮遊する沈殿物は、二枚貝の食料になり、貝の粘着性の排泄物は接着剤として基盤を固めたはずだから、海底はもっと安定していただろう。硬い海底は、今日ではこの辺の海にあまりいないロブスターを養っていただろう。だから、ちょっと考えてみるだけで、とくに北海沿岸周辺に生息していたと思われる大型のイガイやカキの濾過《ろか》能力を考慮に入れると、海水はもっと澄んでいただろうという結論を導き出すのは容易だ。塩性沼沢地《えんせいしょうたくち》や浅い河口の面積はもっと広く、したがって、川が運んできた堆積物も、それだけ多く吸収されていたはずだ。

かつて北海の南部が透明だったと想定すると、海床にはもっとたくさんの太陽光線が届いていたはずで、全体的な生態系、とくに海底の植物相の生産性は高かったはずだ。広大な面積の北海の海底は砂や砂利ばかりが特徴だが、おそらくこれも、天然の濾過能力を失って荒廃させられた生態系のなれの果てなのだろう。

北海周辺諸国の環境保護者たちは、好んで富栄養化についてこぼしている。富栄養化とは、植物や海草が過剰に育っている状態のことで、過剰栄養が水中に溶け出て有毒な場合もある。高レベルの窒素やリン酸塩は、農家や下水プラントから流出したものだというのは本当だが、カキの乱獲が及ぼす影響については、これまで一度も問題にしていない。おそらく、問題の環境保護団体は、カキの乱獲があったことを知らないのだろう。われわれ同様、環境保護者も、子ども時代に経験した海が「自然」で、海はそうあるべきだと思いがちだ。

しかし、大西洋の反対側のチェサピーク湾〔アメリカのメリーランドとバージニア州に深く食い込んでいる湾〕についての研究で、今でこそプランクトンの富栄養化スープとなっている湾も、かつては透明だったことが証明されている。ディナー皿ほどもあった大きなカキは、途方もない量のプランクトンを食べたはずだから、湾の水は、三日に一度濾過したかのように澄んでいたことだろう。一七〇〇年代のカキ礁は、航海の妨げになるぐらい大きかったらしい。言うまでもないが、これらのカキは捕り尽くされた。堆積物の記録を見ると、北海の数カ所で同じような濾過能力があったらしい。

今では、カキの定着は無理だろう。なぜなら、カキは四年間、静かに放っておいてもらわなければ繁殖できないのに、カキにとって最適の生息場所である北海南部では、少なくとも年に一度はトロール漁がおこなわれるからである。

すでに歴史上の存在となり、今はもういなくなってしまった大型ほ乳類は多い。なかでも最大のものはコククジラで、海床や河口のイガイをえさとする。ライン川やウオッシュ川のデルタには、とくに海の埋め立てが始まる前は、とてつもない数のイガイやカキが生息していたことだろう。コククジラの骨が北海周辺で発見されている。年代測定で一番近いものとしては一七世紀初頭の骨がある。ホッキョククジラ(英語名はright whale)というのもいた。実際はゆうゆうと泳ぐヒゲクジラで、浮かんでいるときに殺された。right whaleという名のいわれは、少なくとも中世末期までは、捕まえるのに格好(right)の鯨だったからだ。

イルカ(マイルカとタイセイヨウバンドウイルカ)

やネズミイルカは、もっとたくさんいたが、アザラシやアシカは今日より少なかったとみるのが正しいだろう。オランダの北西海岸沖にあるテクセル島の王立オランダ海洋研究所の所長は、一九五〇年代には、オフィスの窓から一度に六頭のネズミイルカを見たと記録している。今日では、北海の南にはネズミイルカなどいない。私はネズミイルカを見つけようと音響調査をしているとき、ひどい船酔いにかかったことがある。結局その調査では、ネズミイルカは、ヨークシャー海岸のフランバラ岬〔イングランド北東部にある白亜の岬〕以南にはいないという結論に至った。テクセル島を行き来するフェリーからタイセイヨウバンドウイルカを見たという記録もあるが、こちらも、今はもういないだろう。

人の一生ほどの間にでさえ、これほどの変化があったのである。自然および人為的介入の結果として一〇〇〇年の間に何が起こったかを実証するのは怖《おじ》気《け》づくほどの仕事になる。北海には遠い昔の痕跡も残っている。トロール網には今でも更新世《こうしんせい》時代のほ乳類（バイソン、ジャコウウシ、マンモス、毛サイ）の骨がかかる。こうした骨は博物館や個人収集家に売れるから、これらを振り分けるのも商売になる。

われわれの気候時代（過去一万年間）において、遊動民によるセイウチの〝乱獲〟は確かにあったのだろう。今日の海にその種の海洋ほ乳類を見ないのは、そのせいかもしれない。石器時代の人がイルカ狩りをしていたことはわかっている。現在のデンマーク列島の数キロ沖あたりに住み、舟を浜に引き上げていた。帆船、銛《もり》、ワナ、単純なトロール網などでも、のろまな魚やほ乳類は根絶させてしまったかもしれない。同じようにして、ほかの海ではカメやカイギュウが消えていった。

当然のことながら、大昔のリストを作るより、過去二世紀の間に絶滅した生き物の一覧表を作ることのほうが簡単だ。根絶したものの大半は、魚であれば、産卵のために塩水から淡水へ回遊するたちのものだった。つまり、生き残るためには何倍ものリスクに出会った種である。

このような回遊魚の一つが、チョウザメだ。チョウザメは生きた化石で、六〇〇〇万年前は、現在よりずっとありふれた魚だった。バルチックチョウザメはオランダが捕っていた。一八七〇年代になると、発明心に富んだ漁師が蒸気エンジンを用いて河床を網でさらった。ライン川デルタにいたチョウザメは、今はもういない。

ハウティングという、タラのような形をしたサケ科の回遊魚がいる。まれにヨーロッパ大陸で発見されているが、これも北海の西側から消えた魚だ。減少中の大西洋サケも、かつては北海の西岸や東岸の川には、ロシアのコラ半島で今日見かけるのと同じようにたくさんいた。アラスカの太平洋サケもそのぐらいたくさんいて、今でも、サケの背を踏んでいけば川を渡れたという話を聞く。かつてはテムズ川やライン川でも、そうだったろう。

おそらく、消えた魚の中で最も大きな魚はクロマグロだろう。一九五〇年代にいなくなった。一般にタニー・フィッシュと呼ばれていたクロマグロは、ニシンの群れを追って移動する。一九二九年から五四年にかけてスカボロー沖四〇キロ以内では、巨大なクロマグロが竿《さお》で釣れた。しかし、いまだに満足のいく理由もわからないまま、回遊するクロマグロの群れはいなくなった。

竿釣り(ロッド・アンド・ライン)スポーツのパイオニアの一人でL・ミッチェル=ヘンリーという人は、一九二九年、スカボロー沖で誰かが銛で大魚をしとめたという話を聞き、それではと自分も出かけて、巨大なクロマグロを釣り上げた。ミッチェル=ヘンリーはその後も、一九三三年に手漕ぎボートから三八三キロの魚を釣り上げ、英国の記録を塗り替えた。釣りはスカボローにやってくる観光客の呼び物となったため、市議会は、その年結成された英国タニー・クラブの会員なら誰でも無料で使えるクラブハウスを建てたほどだった。

やがて釣りは、大型ボートやスポーツの域を超えていると思われる技術を駆使する裕福な名士によって制圧されるようになり、ミッチェル＝ヘンリーはクラブを脱会した。第二次世界大戦の勃発とともに、特権時代は終わりを告げたが、その前に、ヴィクトリア十字勲章拝受の元海軍大佐、C・H・フリスビーは、一日に釣ったマグロの重量で新記録を作っていた。五匹のタニーを釣ったのだが、総重量一・二五トンだった。一九三八年のことである。

一九三〇年代のイギリス人は、刺身の美味しさはおろか、マグロ・ステーキの味さえ知らなかった。だからほとんどのタニーはフィッシュミールとして売られていった。ずいぶんもったいないことをしたと思われるかもしれないが、北海のクロマグロのスポーツ釣りが、クロマグロ絶滅の原因であった可能性は低い。

イギリス政府の科学者は、原因は気候変化あるいはアフリカ沿岸沖でクロマグロを捕る資本漁業だという。この説明には十分納得できない。なぜなら、大型のクロマグロが、小規模とはいえ、アイルランド西岸沖からノルウェー海域へと回遊をしているからである。実際、二〇〇四年には、五六二キロのクロマグロがアイルランド沖でトロール網にかかった。一九三〇年代の大型魚の釣り人は一〇〇〇ポンド〔四五四キロ〕のマグロを釣るのが夢だったが、実現しなかった。その夢より一〇八キロも重いわけだ。獲物のクロマグロを日本に輸出するスポーツ釣り漁業が確立してしまったいま、アイルランド沖の回遊があとどのぐらい続くのかは疑わしい。

過去一世紀の記録として広範に記述されているより確かな変化は、いわゆる「営利資源」を捕る漁業の影響である。元来、ハドック、カレイ・ヒラメ類、シタビラメは野生動物だ。しかし、営利資源という言い方をすると、野生動物だと考えないですむ。営利漁業によるダメージを最も受けるのは、漁の目的の魚かどうかにかかわりなく、再生の遅い長寿の魚種である。疑いもなく、かつて北海にはもっとたくさんのサメやサメ科の種がいたが、雑漁として混獲されてしまったものと思われる。

エラを持ってぶらさげると、人の背丈ほどあったガンギエイがイギリスの海域でとれたのは、たかだか一〇〇年前のことだ。北米の東海岸に住む大型のガンギエイの種も絶滅した。北海南部のふつうのガンギエイは、産業革命以前と比べると、少なくとも九九％減った。おそらく北海では絶滅している。だが、それを証明するには五〇年以上かかるのだ。

国際自然保護連合は、ガンギエイを暫定的に「絶滅危惧種」の中に含めた。しかし絶滅の可能性（消費者にも責任の一部がある）に対する一般の認識は低い。レストランやフィッシュ・アンド・チップス店は長年イボガンギエイをガンギエイの代わりに使ってきたが、表示はガンギエイだった。消費者がそうしむけたのである。

主要な魚種についての主な変化は、過去五〇年のうちに比較的多く起こった。こうした変化は、食物網（食物連鎖と食物環を総合したもの）にもありとあらゆる連鎖反応を与えるだろう。この本を書く準備期間中、私は国際海洋探査委員会（ＩＣＥＳ）の科学者と電話で、人類が捕り始める前、あるいはトロール帆船による漁業が始まる前、北海にはどのぐらいのタラがいたのか、あるいは、一八世紀に大型帆船がトロール漁装備を整えて登場する前はどうだったかという問題に関し、激論を戦わしていた。ＩＣＥＳは、一世紀もかけて官費で海洋を研究してきた機関である。未来のための決断をするのに必要な知識が真剣に求められている今、そこの科学者なら何か考えがあるだろうと思ったのだが、そうではなかった。この問題については、いろいろな学識ある委員会も調査しているが、判断を下すには五年はかかるかもしれない。ＩＣＥＳは、かつてどのぐらいの数のタラがいたかという大胆な推測をすることすら拒絶する。最初にいた数が多ければ多いほど、自分たちが見過ごしてきたタラの激減が、より鮮明に浮き彫りになるからである。

カナダのダルハウジー大学のランソム・マイヤーズは、北海のタラ資源は、かつては七〇〇万トンあったと推計する。もっとも、この数は、他の種による捕食を無視した数字ではないかという感がないでもない。今でも漁業をやめさえすれば、タラは四〇万から六〇万トンまで回復できるとするモデルもある。

二〇〇三年の北海のタラの産卵資源は推計五万三〇〇〇トンだったことがわかっている。ということは、北海に〝いるべき〟タラの九〇％近くを失ってしまったと結論づけてもいいだろう。

カナダは、魚の個体群の崩壊の定義を、産卵バイオマス〔化石資源を除いた再生可能な有機性資源〕が本来の一〇％以下にまで減ってしまったときとしている。これがタラ資源で起こったとき、カナダはタラ漁を禁止した。一方、ＥＵは議論に四年も費やし、いまだにタラ漁は続けられている。あまり語りたがらない、漁業者寄りのＩＣＥＳのおかかえ科学者でさえ、これは賢明ではないと自覚している。

だが、北海は魚種が混在していることで有名な海である。営利漁業がねらう魚種は、グランドバンクスよりもはるかに多種にわたっている。言い換えれば、ある魚種を捕りたいなら、いやでも別の種を巻き添えにしてしまうのである。ＩＣＥＳは二〇〇三年に二年連続で、タラ漁はもとより、不本意とはいえタラを混獲してしまう漁法まで禁止するよう要求した。もっとも、北海周辺諸国の漁業大臣たちがこのようなことを決心できるという期待は薄かった。

蒸気エンジンのトロール漁が全盛期だったころ、ビクトリア朝時代の生物学者、トーマス・ハクスリが、一エーカーの北海の漁場は毎週何トンもの魚を生産し、一エーカーの土地は一年に一度一トンの穀物を生産すると言明した〔本章の冒頭〕。ハクスリが触れているのは、ハル、グリムズビー、ローストフトなどの港に水揚げされていた大きなタラ、ハドック、ホワイティング〔小ダラ〕、カレイ・ヒラメ類、シタビラメなどのことである。

現在、ハルやグリムズビーに水揚げされるこうした魚について言えば、海の生産性は、一八八三年当時の一〇分の一である。なぜなら、乱獲されたタラといっしょに、ほかの魚の個体群も減ってしまったからだ。ハクスリは、海の生産性に関する数々の誤解の犠牲になってしまった。もちろん、一エーカーの一番よい場所とは、たまたま魚がたくさん集まるホットスポットだったのだが、実はそこにえさを与えていたのは、もっと大きな海域、すなわち北海全体の生態系だったのである。

ハクスリは農業と比較しているが、農業と狩猟民族との決定的な違いを見過ごしている。漁師は狩りこそすれ、決して種はまかない。新しいテクノロジーへの投資の結果は、農業と漁業とでは正反対だった。リンカンシェアーの一エーカーの粘土質の土地(多くの場合、成功した漁師の家族が買った)は、ハクスリの時代であれば、エーカーあたり一トンの小麦を生産しただろうし、技術が進歩した今では五トンの小麦を生産できる。だが、海洋狩猟民族の軌道は逆方向に向かっていた。なぜなら、おそらく当時から魚は持続可能でないレベルで捕られていたのが、漁業技術が進歩するたびに、なおいっそう悪化してきたのである。

北海のニシンは秋に産卵する。海床の砂利の多い場所に卵を産みつける。そういう場所は、大昔は河床だったところで、今でも海岸に近い水域や河口で産卵するニシンの群れがいる。このことから、かつてニシンは川で進化を遂げ、後に海洋環境に順応していったのではないかという考えが出てくる。

豊富なニシンは、何世紀もの間、紛争や戦争の元凶になってきた。シェットランドからイギリス海峡まで、シーズンいっぱい群れを追っていた伝統的な流し網漁業は、一九世紀に入ると数々の航海技術を導入した。第二次世界大戦中は漁船が徴用されたため、ニシン資源は回復し、一九四七年には五〇〇万トンの産卵魚資源があった。だが、伝統的な流し網漁に取って代わったトロール漁が、イギリス海峡やドッガーバンク周辺の脆弱な産卵魚集団を捕るようになると、一九五七年には一四〇万トンまで減っていた。ニシンはそのあたりの砂利に産卵するのだが、激しいトロール漁がおこなわれ、砂利に産みつけられた卵を荒らし回ったと考えられる。

一九七五年になると、産卵できる魚資源は八万三五〇〇トンまで減り、ニシンはドッガーバンクの産卵場所には産卵しなくなり、今日に至っている。東アングリア沿岸の秋の流し網漁業もなくなってしまった。

とはいえ、ニシンは、政治家が科学者の忠告を実際に受け容れて回復した珍しい成功例なのだ。一九七〇年代半ばの資源崩壊により、四年間の禁漁が定められた。資源量は回復したが、戦後の水準までは回復しなかった。一九九〇年代初頭に再度減少し始めたので、一九九六年には割り当てを半分に減らすという思い切った措置がとられた。以来、資源量は、遅々とではあるが増え続けている。

こういう例外もあるが、食卓に並ぶ魚の現状は、おおよそ厳しい。北海のサバ資源は一九七〇年代に崩壊し、決して回復しなかった。現在、北海の海底に住む主な魚種(タラ、カレイ・ヒラメ類、カスザメ／アンコウ、シタビラメ)は、すべてＩＣＥＳの「生物学的安全圏外」の種のリストに入っている。数が少なすぎて、大規模な繁殖停止が起こる可能性があるという意味だ。

海には親魚がほとんどいない。今日、六歳以上のカレイ・ヒラメ類はいないが、実は四〇歳まで生きられる魚たちなのである。タラも同様で、今では六歳まで生きるものはめったにいないが、本来は二〇歳以上生きられるよう進化した魚だ。そのぐらいの年齢に達したタラなら、もっと大きくてじょうぶな卵を、もっとたくさん産むことができる。魚は、気候変動による影響があった場合、長生きすることにより、もっと適した環境が戻るのを待って再生できるようにと進化してきた生物なのである。だが、今日のように魚にかかる漁獲圧力が強く、保護区のような避難できる海もほとんどない時代、この選択肢も閉ざされている。さらには、漁獲圧力により、タラやハドックは、もっと長生きできたときに比べると、繁殖年齢が一年早まっている。

海には、ほかにも心配な兆しが見える。タラ、ハドック、ホワイティング(小ダラ)、シタビラメ、カレイ・ヒラメ類は、二、三〇年前より成長の速度が鈍っている。冷水カイアシ類（タラのえさの一部をなす動物プランクトン）が、この一〇年で、ビスケー湾で九六〇キロ北に移動してしまったからである。北海には、ヒメジ、アンチョビーなど南洋の種が広がり始めているが、温暖化した海が、タラなどの魚を食物網から一掃してしまわないだろうかというのが現在の論点である。

ハクスリの言葉で、一つだけほぼ正しいことがある。浅海のすばらしい生産性について言った言葉である。

人間が食べられる魚を何百万トンもほしいままに破壊することが、生物学的な総生産の減少を意味するわけではない。食用魚の総トン数は激減したが、海洋生物の総トン数（科学者はこれをバイオマスと言う）は、おそらくほとんど変わっていないだろう。変わったのは、種間の相対的なバランスなのだ。乱獲は海を空っぽにしたという見方があるが、それは間違いだ。それでは、現在起こっているこの前例のないことの性質を十分に伝えられない。

何が起こったかというと、生態系から捕食魚〔魚食性の魚〕が抜けてしまったのだ。生態系が捕食魚の回復を許すかどうかさえわからない。われわれが見ているものは、生態系の行きっぱなしの反転なのだろうか？　生き物でいちばん長寿なのは、もはやガンギエイ、タラ、カキなどの長寿生物ではなく、プローン、ランゴースティン〔北大西洋欧州沿岸の小型エビ〕、ダブリン湾のプローンやスキャンピ（食用エビ）、イカナゴ、ヒトデ、クラゲ、虫、プランクトンである。

乱獲は、人間にとってもっとも魅力ある美味しい多くの海洋動物を海から絶やしてしまった。海に残された数千トンのプローンやヨーロッパアカザエビなどは大変な価値がある。サケの養殖のえさとして使われる数十万トンの魚もある。この数字は、プランクトンをえさとして計算するともっと大きくなる。しかし、総じて、われわれは海の生き物を、より自然でないもの、より役に立たないもの、もし災害や危機が起こって、人間が石器時代の狩猟人のように海に頼らざるをえなくなるときには、より敵対的になるかもしれないものへと変えてしまった。

　このことは、「食物網における漁獲対象の低次元化」〔三八ページの注参照〕と呼ばれてきた。

　乱獲によるこうした変化は善でも悪でもなく中立で、善し悪しを決めるのは社会だと言う漁業科学者もいるが、私に言わせれば、ほとんどの社会は、こうしたことに無知だ。なぜなら、科学者が、科学者以外の人たちに、海で起こっていることがどんなに重要なことであるかを伝えていないからである。環境について見解を示す機会を与えられると、社会は決まったように、環境はできるだけ「自然」であってほしいという結論を出す。

　トロール漁や桁網《けたあみ》は、対象とする魚種に影響を与えるだけではすまない。海底の植物相、動物相全体に影響を与える。トロール漁がなかったら、ハックスリの海底〔本章の冒頭の引用参照〕は、植物、ヒドロ虫と呼ばれる植物様の動物、コケムシ類、多毛類の管、さまざまな貝（その多くはタラなどの魚のえさとして重要）のコミュニティ（群集、群落）を養うだろう。

　もっと水が澄んでいるイングランド海峡の西の海底は、鮮やかな色彩のサンゴやウミウチワ〔アミジグサ科〕を養っている。北海のすぐ北および西のスコットランド海域やノルウェー海域では、冷水サンゴ礁がある。北のほうのサンゴ礁は浅く、南のほうのは非常に深いところにある。ノルウェー海域で調査したこうした冷水サンゴ礁の四〇％程度は、トロール漁による大きな損傷を受けていた。これらのサンゴ礁が元の状態に戻るには一〇万年かかることが計算でわかった。海底をかっさらう装置をもった漁業方法は、海底の貝や海中植物、ミール（古い石灰化した海草）の海底、ミミズなど管状の虫の糞の上にできた壊れやすい礁の破壊にもつながる。

　単調な砂と砂利から成る北海の南部の海底。そこに住むカレイ・ヒラメ類やシタビラメ。これらをターゲットにしている二〇〇〇馬力のトロール船が、回転するティクラーチェーンの付いたビームトロール〔支え棒をつけて網口をひろげておくトロール網〕を引き回している図を想像してみてほしい。トロール網とチェーンは、カレイなどが逃げ込む海底の泥から魚をたたき出すようにと重く設計されていて、獲物以外の生き物をすべて粉砕する。土砂に隠れる動物も、二〇センチ以上もぐらないとやられてしまう。

EUの科学者の計算によると、四五〇グラムの市場価値のあるシタビラメをビームトロールで捕るためには約七キロの海洋動物が犠牲になる。ウニ、ヤドカリ、クモヒトデ、マテガイも殺される、あるいは殻を損傷するので、捕食者に対して脆弱になる。ヒトデは、脚の一つか二つをなくしても、網から逃れて生き残ることができる。トロール漁が激しくおこなわれている海底の勝者は、よその海から移ってきたカニであることが多い。トロール漁で損傷を受けた生き物や簡単に傷つく二枚貝を乗っ取った虫を食べるのである。

一五〇年以上生きると考えられているアイスランドガイ(二枚貝)だが、ある研究から、トロール漁でかんたんに損傷を受けることがわかった。ひどく痛めつけられたものは、タラなどの魚の胃袋に収まる。こうして相当数の個体群が減少する。

しかし、貝殻をいためつけられたものでも、自力で修復できることがわかった。再生した貝殻の基質の間に砂粒が埋まっていることもある。毎年の成長の環と貝の砂粒を研究した科学者は、北海南部のほとんどの海域が、少なくとも一年に一度はビームトロールにより荒らされていると結論づけた。

例えば重いトロールやホタテ漁の桁網の通った跡は、トロールの影響は二年ぐらいしか続かない。だが、サンゴなど、海底の重要な構成物となると、損傷は長引く。

かつて北海南部の海底のほとんどが広大な五〇センチ高に繁った礁の網で被われていたと考えられていた。サベラリア・スピヌロサ〔多毛類の一属〕という石灰質の筒を形成する虫が作った礁だ。トロールがたやすく礁を破壊してしまうので、今や極端に少なくなってしまい、残っているものといったら、イギリスの天然ガス発生地のあたりにある一カ所だけだ。この付近は網がからまる危険があるので、トロール漁がむずかしいからである。

では、海に最も大きな損害を与えるのは、漁業だろうか公害だろうか？　私は三〇年間以上、後者だと思ってきた。今日の環境保護者たちに共通する考え方だ。

だが、一九九〇年、ハーグで開催された北海会議でうっかり別の講義に出席したことがある。そこではオランダ人の科学者、ハン・リンデブームが発表をしていた。記録では、毎年トロール漁は何百万トンもの魚を殺しているから、公害よりも営利漁業の方法のほうが有害なのは明白だと主張した。概して、公害のダメージはローカルなのに反して、漁業の影響は北海全体およびすべての大陸棚の海に及ぶ。

最近、リンデブームは、新しい計算の結果を発表した。それによると、漁業が海底に住む動物に与える影響は、北海のオランダ側でおこなわれている砂利や砂の浚渫《しゅんせつ》の一〇〇〇倍だという。また、リンデブームは、漁業による損害は、石油やガスの発掘の一〇万倍も大きいことも発見した。なぜかというと、ミネラルやオイルの採取や石油・ガスの探査が荒廃させるのは小さな区域であるのに対して、北海のどこにおいても、石油リグ〔掘削装置〕や最近では風力発電基地以外に、永久に禁漁区となっているところはないからである。

第5章　衛星テクノロジーで武装した海の男たち

キャンベルタウン〔スコットランドのキンタイヤ岬〕、朝六時。

グリーナー号は一八メートルのトロール漁船だ。スコットランド本島から最も遠いところに拠点を置いている。空が白んできたので、船長のトミー・フィンは、風力七の風に向かって船を出す。船舶向け天気予報は、天気は下り坂だと予報していた。だから、出港するわれわれは、港に戻ってくる船とすれ違う。湾の外はすでに白馬が群れになって走っているような荒海になっているから、危険をおかしたくないのだ。だが、このグリーナー号は四〇〇馬力のエンジンを搭載した鋼鉄船である。船を翻弄《ほんろう》する波にも耐えられるというものだ。もっとも、船首〔トイレ〕は役に立たないから、いざというときはバケツを使うようトミーに言われた。そう言われたせいなのか、ヘイミッシュ〔四人の乗組員のためのコック〕が調理するフライのにおいのせいかわからないが、私は船酔いにかかり、それが収まるには丸一日かかった。

私がグリーナー号に乗ったのは好奇心からだ。スコットランド西岸沖ではトロール船に乗ったことはなかった。もっとも、私は何年間もアラン島沖から出るトロール漁船や沿岸漁船をずっと見てきた。アラン島には妻の家族が住んでいたので、私たちはクリスマスや夏休みをそこで過ごした。当時は、散歩で丘に登ったとき、キンタイヤ岬のある海のほうを見ても、クライド入江のある陸のほうを見ても、どの高さから見ても六隻の漁船を数えることができた〔スコットランドの海岸線は入江や河口が入り組んでいる〕。どうしてこれだけたくさんの漁船が豊漁できるだけの魚がいるのか、不思議に思ったくらいだった。

子ども時代、アラン島沖の海釣りフェスティバルについて読んだことがある。スコットランドで一番古く、一番有名な催し物で、全国の釣り人がやって来て競うイベントだ。一九六〇年代、一九七〇年代初頭にはガンギエイ、小型のサメ、オヒョウ、大型のタラなどが、びっくりするほどたくさん捕れた。優勝者の魚袋の重さは一トン半あった。過去一〇年ほど、このフェスティバルは、最高の漁獲高でも数ポンドと衰退の一途をたどり、結局やめてしまった。

私はこの話をトミーにして、アラン沖の衰退はクライド入江にも当てはまるのではないかと言ったところ、トミーは賛成しなかった。アイルランド海で一年いっぱい漁をしているプロにとっては、魚はまだたくさんいるという。要は、漁の仕方を知っているかどうかだという。もっとも、アマチュアの釣り人が、自分たちの知っている難破船やマークをしてある漁場を取り尽くしてしまった可能性はあると言う〔難破船の上には魚が居つく〕。

トミーは第一級の漁師の息子で、自他ともに認める知識と行動力とチャレンジ精神に富んだ男である。タラ資源がほとんど消滅したため、タラの群れを追っていた漁師は失業した。その海でトミーは漁業という生業を科学に変えた。ハドック〔タラ科〕がアイルランドの海に大量に戻ってきたことをいち早く察知し、誰よりも先にタラからハドックへと切り替えた。フィッシュ・アンド・チップス店市場がドッグフィッシュという小型のサメを求めていることを知ると、それらも捕まえた。一シーズンで、期待していた以上の成功を収めた。一網で四四トンものドッグフィッシュがかかったときがあった。網を水から引き上げるのもままならなかったので、そのまま港まで曳航していった。そのときの写真が『フィッシング・ニュース』紙の一面を飾った。一匹も逃さず港に連れてきて、四万ポンド〔約八一六万円〕で売ったそうだ。

トミーは、人と同じことをしないのがよいと思っている船長だ。オッタートロール〔二枚の鋼鉄のオッターボードが凧のように水を掻くと、水の抵抗で、網口が開き、魚を網の奥に追い込む〔トロール網〕の代わりに、デンマーク式引網と呼ばれる方法を使う。これは、二・五キロのラインを取りつけた浮きを落とし、それから網を打つ。次いで船はぐるりと反転し、やって来たコースを戻りながら、網のついた同じ長さのラインをくりだしてゆく。最後にラインの両端をウインチに取りつけ、ウインチが網をつけたラインを引き上げ始めると、船は低速で前進する。楕円形にしかけられたトロールのロープは、海底の上を内側に向かって踊り回りながら、魚をトロールの網口へと追い込む。

トミーによると、魚は、近づいてくるトロールラインがかき起こす沈泥《ちんでい》の渦の外側へは泳いでいかないのだという。なぜ、そんなことがわかるのだろう？　結果的にうまくいっているから、そういうことなのだろう。この方法は単純なトロール網よりずっと広い範囲をカバーできるから、まちがいなくこれより大型のトロール漁船と同じぐらい効率よくたくさんの魚を捕るだろう。網を引っ張る馬力も小さくていいから、燃料の節約になる。したがってデンマーク式引網は、船のコストを最低限に抑え、漁師の取り分を最高にしてくれる漁法である。利益は、船主であるトミーが一定額〔船の使用料、メンテナンス、経費、減価償却引当金など〕を差し引いた残りを、乗組員全員で平等にわける。

最初に網を打った場所は岬を少し南東部に行ったところだった。空が明るくなってきたころ、網を引き上げた。きらきらと光る海のしぶきが甲板にいるわれわれにふりかかる。上空をわんわんと旋回し始めたのは、網の中の魚をくすねようというシロカツオドリの群れだ。シロカツオドリは元来単独生のダイバーで、近くのエールサクレーグにねぐらがある。エールサクレーグは、クライド入江の入口にそびえる火山岩(玄武岩)の小島で、グラスゴーとベルファスト間のルートの目印となるので、観光客にはパディー〔スコットランドやアイルランド人に多い名前〕の目印として知られている。シロカツオドリは、漁船が網を引き上げるとき巣に帰ってくるとよいことがあると学習したのである。

コッドエンドあるいは袋網〔トロール網の細くなった先端部で、魚はここに押し込まれる〕が見えてくる。なかには約五〇ストーン〔一ストーンはふつう一四ポンドあるいは六・三六キロ。イギリス人は、約三〇ポンドド以上の重さを量るときはポンドではなくストーンという単位を使う〕の魚がいた。そのほとんどが、狙っていたハドックである。網をゆっくりたぐりよせると、ジョンとポールはウニ、海草、個々の魚を網からはずす。甲板でコッドエンドが開くと、いろいろな生き物があふれ出てくる。ハドックを選別して箱に詰める。投網の合間に内臓を処理してしまう。内臓が入った丸のままの魚は価格が低いのだ。漁獲のおよそ三分の一は船側《せんそく》から捨てる。こうした魚の中には水揚げしてはいけないサイズの魚（捨て魚）や商業的な価値のない生き物（いわゆる雑魚）がいる。

網の中の獲物の多様さには驚くが、珍しいものはない。小ガレイ、ターボット〔大型のヒラメ〕、数匹のカスザメ／アンコウ、小さなダツあるいはドッグフィッシュ、水揚げサイズに満たない若いタラやハドック、ホウボウ〔棘鰭《きよくし》類〕、ネズッポ（大西洋のシヤレヌメリ）、ボラ、それに二匹の小ダコまでいた。タコはどちらも元気に生きていたが、魚たちは、浮き袋の破裂という災難に見舞われ、ばたばたともがいている。海に戻されても、生き残るとは思えない。

ポールは、コックのヘイミッシュが料理に使いたいだろうと思う魚は赤い箱によけておいて、残りは白い箱に入れ、それらは氷で冷蔵される。いらない魚は海中に逆戻り。船の上空を旋回している何百羽ものシロカツオドリの口に入る。私は海に戻された魚をよくよく見ていたが、一匹たりと生き残っていたものはない。

雑魚や捨て魚は、漁師にとって避けられない現実である。欲しい獲物だけ捕まえる漁法などない。トミーのトロール漁法は比較的「クリーン」なほうだが、トロール漁になじみのない者から見ると、やはり心中穏やかでない。他の漁法や季節によっては、もっとたくさんの雑魚が出る。プローン漁法の中には、必ず八五％の雑魚が捕れてしまうものもある。食べられる雑魚なら売ることもある。

国連食糧農業機関（ＦＡＯ）の推計によると、世界中の漁獲の約三分の一（およそ二七〇〇万トン）が無駄に捨てられているという。これに加えて、網やラインやワナにかかって死ぬか、けがで水揚げされなかったたくさんの生物（クジラ、ネズミイルカ、カメ、鳥など）や、海底で殺された生物がある。これらを加えると、漁師による漁獲総重量は年間二億トン以上になる。食用魚の重量の多くは、頭、軟骨、骨、内臓などだから、これも捨てられるか処理装置にかけられる。また、工業製品や養殖魚のえさを作るために捕まっている約四〇〇〇万トンの魚も計算に入れなければならない。食べられる魚の中には、猫などのペットのえさになるものもある。売れ残って無駄になった魚もいるはずだ。

こうした無駄になった要素をすべて考慮に入れると、タンパク質源として人や動物に食べられたのは、水揚げされた九五〇〇万トンのうち二〇％にも満たず、毎年海で殺される海洋動物の重量の一〇％にしかならないと結論づけることができる。これはおおよその数字だが、大幅な誤差を認めれば、だいたい正しいだろう。つまり野生の魚を捕らえるのは、無駄の多い商売なのだ。それにしても海の生産性には感心する。今日、グリーナー号に乗ってみて、つくづくそのことがわかった。

この後、われわれはいろいろなアクシデントに邪魔をされた。二度目に網を引き上げてみると裂けていた。測深計は何も捕らえていなかった。そしてトミーのプロッターは、一年前にハドックを漁獲したまさにその場所に船を誘導していた。明らかに、岩とか錨《いかり》とか、何か突出したものがあったのだ。トミーは次の投網予定場所へ向かう船の操舵《そうだ》を副船長のロクランにまかせると、操舵室から飛び降りて来て、針を手に、みんなに網の修理を指図した。

そのとき無線が緊急信号をキャッチした。知り合いの漁船からだった。天気は回復していて、風も予報のように強くならなかった。だから、漁船がトラブルに巻き込まれる理由はなかった。

沿岸警備隊と話したトミーは、フルスピードで指示されたコースに向かった。半分ほど来たところで、やっと船長と連絡がついた。船長が、わびを言った。下でエンジンを修理していたら、誤って信号が発信されてしまったのだという。われわれは漁に戻ったが、網は再び引っかかってしまった。今度は方向転換して、網のひっかかりを外さなければならなかった。

第二次世界大戦が終わってヘイミッシュの世代が漁業を再開したとき、漁場を探すには、タバコの箱の裏にコンパスの座標を書くだけでよかった。だが今や、トミーは、ＧＰＳ（全地球測位システム）から得る衛星情報を使って、昨年の今頃うまく魚に出会った三つのルート通りに船の針路を設定する。もともと軍隊や海軍基地で使うように設計されたＧＰＳ衛星だが、その精度は冷戦終結以来さらに高まった。アメリカが信号の解像度を改良したからである。このため、船が入ってゆけない場所が減り、岩や障害物の一〇メートル手前まで行って操業できるようになった。その日はほとんど一日中トミーといっしょにいたが、測深機のスクリーンに、魚群を示すグレーの影を海底にみることができ、慰められた。

今、乗組員は甲板で手早く魚の内臓をとっている。これは決断の求められるときでもある。一晩氷の上に寝かせておいた漁獲に今日の収穫を加えると、甲板には魚箱に八〇杯のタラとハドックがある。当初の計画では、あと四日間海上にいるはずだったが、トミーは、携帯電話でフリートウッドの競り値が上がっていることを聞くと、帰港することに決めた。白いバンが、われわれが船を埠頭に係留するのを待ちかまえていた。今夜は、思いがけなく陸上で飲み食いし、船の狭い簡易寝台ではなくベッドの上で眠れるのだ。みんな浮き浮きしていた。

これが七年前のことである。トミーは今でも漁をしている。乗組員も、だいたい同じメンバーだ。季節的な観光産業で働いたり、新しくできた風力発電の会社に雇ってもらう以外、キャンベルタウンでは他に選択肢はない。グリーナー号という名前は、今ではトミーが昨年買ったもっと大きな船(二四メートル)の名前になっている。海には魚がいるから、大型船に乗り換える価値があると言うのだ。前の船はよい値で売れたし、新しい船は安く買えた。なにしろ、漁業から足を洗う人はたくさんいるのだ。今度の船では、別の船と組んでハドックをペアトロールする。まあまあうまくいっている。

ただ、割り当て量が、七年前の三分の一に減ってしまった。アイルランド海ではタラを捕ってはいけないことになった。ハドックを救うには思い切った削減が必要だと科学者は言う。漁師の水揚げ量が増えているのは、不法に捕った魚が含まれているからだ。トミーの知り合いの誰かが、一〇〇〇箱のハドックを水揚げしたところだった。すべて密漁である。船長は記録を残さないし、売買には書類を使わない。おそらく正規の競り価格より安くしているのだろう。キャッシュフローを保ち、船のローンを払わなければならないからだ。

万事につけ哲学的なトミーだが、捕ってきた魚の値段については別である。「科学者は魚がいないと言うが、タラがクライド入江にくる三月や四月に科学者が来ていたためしがない。そのころに来たら、何千箱ものタラを見るだろうよ」。他の魚の漁がよいときもある。今は、トミーの漁がふるわないときなのだ。サバやニシンなど浮魚を捕る漁師たちは、今のところ割り当てが増えて、景気よくやっている。

トミーがとまどうのは、漁がうまくいき、貴重で、合法的なハドックを何百箱も捕ったときである。内臓を出していない丸のままの魚でも四〇ポンドの値段はつくべきなのに、二〇ポンドしかつかないし、内臓処理した魚には六〇ポンドつくべきなのに三〇ポンドしかつかないのだ。トミーは、魚が豊富なフェロー諸島(デンマーク領)やアイスランドから輸入されている魚の値段を非難する。

＊　＊　＊

プリマスの水産加工所の壁に木版画がかかってい

る。加工所の社長を待つ間、私はそれをじっくりと眺めた。南西の強風の吹くなか、これぞ海の男とでもいうような漁師が、丸々と太った魚を屋根のない帆掛け舟の中に放り込んでいる絵だ。イエス・キリスト時代のガリラヤの海の絵かもしれない。この様式化した漁師のイメージには、時代を超えて正しいことと、人をいらだたせることの両方がある。この絵のどこに私がいらだつのかと考えてみた結果、こういうことに行き着いた。

この絵は、魚の真の価値（店頭における価値ではない）には、常に人命が計算に入っているという古い真実を物語っている。過去一〇年間、イギリスの漁船は、平均して一二日半に一隻の割合で海の藻《も》屑《くず》と消えていった。月刊紙の『フィッシング・ニュース・インターナショナル』には「今月の遭難船」というページがある。しかし、今日の魚の真価は、「漁師にとってのリスク」対「人間が究極的に頼りとする魚の個体群や生態系へのリスク」という、より複雑な方程式で計算されなければならない。世界は変化した。その変化とは、多くの魚資源にとって〝終焉〟〔The End of the Line　本書の原題〕を意味する。

命がけで悪天候と戦う海の男という漁師のイメージは間違っていないが、海の狩人の生き残る確率は、蒸気トロール船、手旗信号、一九世紀のトロール船の船長（キャビンボーイに、漁獲を、甲板もないような小さな手漕ぎの舟に移し換えさせ、市場に運ばせた）の時代に比べると大きく変わった。一〇年ごとに安全性は高まっている。そもそも安全性を望まない者などいるだろうか？　漁業は、操業条件の悪いとき（とくに悪天候下、秋や春の大風、熱帯の嵐）、南極や北極の付近の海で漁をする遠洋漁船上などでは、いまだに誰も望まない困難な仕事である。漁師の危険は現実のものだということは知られている。そして漁師は、その事実を手心も加えず自分たちに有利になるように利用する。

私の古い友人で広報担当官の公務員が、かつて私に言ったことがある。スコットランド漁業組合との熾《し》烈《れつ》な年次交渉がおこなわれ、大臣たちをかんかんに怒らせたテレビ報道があった直後のことだった。

「われわれが正にあいつら組合員を、こちらの思う方向になびかせた、と思ったその瞬間、誰かが「海の危険にさらされし者よ！」〔アメリカ海軍の賛歌で、海の男たちの厳しい生き方を嘆く哀歌〕を歌い出したのだ」

漁師のリスクは今でも現実のものだが、より複雑化したこの時代、われわれが漁師に対して反射的に抱く同情は、まだ方程式が見つかっていないある新事実の前では薄れてしまう。ある事実とは、狩られる側が生き残れる確率の大きな低下である。漁業技術が発達したということは、漁網やラインが行けない海がなくなったことを意味する。よく言われているが、優れたアイスランドのトロール船の船長は、魚と同じように考えることができるそうだが、現在では、魚と同じように見ることができる。

＊　＊　＊

ビーゴ（スペイン）。「世界漁業博覧会二〇〇三」の会場に来ている。エンジン、船舶、漁網、ライン、衛星電話、ＧＰＳプロッター、ソナースクリーン、これらがどのようなデータを出しているかを分析するためのコンピュータ・システム。最新の技術開発の売り込み文句が人目を惹こうと競っている。

天蓋《てんがい》つきのコンベンションセンターは空港のすぐそばにあり、何ブロックにもわたる広さだ。ここを訪れる人たちは、「甲板上の究極の武器」や「世界最大のトロール網」を買ったり、「モバイル・アース・ステーション」を使って衛星連結魚追跡ブイ軍団をコントロールをしてみたい気持ちに駆り立てられる。

今年のヒットはニュージーランド館で、海図ソフトの「ピスケイタス」が目玉だ。その宣伝文句は「フィッシュ・ヘイト・アス（このソフト、魚には嫌われています）」〔発音がピスケイタスと韻を踏んでいる〕である。漁師にテクノロジーを売るのは、農家に殺虫剤を売るよりマッチョな仕事だ。一九七〇年代のブーム時には、トップブランドにはレピアー（細身の両刃の剣）とかインパクトとかコマンドというような名前がつけられた。殺虫剤メーカーが、販促のために戦闘的なイメージに向かったのに対して、漁業関係のコピーライターが好んだのは、SFや大量破壊戦争で用いる言葉だった。なぜそうなるのか、不思議に思った。

テクノロジーを漁師に売るのは、合法的な上場企業だ。しかし、それを使う者すべてが合法的に使うとは限らない。漁業関連の漁具や仕掛けを売る大手企業、造船会社、大手漁業会社は、三年前からこの博覧会に出店を決めていた。ヨーロッパ、アフリカ、南米の三〇カ国以上から業者や買い手が集まる。スペインの巨大企業、ペスカノバなど数社は、とくに売るものは持ってきていない。出店のねらいは、世界的なイメージを高めることである。ペスカノバの大きなブースにはほとんど誰もおらず、ビデオが流れているだけだ。

ガリシアの政治家たちは、この博覧会でスピーチをするための順番を待っている。フランコ政権時代の愛すべき恐竜、マヌエル・フラーガは八〇代だが、開幕のスピーチをした。スペインの漁業省は、促《うなが》されるまでもなく、はっきりした立場をとってみせ、規定以下のサイズの魚は水揚げしないようスペイン語で書かれた漁師向けのポスターを誇示した。だが、このようなポスターが必要だということは、多くの人たちがスペイン人に対して抱いている印象が正しいことを証明しているようなものだから、おかしくなってしまう。欧州委員会でさえ触発され、はっきりした立場をとってみせた。このことからもわかるように、スペインは、ブリュッセルの漁業担当事務総長に対して、まか不思議な影響力をもっている。

注目度でいえば、博覧会のスターはプロッターだ。フラットパネルの高品位コンピュータ・スクリーン(おそらく四五センチ角)は今や大型冷凍トロール船の船橋(ブリッジ)の中心的な存在だ。ほとんどのトロール船は、故障に備えて二基搭載するだろう。昨年のモデルと今年のモデルである。このレベルの漁業者は、もはや海図など使わない。プロッターが、いろいろな搭載器機が集めた航海データを一つのスクリーンにまとめてくれる。船長はその前に座るだけでいい。マウスをクリックすれば、他のどのスクリーンの内容も、ブリッジにいる船長のコンピュータのスクリーンに出すことができる。マックスシー（フランス）、シムラド（ノルウェー）、フルノ（日本）などいくつかのバージョンがあり、他にも考えつく限りの目的のためのスクリーンがある。捕りたい魚ごとにプロッターが開発された。

マックスシーのセールスマンが私に話しかけてきた。マグロ巾着網漁船やその他の浮魚漁船のための最新版では、航海情報を海水温の等高線（衛星天気チャンネルから来る）と統合することができるそうだ。これにより、ヘリコプターやスピードボートを装備している大規模な巾着網漁船の船長は、水温躍《すいおんやく》層《そう》（高温の水塊と低温の水塊の境界で、水温変化のいちじるしいところ）を見つけることができる。水温躍層ではプランクトンが発生し、それをえさとする魚が集まる。そこをマグロの群れの旋風が襲う。

このような狂乱のえさの奪い合い（フィーディング・フレンジー）は、スクリーン上では虹色になって現れるが、展示ホールにある最新の前方探知用低周波ソナーでシミュレーションさせたものだ。四キロ先のマグロのフィーディング・フレンジーを見ることができるものもある。別のメーカーの下方探知用のスプリットビームソナーは、船の真下から二方向にソナーシグナルを出すことによって、船の下の海の様子を再現する。

マグロ漁師は、列に並べた鳥レーダー（これもここで売られている）も利用する。これは、航空機探知用のふつうのレーダーより高感度に設定されていて、マグロの群れを探す鳥の群れを追跡するのに使う。強力な宇宙時代の双眼鏡は、Uボートの船長が使っていたのより四〜五倍の大きさで、ブリッジか、たいていの船にある見張り台に、しっかりと固定されている。これは、自由に泳いでいる群れを見つけるのに使われている。見つけると、巾着網漁船のスピードボートが群れと競争して追いかけ、網で囲んでしまう。

マグロ漁師は、マグロが浮遊物の回りに集まる習性があることを知っている。いかだや丸太の回りにいるのがよく見かけられるからだ。まず網を、こうしたいかだのまわりに仕掛ける。それから、漁船は各自の魚寄せ装置（FAD、浮き漁礁）を何十も、監視できる範囲内になるべくたくさん作る。FADには、魚の活動をモニターするためのエコーサウンダー（音響測深機）を装着できる。また、浮標《ブイ》が水温躍層に近づいたかどうかを見極めるために水温や流速もモニターする。それぞれの船が海流に向かってFADを発射する。

FADは、インド洋では、マダガスカル島周辺から始まり、北東二四〇〇キロあたりにあるチャゴス諸島〔インド洋中央部のイギリス領諸島。主島はディアゴ・ガルシア〕周辺で回収される。FADは、昔はラジオビーコン〔無線標識〕をつけていた。廉価《れんか》なので今でもたくさんの漁船がつけている。だが、衛星電話テクノロジーのコストが下がってきたので、最新の仕掛けには、インマルサット〔国際移動衛星機構。四つのインマルサット静止衛星は、太平洋、インド洋、大西洋（東、西）それぞれの海域の赤道上空に配置され、両極付近を除くほぼ世界全域をカバーしている。KDDIのホームページより〕の衛星にリンクされたブイがついている。インマルサット衛星は、FADデータをモニターできるコントロールセンターに信号を送る。最高六〇〇のFADのデータを監視できる。仮に漁師が、一つ一八万ユーロするブイを一ダースほど買えるなら、マグロ巾着網漁が非常に儲かるのは言うまでもない。

トロール漁技術も、ソフト業界と同じぐらい急成長している。この産業の最新の開発は海底マッピング（地図作製）ソフトである。例えばピスケイタス3Dだ。コンピュータ・テクノロジーと伝統的な音響測深機の組み合わせで、機械が送る音と海底から受ける音から大量の情報を引き出す。その結果、漁師は、バーチャルリアリティー〔仮想現実〕の深海を見ることができる。だからこそ、「このソフト、魚には嫌われています」ということになるわけだ。

ピスケイタスの製品説明には、「われわれは、魚を捕っているとき、何がどうなっているかを正確に見せます。自分の船、海底、魚、装備、ひいてはドアスプレッド(網を開いているプレートドアどうしの距離)まで、リアルタイムで、三次元の動画の風景にして見せます」とある。スターウォーズ〔映画〕とフライト・シミュレーター〔マイクロソフト社の飛行ソフト〕を交配したようなこのソフトを使えるのは、まだ乱獲されていない海で、最初に漁場に到着して、巨大な利益を得るような漁業者だろう。このような装置を装備した船から見ると、沿岸水域で操業する大半のトロール船団など家内工業にすぎない。

博覧会場を訪れている入れ墨と深いしわの入った海の男たちは、こうした海洋先端技術を見てとまどうかもしれない。しかし、ソフトを作る人たちは、「とまどい」で利益が邪魔されてはたまらない。「われわれのテクノロジーで、とまどうのは魚だけです」とピスケイタスの親会社、シーベッド・マッピング社が編纂したパンフレットに書いている。

「船長であれば、コンピュータの前に座っているより、魚を捕ることに時間を使いたいものです。シーベッド・マッピング社は漁業の一部になっています。世界の船長たちの協力を得てピスケイタス3Dを開発してきました。その結果、非常に効率が高く、非常に使いやすいソフトができたのです。魚には嫌われるでしょうが、かつてこれほど簡単に金儲けができたことはありません」

マックスシー社のパーソナル水深測量ジェネレーター(PBG)も似通ったソフトで、漁師が海底の三次元地図をより正確に作れるようにしてくれる。ピスケイタス社は、同社のマッピングソフトを使えば、「漁網が船を運転してくれる」と言う。前回、網でさらったのとまったく同じ個所に網を放つこともできる。何十年も費やして、漁業専門家は、「技術的ほふく前進」とみずからが呼んでいるもの(すなわち、一隻の漁船が技術的改良によって毎年より高い捕獲能力をもつこと)をいかに定量化できるかについて議論してきた。だが、われわれがこの博覧会で見ているものは、ほふく前進どころか、技術的疾走と言ったほうが適しているように思える。

北大西洋、インド洋、タスマニア海、太平洋の深海魚を捕るトロール漁業者にとっては、「海山《かいざん》」〔九〇ページ参照〕として知られている海中の頂きは、漁網にとってとくに危険である。マックスシー社のPBG以前と以後の三次元画像を見比べると、以前はゆるやかな起伏のプレーリー(草原)を見ているような観だったのが、マックスシーのPBGの海底三次元画像では、ロッキー山脈のようで、岩だらけの海底にある高嶺や淵が正確に描かれている。広報資料には次のようにある。

「最大のメリットは、……他の方法では非常にむずかしい海底域を探索できることです。そこには他の漁師は立ち入ることができません。乱獲されていない、豊富な漁獲を約束された場所……それは、見えない、したがってこれまでに一度も漁師が入らなかった秘密の隠れ場所(棚、渓谷、割れ目)を意味します」

この後に、フィル・ド・ラ・メーア〔海の息子たち〕号の船長、マイケル・デロシエールの熱烈な賞賛が続く。

「それはまるで、海の水をすっかり抜いて、真下を見ているような感じだった。海底がそのまま見えた。最初のモデルでは「海峡」のおおよその景観が見えたにすぎなかったが、今や、すばらしい眺めだ。リアルタイムでデータを更新できるから、以前なら漁をしなかったような場所、どんな海底でも、非常に危ない棚や岩層であってさえも、漁ができる。いつでも、一メートル以内が手に取るようにわかる。誰も入っていかないようなところで漁ができるから、漁獲量は確実に多い。だから、これはすぐに元がとれる最新装置だ」

船長が言う海峡というのは、おそらくイギリス海峡のことを指していると思うと、ぞっとする。漁業技術は、一般の人の理解をはるかに越えたスピードで進んでいる。漁師が実際に何をしているのか、それは許されることなのかを考えるいとまもない。最新型のベントレーやメルセデスを展示してあるショールームに客を勧誘する車のセールスマンよろしく、マックスシー社のセールスマンが、同社の一万四〇〇〇人の顧客の多くは小型漁船の船長だと指摘した。こうした船長たちへの売り込み文句もできている。セールスマンは、私がPBGのような「究極の漁業補助装置」など買わない客だと察知したのだろう。別の宣伝文句で攻めてきた。「大きな岩だって地図に書き込めますよ。一・五メートルまで解像度を高められるから、何か機械や装置をなくしても、見つけて、取り戻すことができます」。

コンピュータ化された情報技術によって、漁師のチャンスはどのぐらい広がったのだろう？　この点については、展示場の隣で開催されていた深海開発会議で説明してもらった。アイスランドの漁師、ハリー・ステファンソンは、ニュージーランドに移住して、今はオレンジラフィー〔ニュージーランド近海で捕れるヒウチダイ科の深海魚〕を捕る二五〇〇トン、全長八五メートルの漁船の船長だ。こうした深海魚は、海山の頂きに雲のように集まる習性があると言う。最新のコンピュータ制御トロール監視装置でオレンジラフィーを捕るプロセスは、こうだ。

「山頂めがけて網をうつだけでいい。われわれにしたら、これは革命だ。なるべくてっぺんに近づけて網を落とす。網は、山腹を落ちながら魚を捕らえていく。運がよければ、五分間で終わる。これはオレンジラフィーに特有の漁の仕方だ。二分間で一七トン捕れることもある」

スーツケースと呼ばれている音響漁網モニターは、漁網の位置を教えてくれる。卵と呼ばれている漁獲計は、網の中に六トン、一〇トン、四〇トン、六〇トンの魚が入るたびに教えてくれる。

漁網モニターは、どんな網に対しても使えるが、グロリア中層トロール網を投じるときには、文字通り不可欠だ。これは、世界最大の網で、大西洋の中央の海嶺でアカウオ〔フサカサゴ科のメヌケ類の総称〕を捕るときに使う。アカウオは群れずに単独で泳いでいるから、大きな網が必要だ。ビーゴの博覧会で売りに出されていた最新のものは、網口が三万五八〇〇平方メートルにもなる。ボーイング７４７ジャンボジェット機の六機以上の編隊だって捕まえることができそうだ。一〇年前の最初のグロリアトロール網よりも六倍大きな網口である。

だが、漁師は、満杯にかかって欲しくない。びっしり詰まると、魚が押しつぶされてしまうからだ。レイキャビックの船長は、「網の中に最高で六トン入ったら教えるように漁獲計をセットする。これだと魚の品質や鮮度が一番望ましい状態で捕れる」と私に言った。それ以上網に入ってしまうと、魚は傷み、価値が下がってしまう傾向がある。スケソウダラを捕る漁師も、同じ理由で漁獲計を利用していると私に言った。よく管理されている漁業は、量より質を尊ぶ。

もちろんテクノロジーの潜在的可能性は中立だ。使い方しだいで、資源を荒廃させたり、逆に癒すこともできる。「ブルーボックス」(衛星受信装置で、規制官に漁船の位置を教えるために一日に数度、漁船の位置を伝える)の設置は今やＥＵの法律やその他のたくさんの多くの管轄区域で法的に求められている。たとえば、ケニアやマダガスカル海域のライセンスを持つマグロ漁船も装備しなければならない。唯一の問題は、スペイン、ポルトガル、イギリスが、それぞれ独自のブルーボックスを取りつけたがっている点だと、サットリンク(あらゆる種類の衛星リンクをする会社)の社長、ルイス・ディアス・デル・リオが私に言った。驚いたことに、スペインの製品は、イギリスの製品よりもたくさんの情報を送ってくる。三つの管轄圏のどこででも操業できるようにと、ブルーボックスを三種類持っている漁船もいる。

トロール漁は無差別に魚を捕ってしまうが、この欠点をカバーする技術すらあって、漁師は、実際に捕獲する前に、捕ろうとしている魚の大きさを感知できるようになっている。あるいは、トロールが海底に与える損傷を最小限にくい止めるため、トロールが海底をこすらず、かすめるように進むように設定することもできる。いうまでもなく、こうしたテクノロジーを使うことへのインセンティブはないから、漁師は魚がもっと捕れるようになる開発ばかり使いたがる。

ここで再び、ニュージーランドでオレンジラフィーを捕るハリー・ステファンソンの登場となる。過去五年間、こうした装置をつけた網をひきながら見てきた大きな変化について、こう述べている。

「これは、これでいい。しかし最近の情報によると、海山はトロールに対して非常に脆弱《ぜいじゃく》だ。どのぐらい破壊してしまうのか、よく気をつけていなければならない。残念ながら、この業界の多数の考え方は、技術の先史時代から変わっていない。ほとんどの海山が、わずか一、二年間しか、多量の魚を産出しない。オレンジラフィーは、産卵前に特定のバイオマスがないと産卵できないが、底引きトロール漁は三〜四年の間産卵を中断させてしまう可能性がある。アイスランドでは、一八六〇年代以来、自然保護活動が実施されており、われわれは、「初めに持続可能性あり」という基本的な考え方で漁業を実施している。もし海山で漁をしたいなら、われわれの態度を変えなければならないが、残念ながら、私は楽観視していない。一九九九年に公海の海山を保護する協定ができたが、機能していない。抜け道を見つけた不謹慎な者がいた。やつらは大儲けしたが、漁場は一変して、元には戻らなくなってしまった」

会議の別のセッションで、アイスランド人のヴァルディマーソン議長が「今やテクノロジーのおかげで、われわれは捕りたい魚なら何でも捕れるようになった」と、漁業テクノロジーに関する深海論争を唐突な結論に結びつけた。だが、現在ニュージーランド企業のためにオレンジラフィーを査定している民間漁業団体に所属する科学者のマルコム・クラークは別の結論を述べた。

「資源搾取の技術ばかり進歩して、それを管理する能力がはるかに遅れをとっているというのが、われわれの認識だ」

第6章　深海――最後のフロンティア

海は、この惑星に残された最後の大いなる生きた荒地、人類に残された唯一のフロンティアだ。そして、おそらく、人類が理性の種であることを証明できる最後の機会である。

ジョン・L・カリニー〔ハワイのパシフィック大学生物学教授〕

ヨーロッパ人にとって最もなじみ深い魚は、大陸棚の浅い海や公海の表層で捕れたものだ。しかし、深海まで下りる前に、ヨーロッパの二〇〇海里EEZ内や国際水域にも、魚のいるところはたくさんある。ヨーロッパ水域の魚資源が減り始めると、冒険心に富んだ漁師は、目を西に向けた。そこには、大西洋のフロンティアと呼ばれるところがあって、すでに石油やガス産業が調査を開始していた。この深さで魚を捕る技術は比較的新しい。船舶、エンジン、ウインチ、エレクトロニクス技術の開発は、この三〇年で急成長を遂げたが、深海操業もそうした開発の一部である。

一般的に、深海は水深四〇〇メートル以上の常闇の世界だから、そこで生きる深海魚は、いろいろな点で浅海に住む魚とは違う。また、深海操業を取り締まる規制は、二〇〇海里EEZに関して始まったばかりで、その向こうには存在すらしない。浅海と異なり、深海利用への懸念は地球規模である。しかし厄介なことでは、浅海と変わりない。

深海魚の暗い世界に下りて行く前に、タラの類、トースク〔北大西洋に産するタラ科の魚〕、グリーンランド・オヒョウ〔カラスガレイ〕、ブルーホワイティング〔タラ科〕などの不運な種を見て見ぬふりすることはできない。これらは、昔は漁師が深海魚だと思っていた種で、これらについての科学的な分類や管理体制など考えようとする者などいなかった。要するに、大陸斜面〔大陸棚から深海底におりる急斜面〕や中央海洲〔海底の小隆起〕にいる魚のことで、各国の二〇〇海里ＥＥＺの縁にいる傾向がある。グリーンランド・オヒョウあるいはターボット〔欧州産の大型のヒラメの類〕は、一九五五年のグランドバンクス沖の国際水域をめぐるＥＵ・カナダ間の紛争の主な火種だった。今日でもまだＥＵ漁船の乱獲に対する苦情は多少ある。しかし、現在最も緊迫しているのはブルーホワイティングをめぐる紛争だ。

ブルーホワイティングはタラ科の魚で、海面から水深一〇〇〇メートルまでの水域で見つかる。最もよく見つかるのが水深二〇〇〜四〇〇メートルのところだ。二〜七年で親になり、寿命は二〇歳だ。フィンランド北のバレンツ海からアイスランド周辺の中部大西洋、南下しては北アフリカにまで分布している。西大西洋では、カナダ南部とかアメリカの北東海岸沿いで捕れる。ホワイティング〔小ダラ〕のいとこで、浅海に住みながらも、昼は深海に住み、夜になると垂直に移動して海面まで上がって来るという日課で、その行動は深海の浮魚と言ったところだ。

驚いたことに、ブルーホワイティングは、残り少ない北海のタラの五〇倍以上いる。現存する世界最大の食用魚種であるスケソウダラと同じぐらいいるのに、ヨーロッパではほとんど名を聞かない。だから、ブルーホワイティングは、手近な魚が捕れなくなった漁師が真っ先に向かう魚なのである。

鮮魚あるいは冷凍魚として売られ、魚油とフィッシュミールにも加工される。私はまだ食べたことも店頭で見たこともないが、少なくとも、あるアイスランドのシェフは調理すると美味しい魚だと言い、もっと多くのアイスランド人に食べてもらおうとレシピを開発した。この七年間で漁獲量が三倍になったことから、ブルーホワイティングを大量に食べている誰か(何か)がいたことがわかる。聞くところによると、ロシアやバルト三国にブルーホワイティング市場が開拓されたせいもあるらしいが、主な理由は、ブルーホワイティングが優れた養殖用フィッシユミールになるからだという。

ゴールドラッシュが始まっている。アイスランド、フェロー諸島、スコットランド、アイルランド沖のブルーホワイティングの漁獲高は、一九八七年でも、すでに六六万四八三七トンもあったが、二〇〇二年には一五五万四九九四トンまで増えた。最も罪深いのはノルウェーで、年間八〇万トンという、持続不可能な量を捕っている。コペンハーゲンに本部のある国際海洋探査委員会（ICES）によると、持続可能な漁獲高は六五万トンあたりだという。おびただしい数のトロール船が、深度五〇〇メートルの水域で、巨大なグロリア・トロール網を使って、大量のブルーホワイティングを捕りまくっている。魚を満杯に積んで港に帰る船は、あまりの重さにデッキまで波をかぶっている。EU、ノルウェー、アイスランド、フェロー諸島の政治家たちは、ただ傍観しているだけだ。

「北東大西洋漁業委員会」は、問題となっているイギリス諸島、フェロー諸島、アイスランド沖の国際水域での漁業管理をしたいと努力している。私が事務局のホイダル氏に、何が問題なのかと聞くと、「ブルーホワイトニングに関しては、採るべき対策は明らかだ。問題は誰も実行したがらないことだ」という答えが返ってきた。EU、フェロー諸島、アイスランド、ノルウェーは管理計画には合意したが、漁獲高については、一国として合意をみなかった。最初の数年は、各国の漁獲量を示すデータはふんだんにあったから、それをベースにして割り当てを決めるのはむずかしいことではないはずだ。そのことを考えると、よけい驚かされるとホイダル氏は言った。どこかで政治的な妨害があったのだ。各国は独自の割り当て量を定め、漁師はその混乱に乗じて、魚の鉱山を掘り尽くそうとしている。

「ICESが最後におこなった資源評価では、資源状態はよかった。しかし、ブルーホワイティングは短命な資源だから、資源が健全かどうかの評価もしにくい。たぶん、この評価は、たまたま産卵魚の生き残り率が異常によかった一～二年級の魚に対してておこなわれたのだろう。それだけの話だ」

ホイダル氏が陰気な口調で言った。

＊　＊　＊

深海は深度四〇〇〜三〇〇〇メートルの暗い世界だが、今やここでも操業が可能になった。深海魚資源の見通しは、どちらかと言えば厳しい。過去二〇年間以上、深海魚が大量に漁獲されていることはわれわれも知っている。だが、それ以外のことについては無知だった。深度一〇〇〇メートル以下の闇の世界では、魚は長命で、数は少なく、成長も遅いということはわかっている。上層の明るい海からひんぱんに落ちてくる「食料小包」を待って死肉を食べるか、サメのように、そのような死肉食いの魚を捕食する。

深海魚全体で見たときの個体数は、大陸棚水域にいる魚に比べてはるかに少ない。それに、深海操業は費用がかかり、経済的に割の合わない商売だ。しかし、産卵や、えさ摂取のため、洲《す》とか海嶺《かいれい》のような地理的に特徴のある場所に集まる傾向がある。


ほとんど知られていないが、こうした深海の生息地の中で最も活動的で生産的なのが「海山《かいざん》」だ。深海底から一〇〇〇メートル以上も高くなっている孤立した海面下の隆起部で、昔の火山である。われわれが中央洋島として知っているアゾレス諸島やハワイ諸島は、そうした海山が海面から突き出たものである。太平洋には推定三万の海山があるが、大西洋では六〇〇〇で、そのうち世界的に知られているものは一〇〇〇しかない。研究されているものは、さらに少ない。海底の三次元地図ソフト、ピスケイタスを作るニュージーランド企業の社長、ジョージ・クレメントが言うように、「海底の測量は、月面より遅れている」。

海山によって生まれる局部的な強い海流や湧昇《ゆうしょう》は、“プランクトン銀座”になる。当然、小魚が集まり、それらを捕食する大型魚も集まる。海山は広い公海における多様性のオアシスで、未発見の種を多数支えているらしいと科学者は言う。頂きに押し寄せる水から有機物を濾過《ろか》する懸濁《けんだく》物食者〔水中の懸濁物を摂取する水生動物〕、サンゴ、海綿、海扇などの群集を支えているのは確かだ。オレンジラフィーは、産卵をしに海山の頂きに集まる魚の一つだが、通りかかったプローン、イカ、小魚をえさにする。海山のさらに下のほうでは、サンゴがまばらになり、ロブスターやウミグモが岩の間に隠れている。世界の代表的な海山だけを選んでも、その研究がおこなわれるより先に、トロール漁が海山を根本的に変えてしまう可能性は高い。嘆かわしいことである。

海山は最も壮観な生息環境だが、大西洋海盆や大陸斜面の海嶺や海流が作るミクロ気候のもとにも、生物学者が一生かかっても研究しきれないほど多様な種がいる。

ジョン・ゴードン博士はスコットランド西海岸のオーバンに近いダンスタッフニッジにある海洋研究所のオナラリーフェロー〔名誉客員教授〕で、退職するまで生物学者としてそこで働いていた。退職した現在も、ほぼ無給でそこで研究を続けている。博士が深海底に住む魚の研究を始めたころ、深海魚は極端に難解なテーマだった。初めて深海魚を捕まえたのは、一九七三年。ロックオール・トラフ（一八六〇年代以来研究されてきた深海区域）へ向かう調査船、チャレンジャー号に乗ったときである。この区域は今やフランスとスペインのトロール漁船の集約漁業の中枢になっている。大陸棚が乱獲されてきたので、最初に深海のスペシャリストへと転換したのが、この両国だった。

ゴードン博士は、ロックオール・トラフやハットンバンクの漁場は、持続不可能な漁獲圧力のもとにあると警告している。つまり、急速に〝掘りつくされている〟と言っているのだが、博士は自分以外、誰一人として警告していないことを知った。

一九九七年、イギリスの新政権は、国連海洋法会議の批准を決議した。したがって、ロックオール（ヘブリデス外岸の西三二〇キロにある二五メートル高の花崗岩の露出）周辺の二〇〇海里ＥＥＺの権利を放棄した。理由は、今の国際法が、人が住んでいない岩に対する権利主張は筋が通らないという見方をしているからだった。しかし、だからといって、他の国々がときおりそこに住み続け、権利を主張するのを妨げるものではない。この決定が漁業にとってどういう意味を持つかは考慮されなかったようである。ロックオール・トラフの大半とハットンバンク全体が、今や国際水域である。その結果、誰もがただで捕りたい放題に魚を捕れる場になってしまった。

スペインのビーゴの会議で、ハリー・ステファンソンは、最新テクノロジーを用いて深海で魚を捕ることの醍醐味《だいごみ》を話してくれた。一方、ゴードン博士は、まだよくわかっていないいうす気味悪い深海動物と浮魚との違いを説明してくれた。博士によると、海面下四〇〇〜二〇〇〇メートルでは、海底に住む魚が一〇〇種以上いると言う。深海魚の鱗《うろこ》は脱落性か、ないかのいずれかだから、仮にトロール網の網目を脱出できたとしても、すでに傷ついていることが多い。オレンジラフィー〔ヒウチダイ科〕、スカッバードフィシュ〔タチウオ科〕、スムートヘッド、ギンザメ、カサゴ、グレナディア〔日本ではソコダラ。マクロヌス科〕のような深海魚は、えてして頭でっかちで、胴体は先細りになっている。だから、ふつうの魚のかたちをした浮魚の若魚なら逃げられるような網目サイズであっても、深海魚の場合はその体型ゆえに、小さい魚でも網にかかってしまう。深海には波の動きはない。海流も、浅海ほどの力はもっていない。だから漁船からはぐれた網や沈んだ網は、幽霊船ならぬ幽霊網となって何十年間も深海をさ迷い、その間ずっと魚を捕り続けてしまう。

漁業が深海魚に大きなダメージを与えるもう一つの理由が、深海魚の寿命である。深海魚の中には、驚くほど長生きするものもいる。例えば、オレンジラフィーは、ゴードン博士も含めて多くの科学者が、一五〇歳まで生きると推定している。成熟に二〇年かかり、三〇歳になるまで繁殖はおこなわない〔注目しなければならないのは、オレンジラフィーの標本の年代測定については多少の論争があることだ。耳石《じせき》の年輪成長をベースにした年代測定では、年輪一個を一年と想定しているが、そうなるとものすごい年齢のものも出てくる。こうした耳石年輪と歳は関係なく、オレンジラフィーはせいぜい一八年が最高寿命だと言う科学者もいる)。成熟しても、オレンジラフィーは浅海種ほど産卵しない。タラが数百万個の卵を産むのに対して、こちらは数万個と桁違いに少ない。

長寿で繁殖率が低いという特性は、他の深海魚でも見られる。ラウンドノーズ・グレナディア(ソコダラ科)は八〜一〇年で親になり、七五年も生きる。ベアーズ・スムートヘッドなどのスムートヘッド類は三八年も生きる。リーフスケールガルファーというサメの寿命は七〇年だが、その間わずか六〜一一尾しか産まない。たくさんの深海魚が、別の魚を狙って操業する延縄にかかって捕まり、捨てられている。だが、そうしたことはほとんど記録に残されない。目的外の魚を捕ってしまうことがどういう結果をもたらすのかは、こうした犠牲になる魚そのものの基礎生物学と同様にまったく未知である。ゴードン博士は、遠隔操作調査艇(ROVs)を搭載した調査船に乗ったとき、深い海から最もひんぱんに送られてくる映像は、トロール網にかからなかった魚だということを知り驚いた。一番たくさんいたのはイラコ・アナゴだ。網目がごく細かな場合は別として、たいていの網はしのげる細さである。イラコ・アナゴは、アイルランド沖にあるロックオール・トラフやポーキュパイン・シーバイト(海の湾曲部)で最も豊富にいる種だ。ゴードン博士は一九九二年、フランス船ラタランテ号に招かれたとき、ビスケー湾でも見つけた。

われわれの知る限り、オレンジラフィーは最も長寿の人間より長生きをする。それなのにそのような魚を食べたがる人がいることからして驚きだ。オレンジラフィーは魚の皇太后として知られている。同じように特筆に値するのが、この身のしまった、口当たりのよい、しかし比較的無味の魚の主なヨーロッパ市場が、料理基準のうるさいことで知られているフランスだという事実である。フランスは、一九七〇年代にブルーリング（タラの一種）を捕り始め、九一年に北大西洋でオレンジラフィーを捕り始めた。今では、深海魚を捕って食べることでは、ヨーロッパでも筆頭の国である。どうしてそうなったのだろう？

深海魚はだいたい見かけが悪い。だが、これを克服する方法がある。フィレにする（三枚におろす）のである。こうすると他の白身の魚と区別がつかない。フランスのマーケティングの達人たちは、なじみの薄い名前とも取り組み、この作戦は予想以上の成功を見た。これまで押しつけられていた、おもしろくも何ともない呼び名や学術名を捨て、マーケティングの達人たちは、フランス人の心を誇りで満たすべく、栄光あるナポレオン一世時代のさっそうとした軍人を思わせる名前をつけた。ブラック・スカッバードはサーベルという名前をもらい、オレンジラフィーはアンプローア（英語のエンペラー。たまたまスペインのメカジキの呼び名に似ていた）、ラウンドノーズ・グレナディアはただのグレナディア（てき弾兵、精鋭兵）になった。九〇年代初め、こうした新種の魚が市場に登場し始めたとき、加工業者が必要とする白身魚が品薄だった。だから、ひとたび呼び名の問題が解決するや、すきま市場はたちまち満たされた。オレンジラフィーも、アメリカ西海岸沿いで市場を見つけた。そこでは、いわゆる魚は苦手な人たちに、肉っぽいフィレが受けたのである。

北大西洋の深海でトロール漁がおこなわれた結果、個体数がわかっているすべての種は、一九七〇年代当時の二〇％前後まで減ってしまった。ラウンドノーズ・グレナディア、ブラック・スカッバード、シキス（深海サメの一種）などの捕食種について、この数字は正しい。だがオレンジラフィーの減少は、さらに深刻だった。イギリス水域におけるオレンジラフィー漁は九一年に始まった。九四年にはすでに、漁獲率が当初の二五％まで減っていた。実際、発見されてから二、三〇年で、ハットンバンク、ポーキュパイン・シーブライト、ロックオール・トラフのオレンジラフィーの既知の個体数は取り尽くされてしまった。

イギリス諸島西方のラウンドノーズ・グレナディアの魚資源は、今やＩＣＥＳが定めた警戒レベル（理論的には操業禁止レベル）よりも減ってしまった。持続可能な開発の〔許容〕レベルは、浅海魚の場合二〇〜三〇％であるのに対して、おおかたの深海魚種の場合、当初の資源量の二％あたりである。科学者は、深海魚を持続可能に「収穫」すること自体不可能だろうと言う。つまり、毎年営利的に見合う数の深海魚を捕ることなど不可能だというのである。おそらくわれわれにできる最善のことは、回復が可能だということがわかっているレベルまで収穫量を減らし、あとはいじらず、放っておいてやることだろう。ただしこれは、われわれが魚の個体群の回復がわかるほど深海魚の生物学を知り、かつその測定もできるという想定にもとづくものだ。加えて、われわれに資源の管理能力があることも想定されているが、国際水域を管理するのは、ハットンバンクを管理している北西大西洋漁業委員会だということを考慮すると、これも怪しいことになる。最も絶望的な結論は、グリンピースの深海資源報告の著者、フィル・アイクマンが出したものだ。われわれは一匹たりと深海魚は捕ってはいけない、それが結論だった。

オレンジラフィーの持続可能な漁法を見つけたと主張する国が一つだけある。ニュージーランドだ。ニュージーランドのＥＥＺの大半は長く延びた海嶺や海山のある深海だから、この国は二〇年も前から深海漁業を始めていた。一九八〇年代、ニュージーランドの漁師が年間一〇万トンのオレンジラフィーを捕っていた時期がある。一〇万トンといえば、世界中のオレンジラフィー漁獲高の中でも相当な部分を占める量である。そのころ、科学者が、資源は自分たちが思っていたよりずっと少なく、操業規模の削減が必要なことを悟《さと》った。むずかしかったのは、魚資源の規模の推定だった。科学者の資源量に関する見解は最も少ない評価に比べると三倍にもなっている。というのも、ニュージーランドでは、科学者は民間企業や漁師に雇われていて、そこから研究費が出ているからだ。ラフィーの資源状態は一〇中九まで芳《かんば》しくない。いくつかの漁場は全面的に禁漁になっている。一カ所だけ回復が認められているが、これさえ、科学的な資源量評価形式が変わったせいかもしれないのだ。

ビーゴの会議で民間漁業科学企業で働くマルコム・クラークが言った。

「オレンジラフィーの持続可能性を保つのは、苦しい戦いになるだろう。総じて、ニュージーランドが経験していることはよいとは思えない。管理面での苦い経験から多くを学習している」

シーベッド・マッピング社および漁場管理を司るオレンジラフィー社のジョージ・クレメント社長は、資源量については、科学者があまりにも楽観的だったが、その後は持続可能に捕られていると言う。またオレンジラフィーは三〇歳よりはるか前に繁殖し、一〇〇歳までなど生きないという理論を信じるほうだ。クレメントが正しいかどうかは一〇年以上しないとわからないが、そのころまでには、さらに多くのラフィーの親が捕られてしまっているだろう。

ヨーロッパでは、ニュージーランドで起こったような資源の過大評価はなかったように思う。その代わりに、管理が必要なまったく新しい海域を前にしたときの役人の愚鈍さがある。何度もくりかえし警告が発せられたにもかかわらず、ECは対処するのが非常に遅かった。二〇〇〇年に、深海魚資源の割り当て制を発表したが、割り当て量はICESの勧告を大きく上まわった。主にフランスとスペインが操業しているイギリス諸島沖の水域の状況を、最も的確に解説しているのはゴードン博士だ。

「脆弱《ぜいじゃく》な深海魚資源は著しく乱獲されているという点では科学者、水産業界、政治家ともに意見の一致を見ている。だが、こうした緊急措置は、科学的報告書の不確実な点や矛盾を口実に、他の政治的優先課題の後まわしにされている。たぶん、たいした慰めにはならないだろうが、少なくともロックオール・トラフでは、生態系が破壊されていることがよくわかっている。他方、ハットンバンクなどその他の海域の生態系の破壊については、これからもまったくわからないだろう」

　私たちの子どもや孫にとっては少しも慰めにはならないだろうが、ゴードン博士の言っていることは正しい。

第7章　海は無尽蔵か？

ローストフト（イングランド）。皮肉な光景が、一月の烈風のように目に突き刺さる。魚の水揚げをするドックは空っぽだ。ニシン流し網漁船も去り、この港から出航していた最後のビームトロール船も、解体されたり売られていった。いまごろは、よその海底を荒らし回っていることだろう。

　生き残っているのは、たくさんの魚を守り、生き残れるようにするために設立された政府の研究所だけである。何という皮肉！　われわれの税金で建てた研究所の建物は、町を睥睨《へいげい》し、救済すべき海を監視している。この研究所の新しい海洋調査船、エンデバー号は全長七三メートルで、二四〇〇万ポンド〔約五〇億円〕かけて建造された。この船の前に出ると、ドックにいる他のどんな船もメダカだ。しかし、これほどの公費をつぎ込んだにもかかわらず、海では、商業的に重要な魚種の三分の二が「生物学的安全圏外」にある。一般に認められている科学的な言い方をすると、帰還不能点〔大洋を横断する航空機などがもはや出発点へ帰る燃料がなくなる点〕に近いということになる。

　漁業科学の悩みの種は、魚の数の数え方だ。現在のテクノロジーをもってしても、海にどのぐらいの数の魚がいるかわからない。だから数え方を見つけなければならない。何があったというのか？　北海周辺の科学者が数え方を間違ったのか？　あるいは、科学者の努力は、優先課題を異にする政治家や水産業者によって日常的に圧倒されているからだろうか？　あるいは、科学者は実際には単なる利益団体にすぎず、魚の保護などは、科学者としてのキャリア達成という優先事項の前では、取るに足りないことなのだろうか？

　こうした解釈はどれも、（多少の例外を除いて）科学をベースにしておこなわれてきた近代的魚資源管理の明らかな失敗を指摘するために、いろいろな時点で、いろいろな大陸で述べられてきた。

　私は科学者でないから、多くの漁業科学者の口から発せられる大量の役所用語はさっぱりわからないし、辟易《へきえき》とさせられる。漁業科学者は、自分たちは中立で、偏見はないと思っているかもしれないが、実際は明らかな偏見をさらけ出している。大規模資本漁業こそ海の主たる利用方法である、という資本漁業に都合のいい偏見だ。漁業科学者の軟弱な報告書によって影響されないため、私は別の方法で、つまり、何人かの生き方や物の見方を紹介しながら、この物語を歴史として話してみようと思う。

　ローストフト漁業研究所が入っている赤レンガの建物は、かつてグランドホテルだったところだ。環境・漁業・アクアカルチャー科学センター（CEFAS）という政府機関の一部だが、そんな名前はとうに忘れ去られ、もっぱらローストフト漁業研究所で通っている。ここの所長代理で上席科学者のジョー・ホーウッド博士は慎重な感じの人物で、一見して、強烈なメッセージを発するタイプでないことがわかる。とはいえ、この一〇年、博士の務めは、資源が先細っている北海のタラ、ハドック、カレイ・ヒラメ類、シタビラメの群れに関する警告を、漁師や政治家に向けて定期的かつ明瞭に発信することだった。

　だが、博士には、こうした警告のほとんどが無視されることがわかってきた。だから今は何の情熱もなしに、ただ警告を発するだけである。悲しげな表情をたたえながら、ホーウッド博士は、歴代の所長の写真が掛かっている廊下を案内してくれた。どの人物も博士と同じように慎重そうで、大臣の耳に心地よく響くような言葉を選び、イギリスの役人に特有な、一見超然としているが、その実、お上に従順なやり方で発表する政府の科学者のように見えた。これがどういう意味を持っているかというと、実は大臣が好きなようにいじりまわした情報なのに、いざ聞こえてくるときには、ローストフト漁業研究所が熟慮の結果到達した見解ということになっているのである。

廊下の写真の中で、ひときわ目立つ人物があった。写真は全員男性で、背広にネクタイ姿、必ずデスクの前に座っていたが、その人物だけは、漁師の着るセーターとエプロン姿で、パイプをくわえ、トロール船のデッキの上で、タラのうろこ捕りに精を出していた。その人の名はマイケル・グラハム。一九四五年から一九五八年にかけてローストフト漁業研究所の所長だった。

マイケル・グラハムは、漁業理論の分野で、よいタイミングで多大な貢献をした科学者だ。漁業理論とは、主に過度な漁獲、つまり乱獲を論じることである。一九四五年から五八年まで、ローストフト漁業研究所の所長をしている間に、この研究所を世界有数の海魚資源量研究所にした。グラハムは独特なところのある所長で、科学者のことをナチュラリストと呼ぶと言い張り、若手のナチュラリストには海に出るよう命じた〔自然科学者、博物学者。ビクトリア時代の科学者はナチュラリストと呼ばれていた〕。

グラハムは後の世代に向かって、なぜ北海やその他の海が凋落《ちょうらく》し、漁港がすたれたかを説明しようとした。漁業科学の黄金期におけるその影響力と、「道理をわきまえた」漁業や〔人間が食料を依存する〕生物システムの保護についての不断の唱道《しょうどう》、この両面から、グラハムは独創的な人物だった。グラハムの漁業観や考えを理解したい人には、『ザ・フィッシュ・ゲート』〔*The Fish Gate*, 1943〕を読むようお勧めする。グラハムはこの薄い本の中で、戦時中らしい力強い英語で、なぜ自分が生きている間に自由漁業〔漁業法令・規則等の制限を受けずに操業できる漁業。宮城県漁業振興課水産用語集ウェブサイトより〕という考え方が失敗したか、そしてその失敗は、科学的な誤りと、前の世代の責任回避の合併症であることを解説している。

マイケル・グラハムが一九二〇年に農水省のローストフト漁業研究所で働き始めたとき、資本トロール漁業が乱獲の原因になりうることは、少なくとも三五年間実証済みの事実だった。イギリスが最初に漁業を産業化（資本化）したのは一八六〇年代だ。このころ、ハル、グリムズビー、アバディーンから蒸気トロール漁船が出漁するようになった。そのイギリスで、北海の魚の個体群の組織的な壊滅を最初に指摘したのは科学者ではなく、漁師だった。昔からの漁場に魚がいなくなったため、漁師たちは新しい漁場を求めて、さらに蒸気エンジンにむち打って遠くの海まで行かなければならなくなった。トーマス・ハックスリ〔第4章冒頭参照〕に代表される科学的権威集団は、こうした観察に対して軽蔑をもって応えた。ハックスリは、一八六〇年代末に、漁師の懸念に根拠があるかどうかを見極める委員会の議長を務めた。ハックスリは、それから約二〇年経った一八八三年末に設立された委員会でも、同じ意見を述べていた。

「現在のわが国の漁業のありように関し、タラ、ニシン、サバなど多くの最も重要な海洋漁業は無尽蔵であることを確信をもって肯定できると信じる。その根拠は二つある。一つは、こうした魚群は信じられないほど数が多いので、漁業で捕る量などたかがしれているからである。二つ目の根拠は、魚にとって破壊的なその他の要因〔海水温変化とか捕食動物などいろいろな力〕があまりにも多いので、漁業による破壊要因程度では、魚の死亡率を高めるとは思えないことである」

この結論は、一〇年もしないうちに議会の別の調査会（病気のハックスリもメンバーだったが）によって覆《くつがえ》された。

それからの二五年、漁業の衰微《すいび》は警戒レベルの割合で進行した。もし第一次世界大戦〔一九一四年七月～一九一八年一一月〕がなかったら、そのまま突っ走っていただろうが、戦時中、トロール漁船は漁業以外の目的で徴用されるか、魚雷や敵船など危険が多くて海に出られなかったりした。魚にとっては資源回復のチャンスである。戦時中は、漁業が減り、魚価は二倍以上になった。一九一四年のトロール船による北海の魚の水揚げ量は一日平均七一六キロだった。一九一九年に漁業が再開したとき、一日の平均水揚げ量は一五四二キロになった。

だが、五年も経たずに、漁業ブームは終わった。新造船や新種の漁具に投資した漁師が魚を捕りすぎた結果、魚価が急落した。そのため、漁師はさらに多くの魚を捕らなければならなくなった。トロール漁師たちは、九〇センチもあるタラをフィッシュミール用に売らなければならなかった。資源も枯渇していった。議会の調査会は、一九二〇年代から一九三〇年代を通して、北海の魚資源の減少に対する懸念を強めていった。

マイケル・グラハムは、ローストフト漁業研究所に入所すると、北海のタラ漁を研究するよう指示された。アフリカとカナダに実地調査に赴《おもむ》いたときに中断した以外、グラハムは一九二〇年代、一九三〇年代を通してタラのライフサイクル(生態)や産卵場所について解説し続け、重さを測るという手間のかかるプロセスを経て漁場の年齢構成を証明した。一九三五年に書いた論文の中で、グラハムは最終的に、乱獲を証明した。著書『ザ・フィッシュ・ゲート』を読むと、自由漁業の避けがたい結果として、一九三九年までには北海は捕り尽くされ、多数の漁師が失業したことが解説されている。

グラハムは二〇年におよぶ海洋観察を濃縮させ、それを『漁業の大法則——無制限な漁業は利益を産まなくなる』という本にまとめたが、これは経験則であって、科学理論ではないという興味深い一線を引いた。漁獲努力が自由で、競争原理で押し進められる限り、漁業はいずれ失敗する。グラハムは、大法則は逆のかたちになったときだけよい結果を生むと指摘した。すなわち、努力規制こそ漁業の利益を取り戻すものだと言うのである。グラハムの次の目的は、最適漁獲を得るには、正確にどの程度の漁獲努力規制が必要か、それを証明する方法を見つけることだった。

第二次世界大戦の最後のほうで、グラハムは英国空軍の科学顧問に召集され、新型の航空機やその装備の有効性を評価させられた。戦争が終わると、グラハムは所長としてローストフトに戻ってきた。

グラハムが大学から直接雇い入れた若い数学者の一人、シドニー・ホルトは当時を振り返って、第二次大戦後の世界は、過去の過ちは決してくりかえさないという決断と楽観主義が一般にみなぎっていた時代だと言う。ヨーロッパの漁船の半数は沈没し、新造船時代を迎えようとしていた。グラハムは、魚資源の計算方法および漁獲圧力が資源にどんな影響を与えるかの明確な解明方法がわかれば、ヨーロッパは、第一次世界大戦後のように船団を作り過ぎないですむと信じていた。

一九四七年にホルトがローストフトにやって来た最初の週、グラハムが言った。「科学者の仕事は、ものごとを改善することだ」。その仕事は急務だった。魚資源には、戦前の乱獲から回復するために六年の息継ぎ期間が与えられていた。ホルトの最初の仕事は、この期間に実際に資源の回復が起こるかどうかを見極めることだった。そして、回復は起こったのである。数年におよぶ懸命な研究の後、ホルトと同僚のレイ・ビバートンは、カレイ・ヒラメ類とハドックの個体群が漁獲圧力のもとでどのように反応するかを示す数学モデルを作り上げた。この発見は一九五七年に公表されたが、それが国際的な影響力を持つのは、もっと先のことである。

ホルトとビバートンは、単種の魚の個体群を合理的かつ成功裏に管理する方法を編み出した。ただし、これには条件があった。科学者はまず正確なデータをこの数学モデルに入力し、魚の自然死亡率と人為介入の場合の死亡率などの変動幅について適切な仮定を入力しなければならなかった。もう一つの条件は、政治家がこうした提言にしたがい、漁業をしかるべく制限することである。時が経つにつれ、こうした条件がますます重要になっていった。

マイケル・グラハムは、魚の持続可能な個体群サイズと漁業の強さの関係には、どこかに最適点があるはずだと思っていた。アメリカのＭ・Ｂ・シェーファーやカナダのＷ・Ｅ・リッカーらの科学者たちは、一九五〇年代になって、この最適点を最大持続生産量（Maximum sustainable yield　ＭＳＹ）として定義するようになった〔魚資源と漁獲努力の間の最適な関係のこと〕。

これは努力目標だと言って、意見を異にする者もいた。シドニー・ホルトは、これこそ、一九五〇年代のアメリカ的考え方とヨーロッパ的考え方の違いを明らかにするものだと言う。グラハムのようなヨーロッパ人は、漁業は長期的安定と職の保存のために管理されるべきだと考える。一方、アメリカの科学者は、第一次世界大戦前および第二次世界大戦前の二度にわたって起こった北海のタラ資源の崩壊から、ヨーロッパの科学者ほど影響を受けていなかった。アメリカの科学者には、憲法によりすべての市民が漁場へのアクセスを認められているという意識があり、また資源量は増えているという意識もあるから、拡張主義的になりがちだった。この差が、問題の発端となったのである。

ＭＳＹを追求した結果、漁師は原集団を減らすようになった。どういうことかというと、漁師は毎年、総産卵（親）資源の半分ぐらいを捕ったのだが、そうすることが個体群の生産性を高めるという考えがあったのである。小さな個体群であるほど、えさがより多く供給されるので、より早く成長／再生するという理論である。

問題は、ＭＳＹという考え方が、ホルトとビバートンの「単魚種のモデル」を試験にかけ、破滅に導いたことである。どの程度の漁獲高がＭＳＹの魔法の数字に近いかを決定するにあたり、誤差は許されなかった。科学者は、正確な魚の死亡率（漁師は漁獲高や捨てた魚の量について虚偽の報告をして欺《あざむ》いてはいけなかった）と自然死亡率を知らなければならなかったし、環境要素の欠如や誤解、予想もしなかった捕食魚による影響という、モデルでは考慮されていない危険も常にあった。もちろん完全に正確ということはありえない。しかし、完全に正確でなければ、漁獲許可が高過ぎる水準に設定されてしまうこともある。そして、現実的には乱獲という結果になってしまった。一九七七年、コンセプトとしてのＭＳＹは、カナダの生物学者、ピーター・ラーキンによってほぼ決定的に粉砕された。ＭＳＹについて、ラーキンは短い詩を書いた〔原詩では各行末で韻を踏んでいる〕。

最大持続生産量というコンセプトありき。
その提唱する生産量は高すぎ、
パイの切り分け方も明らかならざりき。
よかれと願い、われわれはそれを埋葬する。
とくに魚になり代わって。

ＭＳＹを把握するための漁業概念が、包括的な信用を落としているにもかかわらず、相も変わらずいくつかの国際会議の目的であり続けていることは、門外漢には不思議に映るかもしれない。一九六〇年代に交渉がおこなわれた大西洋マグロ資源を管理する会議も、その一つである。

さらに不思議なのは、漁業にも適用される二〇〇二年のヨハネスブルグのサミット〔持続可能な開発に関する世界サミット〕の宣言文にも含まれていたことだ。この声明には、持続可能な漁業を実現するためには、次の行動が「すべてのレベルで」必要だと書かれている。次の行動とは、「資源量を、最大持続生産量を生み出すことができるレベルで維持・回復する。その目的は、枯渇している資源がこの目標を緊急に、できれば〔斜体は引用者〕二〇一五年までに達成すること」である。

私はヨハネスブルグの、このサミットに出席した。大混乱の末、今後二〇年間のための計画に「できれば」の文言が入ったことを覚えている。サミット後のパーティーでは、世界から集まった外交官たちがよい仕事ができたと祝いあっていた。だが、われわれの中には、外交官たちがもう何もしないでよくなったので祝っていたのではないかと感じた者もいた。

＊　＊　＊

ベルリン、二〇〇三年六月。記憶にあるより木陰の多い快適な都市である。国際捕鯨委員会の会議で、思いがけなくもシドニー・ホルトに会った。すでに七〇代になっていたが、いまでもこの会議には毎年出席している。広いだけで特徴のないホテルで午前八時ごろ、二人でゆっくり朝食をとろうということになった。二時間後にウエーターが皿を片づけに来たとき、われわれはまだ話し込んでいた。ホルトは、自分の初期の研究や、自分の不在中に北海の魚に起こった「災難」(ホルトの言葉)を再検討していた。ホルトが紙ナプキンの上にドーム型の収量曲線を描くのを見ながら、私はふっと思った。今、私の目の前で述べられていることは、漁業科学の黄金期のエピローグなのだ。

ホルトは、ものごとがどこからおかしくなったと思っていたのだろうか？　答えは、個人的な物語のかたちで話してみようと思う。相棒のビバートンは、ローストフトに一九七〇年代までとどまっていた。それからローストフトを去り、自然環境研究会議の運営に携わった。ビバートンより急進派だったホルトは、戦時中は大学で共産主義を扇動《せんどう》していた。一九五三年にはローマの国連食糧農業機関〔FAO〕で働いた。一九七〇年代に、環境団体や個人といっしょに活動を始め、数学モデルを作る能力を捕鯨禁止運動に役立てた。

ビバートンとは、いろいろなことがらにおいて見解が異なっていたし、そうしょっちゅう会っていたわけではないと、ホルトは言う。二人は会うと、世界の漁場の危機的状況が高まっている責任はどこにあるのかについて論議した。ビバートンは、捕り過ぎは、科学的警告に対して、当局が適切かつタイムリーに対応しなかったことと、おおいに関係があるという意見だった。ホルトは、ダニエル・ポーリーなど現在の科学者と同じ意見で、モデルの中で生物学者が日常的に使う計算式が捕り過ぎを誘導したという意見だった。

一九九五年にビバートンが没する直前、二人はどちらの意見も少しずつ正しいところがあるということで、最終的な意見の一致をみた。病気で自分が出向いてスピーチができないため、ビバートンがバンクーバー会議に送ったテキストでは、こう指摘している。「漁業科学とその応用効果との間には強い反比例の関係がある」。そして親切にもこのように締めくくっている。

「近年のできごとを見ていると、私の心にずっと架かっていた疑念が蘇ってくる。すなわち、われわれは有能でありたいあまり、木を見て森を見なかったという意味で、シドニー・ホルトはある程度は正しかったのではないかという疑念である」

その最もよい例が、三〇年以上にわたって科学者たちが前提としてきた「毎年捕ってよい大きさに達する幼魚の数と海にいる親の数とはまったく関係がない」という仮定（ホルトとビバートンの研究をもとにしたとされている）だとホルトは言う。犬や猫、人、クジラなど、ほ乳類の場合、これは正しくない。サメなど、子の数が少なく、したがって、どのぐらい産まれるかはまぎれもなく親の数しだいだという海洋生物にとってでさえ正しくないだろう。

タラのような魚は、七〇〇〇万個もの卵を産むではないかと思われるかもしれないが、そのうち生き残るのはごくわずかである。したがって長年議論されてきた点は、通常数の稚魚を生産できるだけの数の親が常時いるのかという点と、稚魚の数に影響する要因は、温度や捕食動物など環境的なものが主なのかという点だった。この議論は、漁獲高を減らすのではなく、漁獲高をより高くするのを正当化するために使われた。ロンドンやブリュッセルの上席科学者、役人、ひいては政治家によるこの反直感的で、有識の門外漢にはとても信じがたい解釈だが、私にはこれを擁護するよう圧力がかかった覚えがある。「理論的には、個体群は一定レベルにくると親の数が問題になる」と主張する門外漢の意見に耳を傾けるものは誰一人としてなかった。では親の数が問題になるレベルとは、どのぐらいを指すのだろうか？その数値は大きいのだろうか、小さいのだろうか？

たまたま、これこそ正にホルトの突いた点だった。ビバートンと二人で、一九四〇年代末に、北海のカレイ・ヒラメ類資源に関し、毎年捕ってよいサイズの魚の数と親の数との間には何の関係も見いだせないことを発見した。当時の北海のカレイ・ヒラメ類の個体群はサイズが大きかったので、わずか六年で乱獲から回復できた。当時、二人には、このような回復が常に起こるものではないことがわかっていたとホルトは言う。「すでに一九五〇年代において、回復は起こらず、われわれには、問題が待ちかまえているのがわかっていた」。結局、このことは、「漸進的に危険が高まる楽観主義的な割り当て」を導いてしまった。

魚の個体群モデルに関するもう一つの危機は、通常こうしたモデルが、小さな魚の個体群は、大きな魚の個体群よりも生産性が高いと想定している点だった。だが、自然界では、乱獲された魚の個体群は、そうではない魚の個体群のようには行動しない。生産率が低くなるのだ。この現象は「ディペンセーション」、個体数の減少効果、アリー効果(一九三〇年代に昆虫についてこのことを述べた生物学者W・C・アリーにあやかった呼び名)などいろいろな呼び名がある。アリー効果は、リョコウバト(かつては北米大陸の空を真っ黒にするほどたくさんいたが、すでに絶滅した)で発揮された。ニューファンドランドのグランドバンクスの北西のタラでも発揮された。現在は北海のタラで発揮されようとしている。気をつけなければならないのは、アリー効果は、取り返しがつかなくなるまで、単なる漁獲圧力と区別できない点だ。

親の数は関係ないとする危険な教義がどういう意味を持っているかというと、科学者が、魚の低再生率を環境変化のせいにしがちになる点である。

海には連続的、動力学的な環境変動がある。だが、エルニーニョとして知られている太平洋の暖流の振動もそうだが、すべてが規則正しく起こるわけではない。世界最大の魚資源だったペルー沖のアンチョベータの資源は一九七〇年代に崩壊したが、エルニーニョ現象も一要因だと考えられた。今日、北海がタラにとってさらに住みにくいところになったのは、温室ガスによる地球温暖化にも責任があるだろう。だがこの二例においては、漁獲圧力も大きかったし、それは今でも大きい。繁殖できる親魚を間違いなく何百万匹も殺してしまう漁業がなかったなら、魚の個体群が環境変化に適応できるチャンスがもっと高かったはずだ。

ホルトは私に、「魚の個体群を増やすというような高い望みを持つのではなく、もっと低い目標、すなわち、漁獲高制限を、種の生物学的限界、環境に起こりうる変動、推定誤差の起こりうる範囲内にとどめておけばよかった」と言った。その示唆《しさ》するところは、現在世界中の営利を目的とした漁業に認められている漁獲高を引き下げよ、ということだったのは確かである。世界の漁業を、クジラの捕獲高を制限するために作られた海底管理手順に従わせたとしたら（もっとも、そうしてもすでに手遅れなクジラがほとんどだが）、世界の漁業のほとんどが一夜のうちに禁止されなければならなくなるだろう。

例えばアンチョベータのように乱獲されても回復する資源もあれば、しないものもある。その理由はまだ解明されていない。カナダのダルハウジー大学の海洋生物学者のジェフ・ハッチングスが世界の魚九〇種を分析したところ、多くが乱獲により大きく減少していた。成長の早い大西洋のニシンを除いて、ほとんどに、資源崩壊から一五年経っても、いっこうに回復の兆しが見えなかった。ハッチングスは『ネイチャー』誌に、こう書いた。「種の生態が関係している。中層に住む小型で成熟が早い種（例えばニシン）は成熟が遅い海底に住む種（例えばタラ）より早く回復するだろう」。ハッチングスは、回復のできない種には、まず漁獲高制限を決めるときに、これまでよりずっと高い予防レベルを設定する必要があると考える。「いったんダメージを受けた種に対して、われわれにできることがあまりないなら、魚を安全レベル以下まで減らさないようにすることは、なおさら重要だ」。

持続可能な漁獲高の推定値は、一九七〇年代以降非常に控えめになった。グランドバンクスの〔タラ資源の〕大崩壊以降、その傾向はさらに進んだ。しかしおそらくアイスランドと多くの浮魚資源を除くと、漁獲制限が、魚の個体群の再生が可能な低水準まで下げられたところはなかった。

グランドバンクスは、漁業科学の典型的な失敗例である。世界有数の裕福な先進国、そうした国の大軍の科学者が、世界でもっとも豊かな漁業を破壊し、その間一〇年というもの、自分たちは破壊などしていないと思いこんでいたのである。ニューファンドランド沖のタラ資源の崩壊は、まさに悪夢だった。海洋資源は再生可能で、賢明な方法で管理されている、そう自己満足していた世界は震撼した。

科学がもっと正しかったら、カナダはあの大失敗を犯さないですんだろうか？　そうとも言えない。なぜなら、仮に科学者がタラの異変に早々と気づいたとしても、あの政治家たちが下したまぬけな決定は予測を越えていた。長いことカナダの政治家たちは、いかなる種類であれ、科学的に不確実だと証明されない限り、漁獲高を増やしても安全だとする方向に議論を持っていった。言っておくが、科学者が一九八〇年代初めから中ごろにかけて使っていたモデルによると、今でもグランドバンクスはタラで満ちあふれているはずなのである。

今だからわかるのだが、当時も災害を予言する反対者はいた。しかし、そうした声は、カナダの漁業海洋省（DFO）という官僚マシンと、魚資源の査定責任者である秘密主義のエリート科学者集団によって無視されていたのである。この分野は誰かを弁明したり、誰かを悪者にするために歴史を書いたり、書き換えたりしようとする科学的論文であふれかえっている。私の知る限りでは、間違いの連続であり、それが一九七〇年代末からの非常に不正確な資源量評価につながった。こうした間違いはすべて、個体群のモデルに入力された、様々な仮定とかかわりがあった（入力データが間違っていれば、出力データもおかしくなるという計算にまつわる古い格言が立証された）。

最初のひどい入力間違いは、一九七〇年代末と一九八〇年代初めに起こった。折しもカナダは、グランドバンクスの二〇〇海里水域の先についても管轄権域だと宣言し、この水域のタラ資源を一九六〇年代の一〇分の一のレベルまで減らした張本人のソ連、ポーランド、イギリス、スペインなどの国のトロール船を排除した。一九七八年から八三年にかけて、カナダの漁業船団にはタラを乱獲できるほどの操業能力はなかった。だから、この時期こそ、科学者たちがもっと慎重な方針を立てられる政治的なチャンスだったのだ。しかし、一九七〇年代末におこなわれたタラ資源の評価では、産卵資源にどのぐらいの被害がおよんでいるかを明らかにすることができなかった。一〇年後、同じ数字でやりなおした科学者によって、やっと明らかにされたのである。

正確に何が起こったかを話してみよう。カナダは新たに領海にした水域内の数カ所について、信頼できるデータを持っていなかった。なぜなら、グランドバンクスが国際水域だったとき、最後に調査をおこなったのはドイツだったからだ。その結果、無作為トロール船調査にもとづくことになっているモデルの「調整」あるいは「整調」に、営利漁獲の単位努力量あたりの漁獲データが使われてしまったのである。漁師が実際にグランドバンクス全域で調査操業をして得たデータよりも、営利漁獲データのほうが海底全般の資源状況を正確に伝えるものだとした仮定は、破滅的な間違いであることが判明した。営利漁獲データによる魚資源の減少は七〇％と示されていたが、実際は、一九六二年以来、資源は九〇％減っていたのである。

ニューファンドランドの地方長官とカナダ政府は、タラ資源は一九六〇年代以前の水準まで一気に回復するだろうと確信していて、この間違った査定をもとにして、長期的な漁獲見通しを発表した。科学者は、一九九〇年までには、毎年四〇万トンの漁獲高になると予測した。いま振り返ってみると信じられない予測である。資源は、漁獲上限を二六万トン以上にできるほど増えたことはなかった。最初のうちは、予測された水準ではなかったとはいえ、タラは実際、回復の兆しを見せた。ずっと後になって、営利漁獲データとトロール船調査とでは違った傾向を示していることがわかってきたが、すでに手遅れだった。

シドニー・ホルトが確認したように、古典的な誤りが起こった。大型で、健康な産卵魚資源の重要性が無視されていたのである。乱獲された個体群の生産性は上がらなかった。再生率は、個体群サイズが大きかったときより低かった。一九八〇年代初頭になると、バラ色の長期見通しにもとづいて、カナダ自身のトロール船団を持とうと、大量の補助金が州につぎ込まれた。ブリティッシ・コロンビア大学のカール・ウォルターズとケベック州のDFOのジャン=ジャック・マグワイヤーが一九九六年に発表した論文は、次のように締めくくられていた。

「仮に科学者が豹変《ひょうへん》して結論をくつがえし、公然かつ声高に漁獲の抑制を呼びかけていたとしても、一九八二年ごろまでには、制度的な不可抗力が動き始め、政治的な意思決定者の誰一人として、手遅れになるまで、あえて阻止に踏み切ろうとはしなかったろう。チャンスは閉ざされていた」

驚いたことに、カナダの科学者は、自分たちは年間の許容漁獲限度を、魚の一六%に設定していると思い続けていた。これだと理論的には、資源は急成長できるはずだった。ところが後の分析からわかったのだが、毎年漁師たちは親の六〇%以上を捕獲していた。そのため危険な兆候が現れ始めた。すなわち、魚体の小型化(生存確率が低下している証拠)、トロール漁で底引き網を引く区域の縮小化、一九八〇年代初めより漁獲の減少を訴える沿岸漁師の苦情などである。

事態をさらにややこしくしたのが、補助金を受けて進歩したトロール技術だった。テクノロジーは、単位努力量あたりの漁獲量(CPUE)を高めた。だが、DFOは、テクノロジーのほふく前進(テクノロジカル・クリープ)を考慮に入れて、推定値を調整しようとはしなかった。

毎年、秋になるとDFOの調査船は、グランドバンクス一帯を無作為に航行して、捕れた魚の数を数えていた。一九八九年には、からっぽな海域が認められた。だが、漁師は相変わらず魚はたくさんいると言っていた。なぜなら、魚群探知機は、資源が先細っているタラの群れが集まっているホットスポットを探知し続けたからだ。実は、枯渇してくると、タラとハドックは集まって同じ群れになってしまったのである。メルルーサなど他の魚では、このように二種がひとかたまりになって群れることはなかった。

自分たちの評価のよりどころとしていた理論的仮定が崩れてしまった科学者は、どうしていいのかわからないまま、許容漁獲限度を一九八八年の半分以下の一二万五〇〇〇トンにするよう勧告した。だが、漁師を怒らせたくなかった漁業大臣はこれを拒否して、二三万五〇〇〇トンの割り当てを設定した。

ニューファンドランドのセントジョンズにあるメモリアル大学の元総長のレスリー・ハリスは、DFOはそこで踏ん張って、主張し続けるべきだったと言う。「しかし、しょせん科学者は科学者でしかない。何に対しても絶対こうだという声明を出すだけの覚悟はできていなかった」。

多くの人が、セントジョンズのDFOの研究所長だったジェイク・ライスのことを覚えている。タラが枯渇する直前のテレビインタビューでは、快活な調子で、二、三年級の若いタラがたくさんかかっていると話していた。繁殖ができるようになる前の若い魚である。最後の二年間、事態の深刻さを信じるのを拒絶した漁師たちによって若いタラは何百万匹も捕られ、捕り尽くされた。

一九九二年六月、DFOは、産卵できるタラがいないことを理解した。漁師さえ、心配するようになってきた。一年間の一時操業停止が宣言され、翌九三年にはタラ漁の永久廃止が宣言された。

データを真に開示し、不確実な部分があることを公然と発表しなかったことこそ、科学者がグランドバンクスの大惨事から学んだ最大の教訓だろう。透明性がもっと高かったら、誤りはもっと早く見つかっていただろう。DFOにいたランサム・マイヤーズは、当時、資源評価の計算に使ったデータへのアクセスは許されていなかったと言う。こうしたデータは、マイヤーズ言うところの呪文をかけられた「一部族」によって保持されていた。この「部族」のメンバーが不当にも気にかけていたことは、評価者やその政治的ご主人様の名声を守ることで、これが評価の正確さに影響をおよぼしていたとマイヤーズは信じている。どうして科学者チームがこのような大きな誤りを長年見過ごしてしまったのだろう？科学者が報酬を受けるのは、その独立性と技能に対してではないのだろうか？

マイヤーズは、「選択はすべて、〝自分が報われるには、どちらがいいか？〟という基準にもとづいておこなわれていた」と言う。

「みんな楽観論を聞いて幸せに感じていたいのだ。悪いニュースは、いつの世にも歓迎されない」

サザンプトン大学のジョン・シェファード教授は、かつてはローストフト漁業研究所の所長代理であり、イギリス政府機関に属するＤＦＯの小グループの一員だったが、高潔な人だった。一度、実にうがったことを言った。

「科学者が何よりも求められる義務は真実への忠誠だ。第二の義務は公益への忠誠で、第三の義務が大臣への忠誠だ。このことを認識しない限り、われわれ科学者は、いつも問題をかかえることになる」

この他に、われわれはグランドバンクスの「タラ資源の」大崩壊から何を学べるだろうか？　科学があれほど大きな誤りを再び犯すことはあるのだろうか？

カール・ウォルターズとＪ・Ｊ・マグワイヤーが一九九六年に出した答えは「ある」だった。魚の資源量への組織的な過大評価や、産卵資源への注意不足はよくある誤りだから、単魚種のモデルからなくすことはむずかしいというのが理由だ。

マグワイヤーは国際海洋探査委員会（ＩＣＥＳ）の研究所長になってから、透明性を高め、コンピュータモデルにおける誤った仮定を除去し、許容漁獲限度の決定においては予防措置の程度を高めた。それ以来、ＩＣＥＳは絶えず北海のタラの全面的禁漁を提案し続けている。しかしＩＣＥＳ以外の多くの科学的団体、とりわけマグロに関する科学的諸団体については、こうあってほしいという考え方を保証できるように資源評価しているのではないかと科学者たちは疑っている。

グランドバンクスの大惨事の後、一つだけよい展開があった。それは、研究資金を自然保護団体から集める漁業科学者の数が増えたことである。伝統的に科学者は、データが何を物語ろうと、概要を書くときは資金源(主に政府)がものを言うというジレンマを抱えていた。この問題を克服できるという意味で、研究資金調達元が多様になったのはよいことだ。意見がよりオープンで多様になれば、DFOは、身勝手に漁獲規制の上限を高くしたい漁師だけでなく、その多くが上限は高すぎると思っている世界中の専門家に対しても、自分たちが設定した漁獲規制を弁護しなければならなくなる。

では、海が合理的かつ優しく管理されるようになってほしいと願って理論的プログラムを作ったマイケル・グラハムと一九四〇年～五〇年代の同僚について、われわれはどのような判定を下せばいいのだろう？　できるだけの努力はしたのだろうか？　それとも、何か横やりが入ったのだろうか？

魚の数を数える科学は、単にブームから終焉《しゅうえん》までの期間を四〇年間(一九五〇年代末から一九九〇年代末まで)長引かせるのに役に立っただけだという皮肉な見方もあるかもしれない。言い換えれば、科学者は、事態が厳しくなったとき、実際にふんばって事態を反転させたのではなく、単に魚の減り具合を測定しただけではないかということである。ヨーロッパ諸国の科学者を判断するたった一つの正確な方法は、もし科学者が政治家に警告し、政治家がそれを受け容れていたら、北東大西洋の魚の資源状況はもっとよくなっていたのではないかと問うことである。その問いへの答えは明確だ。魚は、もっとたくさん残っていたはずである。

大西洋の東側で、科学者たちは多くの間違いを犯した。とはいえ、ヨーロッパの海の惨状は、圧倒的にお粗末な統治能力のせいだ。過去一五年間の漁獲高を示すグラフの下降線を見れば、ＩＣＥＳが把握していた傾向は正しかったことがわかる。科学者が、割り当ての大幅削減による魚資源の回復をいつでも提案できたにもかかわらず、しなかったという批判は、もっともである。傍観者の目に、ＥＵの科学者と政治家との間には曖昧模糊《あいまいもこ》とした共謀関係があるように映るのも事実だ。つまり、いかに科学的な研究が翌年の落ち込みを示していようと、漁業の安定のために資源管理（割り当て設定）をおこなうというのである。これを称して、「漁業推計の底をさぐる」と評する者もいる。もしＩＣＥＳのアドバイスが、ニシンのときと同じように、過去一〇年の間に北海の白身魚資源（タラ、ハドック、カレイ・ヒラメ類）についても採用されていたなら、海魚資源量は、それほど絶望的にはならなかったというのが、最も公正な判断だろう。

　割り当てを、実際にわかっている知識にもとづいて設定できないという状況は戦後も続いた。一九四五年にマイケル・グラハムがローストフトにやってきたとき、すでにかなりいろいろなことが考えられていた。

　一九四一年、グラハムの師であるＥ・Ｓ・ラッセル博士は、連合軍が勝利した場合の戦後に北海漁場を乱獲から守る策を考える科学委員会の委員長だったが、同委員会は今でも通用するアイディアを驚くほどたくさん提案した。第一に、各漁船が洋上にいられる日数の規制を提案した。第二に、停戦後は、船団の総トン数を一九三八年の七〇％に設定するべきだと提案した。第三には、網目の最低の大きさを定め、これは一九三七年三月の過剰漁獲会議の合意よりも大きくなければならないと提案した。

　このように調和のとれた提案パッケージだったが、その後に続く政治プロセスで希釈されてしまった。海軍省と戦時運輸省は、軍事的な理由からトン数削減案に反対した。戦時内閣委員会は、一九四五年三月に、ラッセル提案は北海漁業だけに適用されるべきで、北大西洋やバレンツ海漁業には当てはめるべきではないと決定した。北大西洋やバレンツ海では乱獲の証拠が「絶対的な明確さに欠け」〔斜体は引用者〕、その交渉にはソ連を含む数カ国が関わるはずだから、うまくいくはずがないというのがその理由だった。しかし、北海に関する提案は受け容れられた。外務省は、早急に乱獲に関する国際会議を開催するよう指令を受けた。

一九四六年三月の国際会議で起こったことは、それ以来ヨーロッパで続行していることに酷似しているので、伝えておく価値がある。イギリスは船団の総トン数を制限するべきだと力説した。しかしこの案は、他の国々の戦後復興計画に添わなかったため、受け容れられなかった。代わりに、会議は、船団を現行のまま、あるいは一九三八年のレベル（こちらのほうがトン数は多かった）にとどめるという提案をした。しかし、これすらデンマーク、ノルウェー、スウェーデンには受け容れがたかった。わずかにスペインとアイスランドが、それぞれの国の新造船計画には口を挟まないという了解のもとで受け容れたにすぎない。総漁獲高規制、禁漁期の設定、総合的漁業トラスト（特定漁業に特定漁場に対する排他的な権利を持たせる）などの案も、すべてつまずいた。

この会議で唯一合意に達したのは、網目の大きさに関する会議を開くということだけである。この会議は、一九五三年になって、やっと全加盟国により批准《ひじゅん》された。その後、これを運営するための恒久的な委員会がロンドンで発足し、役所に事務局が設けられた。だが、同委員会には、イギリス（大型の遠洋漁船団を持っていた）とノルウェー、アイスランド、フェロー諸島〔デンマーク領だが、一九四八年に自治権確立〕の間に起こった紛争を解決する能力はなかった。戦後処理の失敗は、一九六〇年代と一九七〇年代の「タラ戦争」につながっていく。どうして戦後の対策がうまくまとまらなかったのだろうか？それは相も変わらぬ理由からだった。すなわち、漁師には選挙権があるが、魚にはないからである。

こうして、未来の世代のためにヨーロッパの魚資源を管理する絶好の機会が失われた。魚資源を元に戻すには、同規模の世界大戦が必要なのだろうか。

第8章　タラ崩壊――ゴールドラッシュの果てに

ボナビスタ〔ニューファンドランド、カナダ〕。秋。ボナビスタがこれほど美しいとは思いもよらなかった。ハイウェーをそれ、ボナビスタ半島に向かう。と、すぐに道は曲がりくねった岩だらけの海岸道になる。ときどき小さな漁村を通過する。嵐の空をつき破るようにして夕日が顔を出した。ずんぐりしたメープルや黄色いカンバの木が、いじけたようなモミやトウヒの濃い緑を背に赤や黄色に明るく輝く。内陸の眺望は、一面のピートの湿地やスコットランドで言うところの黒い湖が丘に向かってひらけている。目を海のほうに移すと、岩だらけの岬と湾が見える。樹木は、ほとんどない。

だが、〔映画の〕カチンコを思わせる住宅は居心地がよさそうで、実直な住人の一人は実にていねいに道を教えてくれた。かつてはタラの干場だった木の台や魚干し棚が、古きよき時代の名残りのように見える。それも当然で、ここは五〇〇年ほど続いた「ゴールドラッシュ」の遺跡なのだ。

島国イギリスから来た旅人にとって、カナダ本土から一時間の距離にあるこの州の広大さには驚く。ニューファンドランドはイングランドと同じ大きさの島なのである。一九四九年にカナダ連邦の一〇番目の州となるまでは別の国〔イギリスの海外領土で英連邦自治領〕で、独自の標準時間を持っていた。

午後一時半、飛行機は雨のセントジョンズ空港に到着した。雲は低く垂れ込め、風速は時速一一二キロ。レンタカーに乗り込む前に、すでにずぶぬれになっていた。ボナビスタまでは、車で行くと三二〇キロだ。ムースが道路に出没するから、日没後は運転しないほうがいいと言われていたので、自分としては精一杯のスピードで北に向かって運転した。ラジオからは、トム・ペティー、フリートウッドマックといった一九八〇年代の曲が流れていたが、ときどきダイドなどコンテンポラリーなシンガーの曲が織り交ぜられたから、私はまるでタイムスリップしているように過去と現在を行きつ戻りつすることになった。この感覚は、私がニューファンドランドを離れるまで続いた。暗くなってからやっとボナビスタに着いた私は、一四九七年六月に海上から吹きさらしの岬を見たジョン・カボットが「ブオナ・ビスタ(よい眺めだ)!」と叫んだときと同じぐらいありがたかった。

タイムスリップの感覚は、カントリーインのアボッツ・BアンドBに置いてあったボナビスタ観光案内(一九九〇年代初期に編纂されたもの)を読んだとき、さらに高まった。このカントリーインは、岬に向かう道路沿いにあった。プラスティックホルダーに入っていた数枚のタイプした案内書きには、ボナビスタは一年を通して風が吹いている町だが、半島の突端に位置するため、極端に寒かったり暑かったりすることはないと書いてあった。春は短い。流氷が五月中旬まで沿岸を南下するからだ。そのころの天気はみじめである。夏、勇気のある人は泳ぐ。

湿地帯にはホロムイイチゴとも呼ばれるベークアップルが生える。このキイチゴのローカルネームは、実はフランス語の「ベー・キャッペル?(このベリーの名前は何ですか?)」に由来する。独特の味で知られている。ツルアリドオシという赤い実もやはり特徴のある味で、天然の保存料を含んでいるので、瓶の中に入れ、水につけておくと一冬もつ。マフィンを焼くときに入れる。子どもは、湿地にいる蛙を追いかけて遊べるし、若者はオフロード用のバイクを乗り回して楽しめる。この観光案内には、北極氷はいつまで沿岸にとどまりそうか、魚の値段、捕りたい魚種がやってくるかどうか、クジラやアザラシが増えてしまうだろうかといったような地方の抱える問題や心配も載っている。「コミュニティの日常」という見出しの下には、思慮深いアボット家の人が、こう記録していた。

「ボナビスタの基幹産業は漁業だ。一四九〇年代にタラによってこの地に引き寄せられたヨーロッパ人は、一九九〇年代になってもまだこの地に居る。漁業がなければ、ボナビスタは生き残れないかもしれない。われわれはタラを信奉する」

これに続く記載は、一九九二年以降はない。一九九二年といえば、カナダ政府がタラ漁を一時停止させた年だ。当時のカナダ政府もそうだったが、おそらくこの書き手も危機は二、三年で終わるだろうと思っていたのだ。アボット家の人で、ジョン・カボットの上陸とともに五〇〇年ほど前に始まったタラ依存時代の終焉《しゅうえん》を言いえた人はいなかったろう。ジョン・カボットはベネチア人で、英国王のヘンリー七世から、アジアへ行く西方航路を発見するように勅命を受けた。本名はジョヴァンニ・カボットだが、その使命上、英語式の発音で呼ばれるようになった。カボットが一四九七年に実際に発見したのは、アメリカ大陸北端の初認陸地〔船舶が大洋を航海したのち、初めて視認した陸地〕だった。その後の新世界に関するイギリスのすべての権利主張は、ここから始まる。タラについては、あまりの膨大な量に、カボットは、船から籠《かご》を下げればすくい取れたと断言している。カナダの科学者は、カボットの時代には、カナダ沿岸沖に四〇〇万トン以上のタラの産卵漁がいたと推計する。これが、二〇〇三年には約五万トンになってしまったのである。

僻地《へきち》に行くと、よく暖かいもてなしを受けることがある。そのうえ、ボナビスタの地元民は親切であることに誇りをもっている。私は雨の日曜日、暗くなってから着いたので、約束していた人はもう帰宅してしまっていた。隣りは町のカフェだった。店は開いていたが、まだ準備中のようだった。しかし、主人のハーベイ・テンプルマンは、カナダドルも持っていない、疲れてよれよれになった旅人を見ると、コーヒーを恵んでくれた。そして、自分はせっせと電話帳を調べて、私が会うことになっていた人を見つけてくれた。

僻地は一風変わっていることもある。ケープショアロードで見つけたレストランのメニューの料理は大半が揚げ物だった。ウエートレスが、自分は、エビ漁師の内縁の妻だと言った。そして、わたしの訛《なまり》に気づかず、どこから来たのかと尋《たず》ねた。イギリスだと答えると、ウエートレスは、「イギリスでは、水洗トイレの水は逆回転するんですって？」と私に聞いた。ここは、バンクーバーよりダブリンのほうに数千マイル近い〔対岸はアイルランド〕。ほとんどの家のルーツはイギリス諸島だ。私は、本土のカナダ人がニューフィー・ジョークを言う意味がだんだんわかってきた〔ニューフィーとは、ニューファンドランド人の意〕。

　私がニューファンドランドに来たのは、タラ資源の崩壊がなぜ起こったのか、それがこの地にどのような影響を与え、将来に向けてどのような希望があるのかを自分の目で確かめたかったからだ。

　一九九二年の時点で、漁業や水産加工関係の失業者は四万四〇〇〇人だったという。とてつもない数である。これだけの失業者が、いま何をしているのか、誰だって不思議に思うだろう。一九九〇年代初めのボナビスタには、漁業（漁獲と水産加工）に直接関連した仕事が七〇五あった。翌日、私は市長のベティー・フィッツジェラルドを訪ね、七〇五人の人たちはどうなったかと尋ねた。市長は地元訛（アイルランドとデボン〔カナダ北西部のバフィン島の北にある群島の一つ〕の間で聞かれる訛だが、カナダ本土には一歩も足を踏み入れていない）で、一九九二年以来、すべてが漁業関係者ではないものの、町の人口は七〇〇〇人減ったと言った。だが、逆の民族移動も始まった。それまでにはなかった「観光」によってこの地に魅せられた人たちがオンタリオやアメリカ合衆国から北上して移り住んできたのである。

　タラが消えた町は、遺産を信じることで生き残ってきた。カボットの上陸五〇〇周年記念を契機に、町への関心が高まった。一九九八年にはカボットの船、マシュー号の複製が完成した。今や港には特注のボートハウスが越冬している。ボナビスタ半島やニューファンドランドの各地に史蹟《しせき》めぐりのコースもできた。ジョン・カボットの銅像や岬のはずれにある灯台を見に来る観光客の数も増えてきた。とはいえ、大半はドライブして通過していくだけで、観光はまだ漁業に代わるほどの産業には育っていない。

だが、町長はがんばっている。歴史ある建物に対するグラント(総費用の八〇%)を陳情し、成功した。町には一〇〇〇軒以上の歴史的な建物があり、カナダ東海岸では最多である。最も古いのが、一八一一年にレンフューの商人、アレキサンダー・ストレイティーが建てた建物だ。古い建物の手入れは、失業中の漁師に数週間分の仕事を産んだ。だが、ベティー・フィッツジェラルド町長は、二〇〇〇の職を求める五〇〇人の住民をかかえている。市長は劇場を始めた。スレート鉱山の再開も試みている。古いアザラシ工場も再開させたい。要するに、ボナビスタは、タラ資源が崩壊したときにコッド岬のボナビスタ住民が試みたことを再現しているのである。

ボナビスタには、ニューファンドランドの他の地と比べると、歴史的に有利な点がたくさんある。セントジョンズのすぐ南には大陸最東端のスピア岬があり、その先は訪れる人すべてが見たいと思う史蹟だ。町は、今頃になってやっとその秘められた可能性に気づき始めた。だから町長のベティーが、タラ漁が地域社会のバックボーンだと言うのを聞いたとき、私は驚いた。町長の三人の息子は今でも漁業や魚加工業で働いている。もっともこの一〇年ほどは、苦労続きで大変だったようだ。町長は湾にはまだたくさんの魚がいると私に言った。だから、なぜ一二海里の領海内で沿岸漁師が、たぐり釣りやわなを使って魚を捕ってはいけないのか理解できない。この意見は地元の強い支持を受けていると、二三年間沿岸漁師をしてきたラリー・トレンブレットが根気よく私に説明してくれた。しかし、いま一匹のタラを捕ると、五〇〇ドルの罰金を払わされる。

奇妙なのは、ボナビスタ湾とトリニティー湾にはタラがわんさかいることである。ボナビスタ港湾に係留《けいりゅう》した一〇メートル長のハイ・ホープ号の上で、トレンブレットはこう説明してくれた。

「この五年間ぐらい、ずっとこうなんだ。ダンゴウオ〔ホウボウの類〕やブラックバック〔冬の食用魚として珍重されるカレイの一種〕を捕ろうとして網を刺すとタラがかかってくる。二二～二七キロのタラがかかることだってある。漁業海洋省〔ＤＦＯ〕が何をやらかしているのか、誰にもわからないが、やつらはわれわれに捕ってほしくない。沿岸漁業は厄介者だから、われわれを閉め出そうとしているのだ」

沿岸漁師と、セントジョンズおよびオタワに拠点を置くＤＦＯとの関係は冷えきっている。一九八〇年代に沿岸漁師が、漁獲高の減少と、沖合で操業する大型ドラッガー〔船尾式トロール船のこと〕によるグランドバンクスのタラの乱獲を警告したとき、ＤＦＯはこれを無視した。沿岸漁師は正しかったわけだが、ＤＦＯのおかかえ科学者は、沿岸漁師が言ったことを評価するのは複雑すぎると言い、結局一度たりとも漁師の警告を評価しなかった。今ではＤＦＯは、ボナビスタ湾とトリニティー湾にいる魚は、かつて世界一を誇ったタラの個体群の生き残りだと言っている。

かつて大西洋タラは、ニューファンドランドとラブラドルとグランドバンクスの三八五キロ沖の海岸一帯に広がっていた〔実際、カナダ海岸沖には一〇の異なる産卵タラ資源がいるが、大西洋タラは常に最大だった〕。現在のＤＦＯは資源を正確に把握しているが、漁師は原則的にＤＦＯを信じていない。来し方を振り返れば、おそらく無理もないだろう。

ニューファンドランドのタラ漁業の歴史は、沿岸漁師の目からだと違って見える。例えば、一九九〇年代、ラリー・トレンブレットとダグ・スイートランドは、タラの個体群が南へ後退していくのを見た。結局、ラブラドル海岸沖からはタラは消え、ついでニューファンドランドの北の沖にもいなくなった。沿岸漁師は、魚の小型化にも気がついた。沿岸漁師の漁業組合は、この点を指摘して、ＤＦＯに対して、産卵場所におけるドラッガーの操業禁止を求めた。アラン・クリストファーが著書『漁業の真実』〔*Fishing for Truth*〕で指摘したように、ＤＦＯは、トロール船を持っている大企業のデータをベースにして研究をしたがった。「DFOは、何をねぼけたこと言っているのか、とでも言うかのように、われわれのことを見ていた」とラリーが言う。

「われわれは、あっちが間違っていることを証明してやった。しかし、一九八〇年代にこっちの言い分に耳を傾けてくれていたら、今日の惨状は起こらなかっただろう」

ダグ・スイートランドは、誰が悪いのかについては、公平な見方をしている。「タラは、みんなが減らしたんだ。もちろん最大の責めは、ハイグレーディングをするドラッガーだ」。ハイグレーディングというのは、船倉が望むサイズの魚で満杯になるまで漁を続けることで、希望以下のサイズのタラは捨ててしまう。「カタリーナの工場では、一五〇〇人雇っていた。一九八〇年代半ばには魚がどんどん捕れたので、魚は最低でも六五センチなければならなかった。それより小型の魚はどうなったかというと、捨てられた。一八万キロの魚を捕るのにその何十倍もの魚が捨てられた」。ダグは、終焉があっという間にやってきたのを覚えている。「一九九二年の冬には、タラはたくさんいた。それが三カ月もしないうちに、魚はいなくなってしまった。沖合漁業は自殺したも同然だった」。皮肉なことに、最も割を食ったのは、一番捕らなかった沿岸漁師だった。大手企業のひとつ、FPI社(フィッシャリー・プロダクツ・インターナショナル)はエビやカニの加工業に復帰した。こうした材料は、自社所有でない漁船から買っている。

ごく近い沿岸水域でタラを捕っていた漁師たちの未来は暗いようだ。危機から一二年後、大西洋タラの状態は、DFOやその主人である政治家が産みだしたもう一つの混乱のおかげで、一九九二年当時よりさらに悪くなっている。一九九二年に操業停止を提案した科学者は、二年以内に、資源量は漁業再開可能なレベルまで回復するだろうと予測していた。カナダの内閣は、この想定をベースにして、漁師の社会保障、免許放棄、再訓練のために四〇億ドルの

「パッケージ」予算を組んで漁師に支払うことを決めた。

そして一九九五年にこれを使い果たしたが、資源の回復は見られなかった。財務省は、漁師にそれ以上補助金を出すことを拒否した。この災害は自業自得の側面もあったからだ(ところで、DFOにも同じ決断が下されなかったのは不思議である)。

その結果、ニューファンドランドの地方の漁師は、規模を縮小するから漁業を再開させてくれという圧力をかけた。政府は、ほかに選択肢がなかった。

ランサム・マイヤーズ(すでにDFOを辞めていた)をはじめとする多くの科学者は反対したが、漁業は再開された。いわゆる「見張り」と呼ばれるこの調査漁業では、捕らえたタラの年齢情報を記録しなければならない。こうして魚資源量に関する情報を提供して、資源に関する科学者の知識に貢献するのである。わなやたぐり釣り漁師だけに許されていた資格とはいうものの、営利漁業である。しだいに参加する漁師の数が増え、漁獲をモニターするのがむずかしくなってきた。虚偽報告ということもありえた。DFOの科学者で監視責任者だったピーター・シェルトンによると、漁獲はたちどころに持続不可能になってしまったと言う。

調査漁業は、二〇〇三年春に、DFOの科学者が、資源に深刻な被害をもたらしたという結論を下した後、停止となった。大きな違いは、今回は大臣やDFOが、近い将来、事態がこれ以上よくなるチャンスはないという認識を持った点である。回復には、最も早くて一五年かかると予測された。タラ資源が本当に元通りに回復するかどうかは誰にもわからない。

DFOの二度目の失敗による混乱の後、ボナビスタの沿岸漁師に残された選択肢はほとんどなくなった。タラでない魚を捕りたかったのかもしれないが、網を投じ、ワナを仕掛けて掛かるのはタラなのであった。

ラリーは、ボナビスタ湾でブラックバックを捕っていたが、一三五〇キロものタラをうっかり捕ってしまったときは、役人が釈放してくれるまで心配でならなかった。現在は、年に一～二カ月間、カニを捕ってなんとかしのいでいる。春の一四週間カニ漁をしていれば、雇用保険(ＥＩ)の資格が得られる。つまり、一年の残りの日々は毎月政府から六〇〇ドルほどの給付を受けているのである。

私は、北のほうにムース〔ヘラジカ〕狩りに行って帰ってきたばかりのダグ・スイートランドを見つけた。「何とか食っていかなきゃならないからね」と言ってにやりと笑った。ダグはカニ、ロブスター、ダンゴウオを捕るが、これは雇用保険の資格を得るためである。ダグがとびっきり面白い話をしてくれた。生き残りの大西洋タラが寒さで死んだというのである。

説明のつかない理由で、二〇〇三年の冬、二万トンほどの、三～五キロ級の大きなタラがスミスサウンドの海峡(ボナビスタ半島の南)に打ち上げられた。水温は非常に低かった。おそらく、たくさんのタラが集まっていたから、海底から押し上げられ、氷ができるほど冷たい表層まで上がってしまったのだろう。氷でタラのえらが塞がれ、タラは水中の酸素を取り込めなくなり、窒息死したと思われる。ダグは言った。「海水がどれほど冷たかったか、科学者は信じられなかった。九〇〇〇トンのタラが死んで浮いていた。浮いているのを拾うのは勝手だからね」。こういうことが起こったのは、それが最初ではなかった。最初に記録されているのは七年前だ。

これほど多量のタラが一カ所に群れているのは、乱獲と関連がある。タラやハドック資源は、枯渇してくると合流して、いっしょに群れることで知られているからだ。

当分の間はタラ漁が禁止されたことから、アザラシと外国船に対する漁師の恨み(必ずではないが、ふつうはこの順序で恨めしい)は、ますます深まってきた。ダグの計算によると、調査漁業の漁師が過去六年で捕ったタラの量は三万六〇〇〇トンであるのに対して、ズキンアザラシとタテゴトアザラシ(ニューファンドランドやラブラドル沿岸には六〇〇万頭いる)は一年で五万トン食べてしまう。
「科学者は、アザラシが食う量は、資源量に影響しないんだと言うのさ。だけど、漁師が捕るのは影響するっていうんだから、信じられるかい？」

タラは何尋《ひろ》も深いところを泳ぐ魚だ。アザラシは、そんな深いところを泳ぐタラをそれほど大量に食べてしまうのだろうか？　ダグに聞くと、アザラシ猟に行ったときの話をしてくれた。ニューファンドランドでは、個人的な消費のためであれば、アザラシ狩りは合法的である。「アザラシが、口に魚をくわえて、一〇〇尋(一八〇メートルほど)も深いところから上がってくるのを見た。魚はまだ生きていた。アザラシが魚を逃したので、われわれは船の向きを変え、それを捕まえた。タラだった」。

生き残ったタラにとって、現実に差し迫った脅威は、グランドバンクスの目と鼻の先にあるカナダ水域の外側の漁場で操業し続けている外国漁船だ。おそらく夜間はカナダ水域内まで入っている。目撃者の報告によると、カナダのＥＥＺの外側の北大西洋漁業機構が管理する水域では、五〇〇〇トンものタラやグリーンランド・オヒョウなどの操業一時停止魚種がいまだに捕られている。

ベティー・フィッツジェラルド町長は、一九九二年以来何度もグランドバンクスに行っているが、夜間操業する外国トロール船団のせいで、沖は洋上都市のように明るいと言った。乱獲といえば外国漁船を責めるのがどこの漁師にも共通のリアクションだが、あながち間違いとは言えない。

魚が捕れないなら、ボナビスタは潔く、みずから決断し、湾を海洋保護区として宣言し、観光客を呼ぶほうが筋が通っているだろうと言う人もいるかもしれない。しかし、この選択肢はあまり人気がない。カナダの国立公園を運営しているパークス・カナダは、まさにそのような解決策を押しつけようとした。議会の二度目の読会《どっかい》で法案を通そうとしていたとき、漁師が、首都オタワの政治家たちがひどい勘違いをしていたことを発見した。国立公園には含めないことになっていた区域が除外されていなかったのだ。

「政治家は、言うこととやることがまったく違っていた」。ダグは、アザラシの管理なんて、やったとしてもできなかっただろうと言う。

そして、パークス・カナダは一九四〇年代に国立公園を沿岸に設けたとき、突堤《とってい》をすべて焼き払って、漁師を無理矢理追い出そうとした。だが、しつような地元の反対にあって、この海洋保護区案は議会を通過しなかった。

一方ダグには、DFOが提案する新しい海洋保護区案に対して準備する時間はたっぷりある。この新案は、ロブスター漁師の団体がトリニティー湾の乱獲からロブスターを守るために設けたものだ。ダグはもう一度タラを捕りたいと思っている。自分のような沿岸漁師一人につき一トンの割り当てであれば、ボナビスタ湾のタラ資源は耐えられると思っている。

私は、セントジョンズに戻る前に、もう一度ハーベイ・テンプルマンのところに立ち寄った。ハーベイはつなぎを来て、店の表にペンキを塗っていた。二人で立って、町を見た。目の前には港、裁判所、交通の多い交差点があった。交差点を通過するトラックの多くは漁業一筋ではくらせない人たちのものだ。「ときどき、漁師の考えていることがわからなくなる。みんな金がないと言いながら、いまだに大型トラックを乗り回しているからなあ」。ハーベイは外の世界を知っている。ニューヨーク市に四年いたことがあるのだ。やり方はかなり無造作だが、事業家でもある。そのハーベイが、町は変わりつつあると言う。

「観光客がやってくるのを見て、観光が商売になることを理解し始めている。一九九七年前には観光客なんていなかった」

私は、ここで何か学んだかと聞かれた。私が、湾にはたくさんの魚がいるのに、漁師がタラを捕ると五〇〇ドルの罰金を課せられることがわかって感心していると答えると、ハーベイのガールフレンドが言った。

「感心だなんて……これはむかつく話なのよ」

ボナビスタは現在と向き合っている。だが、ニューファンドランドの僻地の人たちと同様に、過去をあきらめていない。今までずっとそうしてきたように、今でもタラを捕りたいのだ。

＊　＊　＊

翌日、セントジョンズに戻った。それから、ニューファンドランドおよびラブラドル湾漁業組合をまとめるのに忙しくしていたアラステアー・オーリリーと話した。これは、水産加工業者と大型ドラッガー船団運営会社を代表する組合で、組合員は、加工部門の供給能力のだぶつきと政府への働きかけがうまくいかないことに失望し、新たなスタートを切りたいと願っていた。オーリリーは、私が行っていた北のほうの漁師と科学者の間には大きな隔たりがあって、橋渡しをする者がいないのだと言い、次のように説明してくれた。

「大西洋タラの唯一の生き残りはトリニティー湾とボナビスタ湾にいる。その区域の人たちだけが、資源量は健全だと見ているが、それ以外には誰もそういう見方をしていない。

この区域のタラの総個体群は、そこまで分析する必要がないというところまで分析されている。かつてその水域内の親の資源量は一五〇万トンだったが、今では五～六万トンしかいない。もう何も残っていない。グランドバンクスには三八〇隻のエビ船がいる。エビ網にタラが雑魚としてかかってしまうという問題すら起こっていない。かかってくれれば、タラ資源は回復の兆しがあるということになるから、ぜひかかって欲しいのだが、かからない。DFOはエビを捕るトロール漁について調査している。何でも捕ってしまうトロール網だが、タラはかからない。回復の兆しはおろか、その可能性を示すものすらない」

オーリリーは、タラ資源の崩壊劇における〝ひょうたんから駒〟的な展開についても話してくれた。収穫者（オーリリーは漁師をこう呼ぶ）たちに思いがけない授かりものがあったというのだ。実は、貝類を食べるタラがいなくなったため、貝、ズワイガニ、エビが繁殖し、水産業全体としては、一九八〇年代末よりも儲かっているというのである。八〇年代末では八億ドルだった魚の総生産高だが、過去五年間は一〇億ドルを超えた。

棚ぼたは、まだあった。貝はタラより価格が高いだけでなく軽いので、容積トンが半分になり、当然輸送料も半分ですんだ。

こうした幸運に唯一無縁だったのが、カニやエビのいる海域に入れない沿岸漁師だった。グランドバンクスの外にいるカニやエビのほとんどは、もっと大型の船が捕っていた。オーリリーは言う。「自然は真空が嫌いなんだ。自然は、タラのいなくなった海を、世界中の人の好物であるエビやカニで埋めてくれた。世界中の人が嫌いなもので満たされることだってありえたのだから、ものすごく運がよかった」。昔は、甲板にズワイガニが揚がると踏んづけていた。市場がなかったからだ。ニューファンドランドはこの点でもラッキーだった。日本のズワイガニ市場は、アラスカのズワイガニのために開拓されたのだが、そのアラスカ・ズワイガニの資源が崩壊したタイミングで、ニューファンドランドで大量のズワイガニが捕れるようになったのである。

グランドバンクスの生態系の転換(反転があるかどうかはわからない)により、ニューファンドランドは世界最大のズワイガニと冷水エビ〔coldwater shrimp〕の生産地になった。一万六〇〇〇トン程度だったズワイガニの水揚げ高が、七年間で六万九〇〇〇トンまで増えた。カニとエビ漁の装備のある漁師は、一九九二年には考えられなかったような高収入を得るようになった。

一つだけ問題がある。セントジョンズにあるDFOの科学・海洋・環境地域局長のブルース・アトキンソンが認めるように、ズワイガニやエビの持続可能な漁獲量がどのぐらいなのか、誰も知らないのである。科学者にわかっているのは、貝類の個体群は不安定だということだ。オーリリーが、つけ加えた。

「本当に深刻な問題について心配したいなら、貝資源に起きている問題を心配するべきだ。みんな少しも貝のことは気にしていない」

ＤＦＯは、予防的措置として漁獲割り当てを決めようと試みている。カニの場合、最終脱皮の終わった雄だけを捕ってよい。エビの場合は、年間総バイオマスの約一二％が捕られていたが、計算によると、持続可能であるためには、その半分でなければならない。理論的には、漁獲量を二倍にできるが、それでは水産業が望む以上のリスクを伴ってしまう。オーリリーは言う。

「モラトリアム以降、希望をリストアップしろと言われていたら、カニの数を四〇〇～五〇〇％増やしてもらいたいと言っただろう。エビもだ。カナダドルが安くなり、アラスカのライバルの生産が減っているからだ。また、貝の値段が上がっても、消費者がついてきてくれるといい。こういうことを願い、それがかなった。ただ、これがいつまで続くかわからないから心配だ。これに頼っている人たちは大勢いる。収穫者だけではなく、コミュニティもそうだ。地方経済には、貝漁業以外、ほかにたいしたものがない」

＊　＊　＊

事態のこうした展開を実際に喜んでいる人もいると思うだろうが、驚いたことに、オーリリーも他の人たちも、みんなタラに戻ってきてほしい。これは、より複雑な生態系のほうが安定しているからだという理由もあるが、ニューファンドランドでは、沿岸漁師であろうと大学の修士であろうと、タラを捕ることは、ただひたすらまともな感じがするのだ。自分たちがよく知っていて、自然だと思えることは住民に幸福感を与える。オーリリーをはじめとする誰もが、このあたりにいるアザラシの数は尋常ではないと感じている。六〇〇万頭いるズキンアザラシとタテゴトアザラシは、一頭が一年に一・三トンの魚を食べる。

「われわれが理解する限り、これは自分たちがおこなっている選択だ。その結果はというと、この一二年の危機の間に、人間は食物連鎖の頂点をアザラシャクジラに乗っ取られたように見える」

逆説的に言えば、ニューファンドランドは、タラが増えると、かつてない大問題に直面する。タラが増えると、エビや殻の軟らかいカニが食われてしまうからだ。セントジョンズのDFOのブルース・アトキンソンはこう言う。「今の事態は悪いと思っているだろうが、それどころではなく、何もかも止めなければならないときが来ようとしている」。アトキンソンは、そうなった場合、いま水産加工業で働く八〇〇〇人や、いわゆる「収穫」産業で働く一万四〇〇〇〇人が州にかけてくる政治的な圧力を誰よりもよく承知している。アトキンソンは一九九五年のことを悲しげにこう述べた。

「一九九〇年代には、もはや長期計画などなかった。魚が減る兆しを認め、だれもが残り少ない魚を自分のものにしようとした」

問題はそこだ。では、アトキンソンが二度と同じサイクルは起こらないと確信しているのはなぜなのだろう？　長期計画が、あるとでもいうのだろうか？　確かに、一九九五年以来、二つの変化が起こった。一つは、政府が予防措置(これによると魚の個体数は、再生に支障を来さない水準に保たれなければならないことになっている)を講じる責務を引き受けようとしていること。もう一つの変化は、九六年に制定された絶滅危惧種法だ。絶滅の危機に瀕している資源の漁は許されなくなる。しかし仮にタラ資源が回復するとしても、漁の再開が許されるためには、タラ資源はどれほどの大きさになっていなければならないのか？　何人の漁師が漁を許されるのか？

こうしたことは何も決まってないように見える。果たして、DFO、政治家、漁師自身は何か教訓を学んだのだろうか？　もうすでに、セントローレンス湾のタラ漁を再開しろという圧力がかかっている。DFOは同じ誤りを三度くりかえすのだろうか？　個々の科学者はまぎれもなく客観的でありたいと努力しているが、DFOの政策作りマシンは、ニューファンドランド型政治スタイルに合うように調整されている。

一介の旅人に過ぎないが、私にはすでにここニューファンドランドの気楽な、施し〔補助金のこと〕まみれの文化が見えてきた。ここでは、政治的な成功とは、オタワからもっと予算をとってくることで、決して魚資源の保全ではない。今や、カナダの雇用保険制度は、要するに漁師向けの大型補助金になっているると言うべきときがきた。補助金のおかげで、わずかでも魚がいるとわかった瞬間に出漁できるフル装備の漁船団を常備しておけるのだ。

ランソム・マイヤーズは、タラ資源崩壊の第一の理由として、一九六〇年代にカナダ政府が導入した失業保険（当時はそう呼ばれていた）を挙げ、「補助金制度を今のままにしておくことは、魚が全滅することに等しい。この制度は、最初から失敗するようにできている」と言う。

マイヤーズが、一七世紀と一八世紀の記録から漁業を研究したところ、漁獲高がよいときは、みんなニューファンドランドへ移動して来たが、悪くなると出て行ったことがわかった。四世紀前、各船は一〇トンの魚を捕り、処理し、塩をして乾燥させることができた。きわめて労働集約型な行程である。四世紀の間、多くの漁船はきっちり同じ量の魚を捕ってきた。補助金のせいで能率が変わるということなどなかった。

一年の一四週間だけカニや魚を捕るだけで、夫婦が年間六万ドルもの雇用保険をもらい、残りの日々はゆとりの人生を送るなど考えもつかなかった。漁業関係の経費は、すべて税控除を受けられる。漁に出ない日々は、家を修理したり、食料としてのムース狩りに行ったり、友だちどうしで労力を交換したり、薪割りをすることができる。ハンティングやパーティーを楽しみ、基本的な収入は確保されている。いろいろな観点から羨ましいご身分だ。しかし、なぜそれに税金が使われなければならないのだろうか？

「正気の沙汰とは思えない」とマイヤーズは言う。漁業従事者の数が多すぎると、もっと割り当てを増やしてくれ、そのための法令を改訂してくれといった大きな政治的圧力がかかるようになる。DFOにいたことのあるマイヤーズは、「セントジョンズにあるDFOの近代的な巨大ビル経由でくる国の福祉制度に対し、批判の声はちらっとも聞こえてこない。ニューファンドランドの学者たちが、この雇用保険について何か批判がましいことを言うとは考えられない。議論にさえなっていない」と言う。

世界中の人たちが、沿岸町村には、補助金を出さなければならないほどの価値があると思うのはなぜだろう？ みんな（それが、カナダ人とヨーロッパ人なのは確かである）が、他の産業（石炭産業や農業ですら）が考えたこともないような額の補助金を、いそいそと出しているのはなぜなのだろう？ マイヤーズは、狩猟採取的なライフスタイルが誰にでも受けるからではないかと考える。そうかもしれない。しかし、タラ資源の崩壊後は、その正当化が賞味期限切れなのも確かである。

DFOが補助金問題の難局に果敢に立ち向かわなかったというマイヤーズの見解は、一〇〇％正しいわけではない。補助金の影響力の猛威を認めた、まれな例がある。ジェイク・ライス、ピーター・シェルトンら五名のDFOの科学者が、タラ資源の崩壊を振り返り、将来を見通そうとして書いた論文だ。これを読んでいると、だんだんとマイヤーズの話を聞いているような錯覚に陥る。

科学者たちはこの論文の中で、カナダの会計検査官が、一九九五年まで存在した四〇億ドルの社会支援計画、「大西洋漁業調整パッケージ」を調査したことにふれている。このパッケージは、失業した漁師や工場労働者に毎月四〇〇ドルの最低生活保障手当を支払っていた。コンピュータなど他の技能の訓練を受けたり技能を学ぶことに合意した漁師には、二倍の補助金が支払われた。会計検査官は、このように再訓練され、研修を受けたにもかかわらず、漁師のほとんどが、本業としては漁業に戻りたく、戻れるようになったらすぐそうしたいと言っていることを看破《かんぱ》した。新しく始めたカニ・エビ漁からあがった利益は、タラ(いたとしての話だが)など広範な魚をとれるように漁船を先端技術化するために再投資される傾向にあった。大西洋タラ漁を「調整」するために四〇億ドルもが費やされた結果がどうなったかというと、有効漁獲能力が、一九九〇年代に比べて一六〇％増になったのである。

ライスら科学者の論文は、まだ続く。漁業が再開すると、失業保険目的の漁師が多数参加した。過去最多だった。こうした漁師は利益性(割り当て配分の決定的要因)ではなく、失業保険をもらうための条件である最低就業日数(一四週間)を達成することを目的としていた。こうして、ものすごい数の零細割り当てが与えられたため、全員を監視したり法律を施行することはむずかしくなった。つまり、不正行為が続出したのである。

過度な楽観主義は過度な厭世《えんせい》主義よりも高くつく。やっとそのことに気がついたＤＦＯの科学者は、タラの個体数回復は数年間はありそうもないという見通しをたてた。どんなに小規模の漁業であっても、資源回復を無にするし、資源が歴史的な生態系や産出高に戻る妨げとなりうるのだ。カナダがまたもや失敗したとき、狡猾《こうかつ》なＤＦＯの人間なら、非難されないように距離をとることもできたはずなのが、私は科学者たちの結論に真実みを感じ取った。ライスと共著者の結論はこうである。

「少なくともカナダでは、漁業は単なる経済ではなく、文化でもある。漁業が再開すれば、たくさんの国民が、より新しい技能とより高い期待を抱いて戻ってくるだろう。回復の初期段階で、漁業から過剰部分(漁師や漁船)が永久に取り除かれない限り、資源回復に必要な科学や管理にいくら金をつぎ込んでも無駄だろう」

選挙で影響力を持つ漁師が多い州で、漁師に漁業を止めさせることの政治的なむずかしさを過小評価するべきではない。にもかかわらず、断行しなければならない。さもないと、悪循環に陥ってしまう。誰かが勇気を持って新しい方向に行動し始めるまで、ニューファンドランドは、苦い教訓から何も学ばず、同じ間違いを何度でもくりかえす、わびしいばかりの土地であり続けるだろう。

補助金

補助金とは、政府が交付するお金のことで、その金がないと倒産するか、あきらめてほかのことをするしかない営利企業が、それをもらうことで商売を続けられるようになる。世界の魚資源がますます危機的な状態になっているにもかかわらず、いまだに漁師に補助金を与えている国はたくさんある。その結果、魚にとって、そして究極的には漁師にとっても、事態は悪化の一途をたどっている。

最初のうち、納税者は、安い魚が多量に供給されるから恩恵を受ける。だが結局は二度払わされることになるだろう。一度目は魚を捕る漁師に、二度目は資源乱獲の結果、魚の価格が値上がりしたときである。運の悪い納税者は三度払わされることもある。三回目は、例えばカナダがそうだが、魚資源が消えたため操業を停止した漁師に払う。しかし、カナダが最悪の不正補助金大国というわけではない。

世界的に、漁業に対する補助金の額は非常に大きく、国連食糧農業機関〔FAO〕のある推計によると年間五〇〇億USドルになる。もっと控えめな推計では二〇〇億USドルになる。この差は、何を補助金と認めるかが、まだ論争中のためである。経済協力開発機構〔OECD〕によると、一九九六年度の漁業補助金は、工業先進国だけで六七億USドルになる。補助金が乱獲問題の根源にあることを理解する国が増えた結果、九九年には五九億USドルにまで減った。

補助金大国のトップを行くのは日本だ。あれやこれやの方法で、一九九九年には二五億USドル〔約三三〇〇億円〕を漁師に与えた。二位はEUの一一・六億USドルである。ただし、ベルギーとオランダは、九九年の統計の出てくるのが遅れたので、これには含まれていない。三位がアメリカで、一一億一〇〇〇万USドル。

一九九七年の数字でEU加盟国を個々に見ると、スペイン、フランス、アイルランド、イタリアはそれぞれ三億四五〇〇万USドル、一億三九〇〇万USドル、一億四〇〇万USドル、九二〇〇万USドルを、みずからの権利で補助した。ノルウェーも補助金大国で、少ない人口にもかかわらず一億六三〇〇万USドルと、漁師一人あたりの額としては大きい。

補助金を水揚げの実際価値と比較すると、唖然《あぜん》とするような比率になる。一九九九年の統計を見ると、アメリカでは水揚げの三〇%以上、日本では二四%、EUでは一七%に相当する額だった。

二〇年前は、ソ連が漁師に無料で燃料と船を与えていた。これは補助金とは呼べないが、実際は非常に大きな補助金に等しい。

漁業補助金とそれを誰がもらっているかについては、どの国も完全に透明性を欠いている。これまでおこなわれた唯一の公的検査は欧州裁判所によるもので、このときは、少なくとも一人の沈没船のオーナーを含む多くの無資格者に補助金が与えられていたことが判明した。

OECDの調査では、直接的な支払い(新造船や古い船の安全整備のための補助金)、魚価の維持、外国との業務提携を始めようとする企業の補助、船舶購入のための税控除や金利負担、一般的なサービス(漁業科学、研究、管理、法施行のための国家支出など)が補助金とみなされた。漁師が(ノルウェー北部からアフリカを経て、フォークランド諸島に至るまでの)外国領海で操業するために漁業権を買ってやる費用も補助金で、その額は四億三〇〇〇万USドルと膨大だ。補助金支出は、EUだけでも一一億USドルになる。

現在いくつかの国では、政府が負担している漁業関連コストのかなりの部分を水産業界から取り戻そうという主張が出てきている。

例えばニュージーランド、アイスランド、オーストラリアは、漁業調査、管理、施行コストを、それぞれ五〇%、三七%、二四%回収する。こうした国々の漁業は最もよく管理されているから、補助金がないことと優れた管理の間には関係があるのは間違いないように思える。

逆もまた真である。

補助金は漁業に過剰能力を与える。世界中の漁船団が持つ能力は、持続可能な漁獲に求められる能力の二・五倍あると推定されている。大型漁船団は、自国の水域が乱獲されてしまうと、補助金で外国領海での操業免許を買ってくれと政治的圧力をかける。ヨーロッパで漁業補助金を最も多く拠出するのは、こうした過剰漁獲能力を世界に輸出する国々である(例えばスペインだが、減船名目で一億九六〇〇万USドルを使っているが、実はこれで船団を近代化できるわけだ)。スペインとポルトガルの漁師は、これまではモロッコ水域での操業に対して補助を受けていた。モロッコが、問題のEUとの漁業協定の更新を拒絶した後は、ヨーロッパの税金を使って、閉め出されたことに対して補償を受けている。その額、一億九七〇〇万ユーロ(約二八〇億円)になる。

補助金には、よいものと悪いものとがあると思っている人もいる。

WWFのある報告によると、スペインがEUから受け取る全漁業補助金の半分が、環境にとってよくない。この報告書の著者は、補助金は三六%が実際に環境によく、中立が一五%だったと書いて、WWFの信用に傷をつけた。概して、もし十分綿密に見るなら、補助金はほとんど必ずと言っていいほど、環境的に有害であるか、どこかで誰かに損をさせている(ふつうは「北」の漁師に都合よく、「南」に不利なように価格をゆがめる)。船の安全性向上のための補助金については中立と言われているが、結果的に漁師はより長く洋上にとどまれるようになるから、より多くの魚を捕ってしまう。

民主主義の政治家が補助金を分配したいという衝動に駆られる根元には何があるのだろう? 第一に、他人の金を使って票を買おうという恥ずべき欲望がある。これは、往々にして富の再配分というカモフラージュを施されている。第二に、漁業の補助金は、水産業への投資の意味もあるという間違った考え方がある。実際の狩猟採取経済では、投資は資産(資源)には手をつけないでおこなわれる。

きちんと統治されている国々は、補助金の透明性を高め、メディアや公的監査人による適切な監視がなされるようにしている。このようにすることで、国民は、農家や漁師がまともな理由もなしに金をかっさらっているわけではないということを理解できるわけだ。

二〇〇一年にドーハで開催された自由貿易交渉ラウンドでは、あらゆる種類の漁業補助金を削減しようというすばらしい努力が始まった。ほとんどの環境団体は常習的に、世界貿易機関のプロセスを妨害し、その失敗をあら探ししようとしているが、多くの人は、この努力を無条件によいものと認識している。

第9章　共有された海の悲劇

アトランティック・ドーン号。大西洋上に昇る美しい日の出が目に浮かぶような船名だが、ヨーロッパ人なら「おや?」と思うかもしれない。というのも、イギリス諸島やヨーロッパ本土に住む人なら、島や洋上にでもいない限り、朝日は陸から昇るからである。

しかし、この世界最大のスーパートロール漁船の船主、ケビン・マックヒューが水産企業家としてキャリアを築き始めたのは、アイルランド西岸沖にあるアキル島だった。ということは、夜明けが大西洋上に訪れる可能性は大いにある。マックヒューは、自分の新しい船が建造されたとき、お袋さんのノラが村人に対して鼻高々になれるようにと、最初に錨を下ろすのはアキル島沖に計画した。船の重量は一万四〇〇〇トン、漁獲、パック、冷凍にたずさわる乗組員は一〇〇人。魚は、広く、奥深い船倉に冷凍保存される。

ケビン・マックヒューは、チャンスを逃がさないことでキャリアを築いてきた。一九六八年、まだ二一歳のとき、最初の船、ウェーブ・クレスト号（全長約二〇メートル）を買った。八年後、みずからの設計も取り込んでもらってアルバコーア号を建造した。建造費は一二〇万ポンド〔約二億四五〇〇万円〕だった。アイルランド水域でニシン漁ができなくなったため、ドニゴール海岸（アイルランド）のキリベグス〔アイルランド最大の水揚高をほこる漁港〕で別の浮魚、サバを捕ることに専念した。次いで、ほかの多くのアイルランド人船長の例にもれず、次々と大きな船に乗り換え、一九八〇年代末には、誰もが倒産を懸念したほど大きな漁船を建造した。一二〇〇万ポンドかかったが、これでさらに遠くの海まで行けるから、どんな魚の需要にも応えられるようになった。

妻の名前にちなんでベロニカ号と名づけられたこの船は、超高効率の巾着網漁船だ。母国水域での漁業が危うくなってきたことから、ヨーロッパ水域の内でも外でも操業できるような設計になっている。

しかし途中でつまずいたこともある。最初のベロニカ号が、ベルファストのハーランド・アンド・ウォルフ造船所で修理中に火災に遭ってしまったのだ。結果的に一九九五年に、一〇四メートル、五二〇六トンあるさらに大型のベロニカ号と入れ替えた。最初のベロニカ号よりも一一七二トンほど重い。

ベロニカ号はモーリタニア沖で操業している。マックヒューは、西アフリカ沖に豊富なサーディネラ〔ニシン科〕などの浮魚資源にチャンスがあると見ているらしい。もっともこの水域では、オランダのスーパーセイナー船団がすでに操業している。

このオランダ船団と競争するべく委託され、ノルウェーで建造されたのがアトランティック・ドーン号なのである。ノルウェーの造船補助金を利用した。この全長一四五メートルの巨大な巾着網／浮魚トロール漁船の建造費は総額で五〇〇〇万ポンド〔約一〇二億円〕。そのうちの四〇〇万ポンドをこの助成金に頼っている。一日あたり四〇〇トンを漁獲、加工、冷凍できるような設計になっていて、船倉には七〇〇〇トン保存できる。

マックヒューは『アイリッシュ・タイムズ』紙に、ここまで強力な漁船は、世界の魚資源にとって脅威だと受け止められているのが残念だと語った。

われわれが操業しているモーリタニア沖では非常に厳しい管理や取り決めがある。一定数のモーリタニア人漁師を雇わなければならないし、オブザーバーも一人乗せなければならない。モーリタニア側は、われわれに来てもらいたい。なぜなら、われわれはこの水域で漁業をするために投資をしていて、国には直接的な見返りがあるからだ。あの海域には魚が満ちあふれている。ちょうどブルズマス〔アキル島〕みたいだ。しかし大気や海水の温度のせいで、魚を鮮度のよいまま水揚げするのは非常にむずかしい。だから、われわれがモーリタニア人と協力して、お互いにメリットを得ようというのがねらいだ。

これほど大きな船にした理由の一つが、漁獲の鮮度を維持できるような強力な冷凍能力を持った工場を船に備え持つには、これだけの馬力が必要だったという説明だった。マックヒューの会社はアフリカ市場に魚を売ろうとしているのだろう。同じ魚をフィッシュミールにするために捕っているロシアに比べれば、ずっとましである。マックヒュー氏の融資パッケージをとりまとめたのは、アイルランドの債券引き受け銀行団だ。

すらりと美しいアトランティック・ドーン号がダブリンに向かって意気揚々と航海しようとしていた矢先、問題が起こった。EU水域はもとより、いかなる水域での操業免許も持っていないことが明らかになったのだ。アイルランドの緑の党、MEPのパトリシア・マッケナは、これについて当時こう言っていた。「マックヒュー氏は、これほどの漁船を持っているのだから、漁場を探してほしいとアイルランド政府に頼んだ」。こういう要求をしたのはマックヒュー氏だけではなかった。氏に融資した銀行団も同じ要求をしていた。

アトランティック・ドーン号は、小国にとっては大プロジェクトである。政府関係者もこの段階まできたものを、失敗させるわけにはいかない。アイルランド政府は、どこかに漁場を見つけてやるために全力を尽くした。西アフリカ水域には、まだ十分に活用されていない漁獲機会が残されているという根拠にもとづいて、二〇〇〇年末には、浮魚漁船団を増やしたいと申請をした。アイルランドの国内浮魚船団がすでに、汎ヨーロッパ船団制限を四〇%もオーバーしている点を指摘した欧州委員会は、EU法にかなっていないから、アイルランド政府が、浮魚部門の過剰漁業能力を除去しない限り、増加は認められないだろうと言った。

こうしたすったもんだが起こっている間、アイルランドのフランク・フェイヒー海洋大臣は、アトランティック・ドーン号に商船登録を許し、（ＥＵの規則では、漁船は漁船登録をしなければならないことになっていたが）数度にわたって漁業の仮免許も与えた。というわけで、アイルランド最大の漁船は、一年半の間、商船として魚を捕っていたのである。

欧州委員会は、このようなことを許したアイルランド政府に向かって、こうした行為は違法だと指摘し、二〇〇一年一一月、アイルランドに対して訴訟の手続きに入った。後になってアイルランドのテレビ調査が明らかにしたところによると、アイルランドのテーシュク（アイルランドの首相はこう呼ばれている）のバーティー・アハーンまでもが、この行き詰まり打開のために介入したという。首相は欧州委員会の委員長に手紙を書き、アトランティック・ドーン社（同名の船とベロニカ号も所有する企業）が倒産したら、問題になっている北アイルランドとの国境の平和に深刻な影響を与えるだろうとほのめかした。ＥＵの漁業委員会のフランツ・フィシュラー委員のところにも、デイビッド・バーンという消費者関連業務の責任者が国家代表として送りこまれた。バーンは、この件をフィシュラーとの会談の中で取り上げたことは認めたが、これは通常の交渉ごとで、何ら問題はないと言った。結果は、各国の船団を（増加ではなく）減少させるつもりだった多くのＥＵの役人を愕然とさせるものだった。取引がおこなわれ、アトランティック・ドーン号はアイルランド船籍の船として登録されたのである。またしても、ＥＵは、魚という資源を次世代にひきついで行くことよりも、メンバー国の国内政治圧力のほうに関心の深いことが露呈した。

アイルランドは、ベロニカ号のアイルランド国籍を剝奪《はくだつ》し、もう二隻の漁船の能力を下げさせることで、ＥＵの委員会が〝割り当て超過〟と表現した漁船団能力を修正した。もっとも、アトランティック・ドーン号ができる前はアイルランド最大の漁船だったベロニカ号は、実際に漁業から足を洗ったわけではない。いずれにせよ、こうしてアトランティック・ドーン号はＥＵの登録を許されたのである。ＥＵ漁業委員会のある上席委員がアイルランドにもっと魚を捕ることを許した理由は、モーリタニア水域には浮魚が豊富にあるという科学的なアドバイスが示されたからだ。オランダのスーパーセイナー〔超大型巻網漁船〕が割り当てを残していた。だから、ベロニカ号はまったく合法的にモーリタニア水域で魚を捕っている。ただし、船はパナマ船籍で、使用する免許はモーリタニア企業が所有している。

ユアン・ダン博士は王立鳥類保護協会で研究している漁業専門家である。博士は、ベロニカ号に「便宜置籍船」〔外国船籍〕として漁業を続けることを許した取引を不名誉なことだと思っている。国連食糧農業機関〔ＦＡＯ〕の行動計画およびＥＵ自身の行動計画のもとで、ＥＵは、ＥＵの船が便宜置籍船となるのを止めさせるとすでに約束していた。便宜置籍国の中でも最悪の国際漁業協定違反国だったパナマは、違法マグロ漁船の船舶登録を剝奪する措置を講じたものの、せいぜい執行猶予的なものだろうと見なされている。

欧州委員会が、ヨーロッパ船団の実質的な殺戮能力の拡散を許したのは今回が初めてではない。別の例を挙げれば、便宜置籍船登録をやめさせると約束した先の委員会が想定していた規模の二倍もある漁船団を容認した例がある。高度に装備したスーパートロール漁船や巾着網漁船に代表されるオランダの遠洋漁船団で、九万四〇〇〇トンの先端技術を搭載した漁獲能力が、北大西洋はもとより世界の海に向かって放たれたのである。ねらいは、主としてモーリタニア水域で、ＥＵが認可しなければ、便宜置籍船として外国船籍で操業していたにちがいない漁船団の管理だということは理解できるものの、漁獲能力の削減あるいは封じ込めという見地からは、マイケル・グラハムやＥ・Ｓ・ラッセルが六〇年前にヨーロッパを説得しようと試みたときから、たいして進歩はしていない。

アトランティック・ドーン号やベロニカ号にまつわるこの興味深い話から、どんな結論を引き出せるだろうか？　まず第一に言えるのは、先進国の漁業登録のもととなって制限・封じ込めをしているとされているFAOの行動計画が、ざる法だということである（古い習慣は、なかなかなくならない。EU登録船を便宜置籍船にするための補助金があったのも、そう遠い昔のことではない）。第二に言えるのは、世界中で漁獲能力が高まっているということだ。アトランティック・ドーン社は、アトランティック・ドーン号がヨーロッパ水域で捕ったアンチョビーや西アフリカ沖で捕った多彩な浮魚を宣伝している。アトランティック・ドーン社は世界の魚資源の破壊に貢献しているのだが、それがまったく合法的であるという証拠を見たいなら、同社のホームページを見るとよい。売りに出されている魚の一つにブルーホワイティングがある。これは規制対象外であるため、もののみごとに乱獲されている魚種である。

　ごく最近までFAOは、船籍登録を特定せずに〝オープン〟に切り換える漁船は、減価償却の終わった、生産的な寿命が尽きようとしている船だとみなしてきた。だが、最近FAOの誰かが気づき、ロイズの海運情報サービスに問い合わせたところ、実際はそうでないことを発見した。減価償却が終わっていない若い船や新造船で、船籍登録をオープンにする船が増えていたのである。ベロニカ号を便宜置籍船にしたてた欧州委員会が、便宜置籍船は世界の漁業の生き残りにとって脅威になると指摘したことを思うと、何とも皮肉である。

　では、便宜置籍船の問題は、ずばり何なのだろう？　長年、船主は便宜置籍船になることで、税金の回避、人件費カット、安全基準や研修を低い水準で済ませるなどのメリットを享受してきた。もっとも、タンカーの大事故の後は、保険や安全規準のカットは、そううまくゆかなくなった。現在では、パナマやリベリアも、世界レベルの厳しさで船舶検査もおこなっている。概して、世界市場は低コスト、最小公分母海運市場（最低船賃のこと）に慣れっこになってしまった。実際ドイツやオランダなどヨーロッパの国の中には、打破できないなら、いっそ参加してしまおうとばかりに無税の二次登録〔パナマ、リベリアなど〕で操業している国すらある。

　便宜置籍船の問題点は、おうおうにして、漁船に魚の保護協定を回避させてしまう点だ。国連海洋法条約の下では、公海を航行する船舶は、便宜置籍国（旗国）の法律にだけ従えばいいことになっている。よその国の船に乗り込んでの検閲は、自国の二〇〇海里排他的経済水域（ＥＥＺ）内か、公海では例外的な状況下でしかできない。

　したがって、漁場の保全を含むすべての保護協定や管理協定を地域の漁業機関を使って強制することができるのは便宜供与国なのである。強制を実行している国もあれば、していない国もある。便宜供与国が漁業協定を順守している限り、問題はないと言える。少なくとも、これはスペインのマグロ漁船団（すべて便宜置籍船）が主張していることである。スペイン巾着網漁船会社の副部長のフリオ・モロンが私に言ったところによると、スペイン漁船団が便宜置籍船になっている理由は純粋に節税のためだという。だが、実際にスペインの巾着網漁船に乗ってインド洋で漁をしていた人たちの言い分は違う。便宜置籍船の船長は、ＥＵの役人やＥＵが決めた割り当てなどおかまいなしに魚を追うことができるという。船長は、とっさに特定のアフリカの国とファックスでやりとりして、個人的に便宜地籍契約を取り決めることができるからである。

　あるスペイン人所有の漁船の船長は、ソマリア水域の漁業免許を買ったと思っていたそうだ。ご存じのように、ソマリアは現在世界で唯一の政府のない国だ。だから、その船長は実質的な権力を握っている三人の軍指導者の一人と協定を結んだ。船がマグロ漁を開始したとき、乗組員は恐怖に駆られた。ロシア製高速艇に乗ったイギリス人傭兵《ようへい》に襲われたのである。傭兵は艇を船側につけると、マグロ船に、チェルシーにある口座に二〇万ユーロ〔約二八〇〇万円〕を払い込むようにと言った。さもないとモガデシューに曳航し、没収するという。つまり身ぐるみはがれるということだ。すばやく送金がおこなわれ、そのイギリス人傭兵は去っていった。この漁船は明らかに操業水域とは関係ない指導者と契約してしまったのだ。

漁船に金と交換に操業権を与えるのを役目とする政府の人間は、常時待機している。漁船が洋上で船籍登録を変更するときは、ファックスと衛星電話を使っておこなう。こうした金と(無)責任の行き着く先には、たくさんの便宜置籍国があり、こうした国は自分たちが批准した条約を実施していないか、もともと条約に調印していないかのいずれかである。

国際法の基本原則では、条約を批准していない国は、その条約のいかなる条項にも縛られることはない。例えばベリーズだが、この国の国旗を掲揚している船は、大西洋マグロ類保全委員会(ICCAT)が定めた保護手段を無視して大西洋でマグロを捕っても法律には触れない。啞然とするような大きな法のぬけ穴だが、公海で刑罰の心配なく操業したい者、あるいは他国のEEZで、あたかも公海で操業しているかのように見せかけて操業したい者にしてみたら魅力的だ。

邪道な船を登録から除かせようとする国際的な圧力がどの国にかかっているかによって、人気のある便宜地籍国は変わる。例えば、ICCATはある中央アメリカの国に貿易制裁を徹底するようにしむけた。しかし、少数の国(国旗)は、高価な魚種の密漁用装備を調えた水産会社のお気に入りだ。なぜなら、得る利益は、捕まる可能性を補って余りあると計算しているからである。

この種の〝海賊漁業〟は、二〇〇三年の映画「パイレーツ・オブ・カリビアン」と同じぐらい残酷にもなる。

二〇〇一年九月一一日、グリンピース・インターナショナルのヘレン・ボールズはMVグリンピース号でシエラレオネ海岸沖を航行していた。基本的な安全装具もなく、嘆かわしい状態で働く乗組員を載せたぼろぼろの船を、すでに何隻も見ていた。その朝、MVグリンピース号はメイデイコール〔SOS〕をキャッチした。エステマ五号という韓国人所有の漁船が遭難していた。シエラレオネのティコンコ漁業会社の登録船だった。MVグリンピース号はすぐに救助に向かった。そのときのことをエレーヌは次のように回想している。

二時間半後、遭難信号のあった場所に到着する少し前から、われわれは海面に浮く大量の油や係留ロープ、プラスティックの魚箱といったいろいろな残骸を見た。おそらく遭難した船のものだろう。

われわれは甲板と見張り台に見張りグループをつけ、生存者を捜し回った。数時間後、シエラレオネの海軍の将校からわれわれに連絡があり、九人の乗組員が見つかっていないと告げられた。船長と甲板員一名が生きて見つかった。われわれは捜索を拡大し、生存者の救出の可能性を高めるためにゴムボートを二つ降ろした。さらに一時間経ったが、生存者も遺体も見つからなかったため、われわれは捜査を切り上げた。驚いたことに、その区域で漁をしていた他の漁船は、救助のために作業を一旦停止しようとさえしなかった。

エステマ五号は常習犯だったのだ。ガンビアにある監視作戦共同部隊が飛行中に、年に五回、シエラレオネの二〇〇海里EEZの中の禁漁水域にいるのを見られていた。

遅々としてではあるが、海洋法のいろいろなグレーゾーンに、白か黒かの決着がつこうとしている。一九九五年に制定された国連公海漁業実施協定（やっと施行されるようになったのは二〇〇三年）は、旗国に対して、こそこそと協定を蝕むようなことをやめて、もっと積極的に公海漁業規定に従うよう求めている。また、この協定は、地域の漁業機関に、管轄水域で操業する船の検査・監視に関する相当な権限を与えていて、こうした権限には、通信衛星トランスポンダーの装備を漁船に強要させられる権限まで含まれている。

二〇〇一年に国際社会（国連）が採択した任意国際

行動計画では、旗国への支援が打ち出されている。すなわち、旗国は、自国旗の登録を許した漁船や寄港国(漁船がドック入りする港)に対する検査をより厳重にし、そうすることで漁業情報を集め、便宜置籍船が港に入れないようにすることが合意されている。

だが、いまもって海洋法では、旗国以外の国が公海で船に行動を強いる権限はない。さらには、登録をオープンにしている国々に対して、漁業会社と旗国の間には〝純粋な関係がなければならない〟という国際法を守るよう強制させる方法がない。これがあれば、違反者は簡単に告訴することができるのである。

常に誰かの利益になってしまうことから、海洋法の切れ味は鈍い。海を最もよく管理していると思われる国においてさえ、海洋法はいろいろな解釈ができるようになっている。海洋法を構成する合意条約にはたくさんの抜け穴があるのは、実はそうあるべく作られているからなのだ。古典的なジレンマである。ということは、歴史を多少知っていれば、理解しやすくなるかもしれない。

ローマ人は、誰にも支配されていないものは、誰にも所有できないと信じていた。ユスティニアヌス一世〔東ローマ帝国皇帝、在位五二七―五六五年〕は六世紀の書き物〔ローマ法大全〕の中で、空気、流れる水、海、海岸は、すべての人にとって共有であると述べている。

一五世紀、一六世紀になると、都市国家の王たちは、広大な海と陸への念の入った、しかし、とうてい実施され得ない権利を主張した。ベニス共和国はアドリア海を、イギリスは北海とイギリス(英仏)海峡と大西洋の一部を、スペインは全太平洋を、ポルトガルはインド洋と大西洋の大部分の権利を主張した。スペインとポルトガルの広大な海洋に対する権利を認めたローマ教皇の大勅書は人気がなく、自由通行権を主張した国々の反対を受けた。

こうした大勅書に反対する事例はフーゴー・グロティウスというオランダの法学者の『自由海論』(一

六〇九年)で述べられている。グロティウスは、古典的な法的優位にもとづき、海はres communes(万国共有物)だと主張した。これに対して、イギリスの法律家・歴史家・古物収集家のジョン・セルデンは、王の代理として、『閉鎖海論〔海洋領有論、狭義の領海〕』(一六三五年)を著して反論した。国の領土に隣接している海に対する領有権の主張である。オランダのニシン漁船団がイギリスの海岸から見えるところで操業したのには、それなりの理由があったのだと理解できる。実際、一六二五年にはグロティウスはすでに、共有海の原則は隣接海には適用しないと譲歩していた。

一八世紀に、国が有効な支配を行使できる距離は、岸から砲撃が可能な範囲と定められ、次いで岸から五キロとなった。その後、砲術は進歩したが、距離を伸ばすという動きはなかった。密輸取り締まりのために二〇キロの主権を主張した国もあったが、前述の五キロ(三海里)の支配水域は二〇世紀になっても継続した。

一九八二年に採択された国連海洋法条約では、二〇〇海里という排他的経済水域(EEZ)を設定するための法的根拠が形成されたが、共有海〔公海〕と閉鎖海〔領海〕の間には、その後も長くぎくしゃくとした関係が残った(もし国と国との距離が二〇〇海里以下であれば、境界は両国から等距離にある中間線で確定される。つまり、北海であれば、中央に引かれる)。

一九九五年の国連ストラドリング・ストック〔沿岸国の二〇〇海里水域と公海にまたがって分布し、漁場が形成される水産資源のこと。全日本海員組合JSU用語解説のウェブサイトより〕に関する条約では、条約加盟の地域漁業機関による漁船検査は最初から認められていたが、これを公海にまで広げた。今や理論的には、衛星追跡システムや漁業監視官による越境飛行によって、違反水域で操業する漁船の監視や逮捕ができる。これは事実上、セルデンが定義した沿岸国の自国水域で行使する権限システムのようなものである。

だが加盟していない国に対しては、それを及ぼすことはできない。イカ、マグロ、メロなどの漁業は世界的だが、地域漁業組織はあくまで〝地域〟にすぎないので、権限はない。例えばマダガスカル海嶺のように、二〇〇海里ＥＥＺ以遠の海洋には、地域組織もない大きな水域の豊穣な漁場があり、そこは何でもありの世界である。

このような海域では、「共有地の悲劇」が最も純粋なかたちで起こる。「共有地の悲劇」とは、カリフォルニア大学サンタバーバラ校の生態学者、ギャレット・ハーディン（アメリカ、一九一五〜二〇〇三年）が一九六八年の『サイエンス』誌に発表した論文の中で提唱したもののことである。ハーディンは謙虚にも、一九世紀のイギリスの政治経済学者、ウィリアム・フォースター・ロイドが最初に述べた現象に別の呼び名をつけたに過ぎないと言っている。ロイドは、イギリスの共同牧草地の中には、私有地として囲いこまれた地に比べて荒廃しているものがあるという問題を考察した。

ハーディンが言う「共有地の悲劇」は次のようにして起こる。誰でも自由に利用できる（オープンアクセス）牧草地がある。共有地の利用者（搾取者）は誰もが自分の利益だけを考えると想定すると、なるべくたくさんの牛を放牧しようとするはずだ。これは、数年間はうまくゆくかもしれない。なぜなら、戦争、密猟、病気といった原因で、人間や動物の数が土地の扶養能力以下に保たれるからである。

悲劇が始まるのは、人と環境が均衡を保ったときである。個々の牛飼いが、共有地で飼う牛の数をもう一頭だけ増やしたらさらにどれほど利益が上がるだろうかと自問する。それが共有地自体に与える負担についてはあまり考えない。牛飼いにとっては、自分が得をすることのほうが大事で、他人と共有する土地に与えるダメージなど些細なことである。そういうわけで、すべての牛飼いがもう一匹ずつ牛を飼う。一人にとってはわずか一頭分の草の使いすぎでも、全体としては過剰放牧が起こり、共有資源の荒廃となって跳ね返ってきて、牛が餓《が》死《し》する。

「共有地の悲劇」は、大気汚染による環境問題や国立公園の密猟に関連して、聖人顔をしてうなずいている人たちによく引用されているが、実はギャレット・ハーディンが三〇年間にわたって何度もみずからが導いた結論を訂正したことを忘れがちである。

最も重大なことは、ハーディンが、中世のイギリスの共有地では、無秩序は自分が述べたようには広がらないことを理解したことだ。共有地の共有者(特定の法的権利を持っている限られた数の人)は、そういう問題が起こらないような準備をしていた。牧草地は、それぞれの牛飼いに許される家畜数を制限する「スティンティング」(古語で、出し惜しみするという意味)という伝統によって荒廃から守られていたのである。管理された共有地は、他の欠点が出てくるかもしれないにせよ、「管理されない共有地の悲劇的な運命に自動的に従うものではない」とハーディンは書いている。

もっとも、ハーディンが共有地という取り決めに満足していなかったのは明白である。ハーディンは共有地を初期の社会主義的形態とみなしていたが、社会主義のあらゆる形態の例に漏れず、ハーディンは、システムの欠陥は管理の質にあると言った。課題は常に、いかにして管理者が自分の利益をさらに追求するのを阻止するかにあった。

Quis custodiet ipsos custodies?(誰が管理人を管理するのか?)

ハーディンは、共有地の管理が成功するには、共有者数の制限、一般のアクセスの制限、違反者に対する罰金が決定的に重要だと提唱した。中世のイギリスで共有地を成功させるにあたって重要だったのはフリーアクセスの阻止だった。イギリスの共有地の共有者数は一〇人ほどと少なかった。ハーディンは、牛飼いが自分たちの行動がもたらす結果について認識していたとしても、ほどほどに個々の行動を制御する強制的な方法なくしては、概して無力で、損害を防げなかった点を指摘した。

もしマルクスの原則、「人は能力に応じて与え、必要に応じて受ける」にもとづいて共有地を作ったグループがあるとしたら、それは、アメリカ西部のフッター教徒〔チェコ東部に起こり、カナダからアメリカ北西部にかけて土地共有のコミューン的生活をしているアナバプテスト派の信徒〕のような熱心な宗教社会だろうとハーディンは言った。ハーディンは、フッター教徒のコミュニティの人口が一五〇人に近づくと、フッター教徒一人ひとりの「能力に応じた貢献」が減り、「必要に応じた要求」が過大になることを観察し、「数は敵なり」という結論を導いた。

海では、ほとんどの水域に、国や地域漁業機関が管理する「共有地《コモンズ》」がある。この海で、相変わらず最も好まれる管理形式がスティンティング、すなわち数の制限だ。これがうまく機能しないところのほうが、うまくいくところより多いのは、概して、互いに信頼し合うには漁師の数が多すぎるか、あるいは、罰則が弱すぎて、私利の追求を思いとどまらせることができないからである。共有地としての海をうまく管理する方法があるとしたら、違反者が捕まって、有罪と決定したときは、高い確率で厳罰に処することである。

ハーディンが説く「共有地が成功する管理条件」は、どれひとつとして、公海での漁業を管理する政府機関によって果たされていないし、二〇〇海里EEZについても同様である。二〇〇海里EEZを宣言した国には、権利の分配や十分な厳罰の設定という問題が発生してくる。誰か個人が不正を働き始めていると考えられると、共有は往々にして恨みを買う。共有権所有者(労働コミュニティ協定の最下位層)は、とくに悪意がなくても、誰かがごまかしていると感じたときは、自分たちもそうしようとする。ハーディンの教訓の一つに、共有地は管理されたものから悲劇的なものへ進化するというのがある。「管理されていない共有地では、破壊は避けられない」とハーディンは書いている。世界にとって、とくになじみ深い破壊には、そのタイトルにまで共有という単語が使われている。EUの「共有漁業政策」のことである。

後年、漁業問題と直接対決することになったハーーディンはこう書いている。「もし各国政府が、所定水域での魚の所有権を認め、所有者が自分の魚に近づいてくる者を訴えることができるようにすれば、所有者は乱獲を差し控えようという動機をもつだろう」。ハーディンは資源保護と相互監視の観点から、漁師に所有権を与えるよう、早くから提唱し、影響を与えていた。

地球上で管理されていない共有地《コモンズ》の申し分のない例が、南極周辺の南氷洋（少なくともその大半）であることには疑いもないだろう。この海で、パタゴニア・トゥースフィッシュ〔通称メロ、スズキ科。日本ではマゼランアイナメ、銀ムツとも呼ばれている〕という海底に棲む大型の捕食魚に破滅が迫っている。成長すると二メートルにもなるこの魚の寿命は五〇年。どうして破壊に直面しているかというと、規則がないからではなく、この地球上で最も風が強く、波も高い、広い遠隔地の海では、規則を実施するのがむずかしいからである。

比較的アクセスがむずかしい他の深海種と同様、漁師がこの魚に目を向けたのは、オーストラリアへイク〔メルルーサ科〕とかゴールデンキングクリップ〔アシロ科〕といった価値の高い南半球の魚が減ってきたからだ。パタゴニア・トゥースフィッシュは、商品名をチリ産スズキと変えてからは、消費者の抵抗も薄れ、チリ産のシャルドネーによく合うとして、真っ白なテーブルクロスを敷いているようなアメリカや日本のレストランによく売れるようになった。フレーク状の白身は風味もよく、タラ同様、煮すぎ、焼きすぎにも耐えた。

メロの価格は、供給が限られてくると値上がりした。メロ漁の最盛期は一九九〇年代なかばで、まさに「ホワイトゴールド」という表現を正当化するものだった。

メロは、南極のロス海と南極大陸棚にしかおらず、数もそう多くない。メロ漁の見返りは非常に大きいうえ、密漁で捕まる可能性もごく低かった。サウスジョージア政府の代理としてサウスジョージア周辺のメロ資源を管理しているインペリアル・カレッジ

（ロンドン）のデイビッド・アグニューによると、現在の値段だと、一回の航海で、船代、乗組員賃金を払っても五〇万ＵＳドルの利益を得ることが可能だという。密漁者が、喜んで船を没収の危険にさらすはずである。万一没収されても、取り戻そうとつきまとったりしない。

南インド洋では、毎年少なくとも三三隻の大型漁船が不法操業しているが、拿捕《だほ》されるのは年に一隻か二隻にすぎない。西オーストラリアのパースに拠点を置くオーストラル水産の最高経営責任者、デイビッド・カーターによると、「密漁は、密輸や麻薬取引よりも儲《もう》かる」らしい。カーターの会社は、合法的なメロ・トロール漁船を二隻運営している。

オーストラリア海域の密漁者は、新現象に出会っている。合法的なメロ漁業権をもった漁師が、自分たちの資産を守るためにキャンペーンを準備しているのだ。

メロについては、二つの生態学的な大問題が絡んでいる。このため、皮肉なことに、地元の漁師が政府に向かって、もっと厳しく対処するよう主張している。

もちろん第一に、メロ自身、慢性的に過度に捕獲されていて、違法漁獲が年間水揚げ高の半分以上を占めている。八〇％になるという推計すらある。

第二は、南洋〔インド洋のオーストラリア南方にあたる海域〕で漁をする違法延縄《はえなわ》漁船がアホウドリを大量に殺している問題だ。実際、二四種いるアホウドリのうちの一七種が絶滅の危機に瀕している。オーストラリアは、漁網にかかる海鳥対策に乗り出した。ハード島という遠い南インド洋にある海外領土の周辺二〇〇海里での延縄漁を禁止し、トロール漁のほうを支持した。英領サウスジョージアは、延縄漁船に、投網は夜間におこなうか、五色の吹き流しをつけさせることで、アホウドリの犠牲を年間二〇羽ぐらいまで減らした。南洋の他の部分では、どんな対策をとるかは漁師しだいだが、多くがメロの密漁船なので、いまさらアホウドリを守ることなど眼中になく、結局、多くは何の対策もとっていない。

南極周辺海域での略奪は新しいことではない。イギリスとノルウェーの捕鯨船は、その最盛期(一九二九~三〇年)には三万頭のシロナガスクジラを殺した。このおとなしい巨人、地球上で最大の生き物は、地球全体で、せいぜい一五〇〇頭まで減ってしまった。かつて世界最大だったソ連の漁船団は、南洋でアイスフィッシュというシラウオやシロブチハタなど多彩な魚種を捕っていた。後者は貴重で、美しく、再生が遅い魚だ。かつてはイギリス領土やサウスジョージアの古い捕鯨基地周辺にいた。一九八〇年代初めになると、この魚の資源全体が崩壊した。

一九九四年、イギリスが、サウスジョージアとサウスサンドイッチ諸島周辺に二〇〇海里EEZを宣言し、新しい武装漁船保護艇、ドラダ号で取り締まり始めるまで、サウスジョージアではメロは誰でも捕り放題だった。イギリスは、衛星監視システムとフォークランド諸島から飛ばす飛行機による監視を利用して、ドラダ号を密漁船に向けるなどの措置でこの水域を制圧した。すると、問題は、まだ密漁者の追跡が十分に実施されていない別の海に向かった。南アフリカ、フランス、オーストラリアの管轄下にある亜南極と南極諸島周辺の二〇〇海里水域である。

多くの人々がメロ密漁船の追跡劇を初めて耳にしたのは、二〇〇三年八月だった。ウルグアイ船籍のメロ漁船、ビヤルサ号が三つの国の船で追跡された。六四〇〇キロにおよぶマラソン追跡劇だった。ビヤルサ号はハード島近くで操業しているところを見つかり、逃げた。二一〇万ポンド〔約四億三〇〇〇万円〕相当の密漁メロを積んでいたらしく、船は度重なる無線による停止命令を無視し、西にとん走し続け、高波や悪天候、大きなうねりを突っ切って、母港モンテビデオ〔ウルグアイ〕に向かった。

追いかけていたのは一隻のオーストラリア税関の船、サザーン・サポーター号である。一四日間、この税関船はメロ海賊を追って、ブリザードや氷山を抜け、大海原や悪天候の中、何度も自分より早い漁船を見失いそうになりながら、波を切って進んだ。その後ヘリコプターを搭載した南アフリカの砕氷船、アグルハス号も追跡に加わり、次いで南アフリカの浚渫《しゅんせつ》タグボート、ジョンロス号が加わった。ジョンロス号には武装した漁業保護官が乗っていて、時速三〇キロ出すことができた。結局、フォークランドに基地を置き、機関銃と快速ゴムボート二台を装備したイギリス船ドラダ号がビヤルサ号の行く手を阻み、乗り込んで、やっと四〇人の乗組員を逮捕することができた。

武装していない船で一四日間もビヤルサ号を追跡したこの事件により、それまでのオーストラリアの南極漁場の取り締まりがお笑いぐさに等しかったことが暴露された。こう言うのは、オーストラル水産のデイビッド・カーターだ。現在は、ケルゲレン島周辺のフランス領海とプリンスエドワード島周辺の南アフリカ領海が同じような状態だとも言う。もっとも、最近フランス領海で海鳥が死んだことについて人々の批判が殺到した。

カーター氏は、「最近までは、われわれ漁業者に、主権をきちんと守れるような方策を与えることを拒むなど、政治的な意思が欠けていたにすぎない」と言う。カーター氏の会社は、オーストラリア水域にいるメロの合法的割り当ての七一%を永遠に捕る権利を持っている。この権利を持っているということが、会社がみずからの権利を積極的に防衛するのに役立つと思っている。

カーター氏や仲間の合法的な漁師たちは、正規メロ操業者連合(COLTO)を立ち上げた。一八カ月の間に、COLTOはホームページを立ち上げ、密漁現場を撮影した不法漁船の犯罪者写真台帳を公開した。もし守るべき所有権を持っていなかったら、このようなことはありえなかっただろうとカーター氏は言う。

「所有権という利益ができた結果、それを守らなければならないことが明らかになった。現在のような論争にもってくるためには、ものすごい時間とエネルギーと情熱を費やした」

COLTOのメンバーは、とくにCCAMLR《カムラー》と呼ばれる委員会の能力が足りないと思っている。これは、ホバートを本拠地とする南極海洋生物資源保存管理委員会のことで、効果的な措置を講じるために設立された委員会だ。南極条約協議国が一九八二年に、主に科学的な管理母体として設立したもので、論文や条約など功績も多く、漁業関係ではもっとも進んだ組織の一つである(例えば、生態系管理の必要を、はっきりと認識している数少ない組織だ。現在ほとんど市場にない南極オキアミが乱獲されたら、アザラシやペンギンなど陸上生態系は大崩壊に直面しかねないと認めている)。こうしたすべての長所にもかかわらず、CCAMLRは強制力を持ってない。国連をお手本にしたコンセンサス機関であるため、同じように殊勝《しゅしょう》だが無力なFAOと同様、違反常習者のブラックリストを作ろうというCOLTOの勧告を断った。だからCOLTOは自分でブラックリストを作った。

犯罪者写真台帳では、破廉恥《はれんち》な便宜主義の域を超えた違法操業グループを少なくとも二つ確認できる。ビアルサ号と、その姉妹船のアルビサ号である。COLTOが北スペインの「ガリシアン・シンジケート」と呼ぶものが所有・運営している二六隻中の二隻である。ガリシアン・シンジケートの漁船の多くはウルグアイ船籍で、ガーナ、アルゼンチン、ベリーズ、パナマ船籍のものもある。ビアルサ号が逮捕されるまで、ウルグアイの役人は、自国船籍の登録だとわかっている密漁者に対して非常に寛容だったらしく、CCAMLRの有効漁獲証明書まで発行したり、にせの衛星位置決定データを受け取ったりしていた。ビアルサ号は、拿捕《だほ》以来、ウルグアイ船籍の登録を取り消された。

便宜置籍船は、メロ取引を規制しようとするときの問題の一つに過ぎない。便宜港《べんぎこう》の問題もある。メロ漁船が水揚げをする港はポートルイス(モーリシャス)、ダーバン(南アフリカ)、ワルヴィスベイ(ナミビア)、そしてもちろんモンテヴィデオ(ウルグアイ)などである。モーリシャス、モザンビーク、ナミビアが違法水揚げの規制を強化して以来、密漁者たちは海上で積み換えするようになった。メロは母船に積み換えられると、アジアの複数の港へ向かう膨大な積荷の一部となり、港を擁する国の支配が効かなくなる。これは、CCAMLRが導入した漁獲証明制度の大きな抜け穴となっている。この漁獲証明制度には、カナダやEUなどの国々が、海外では合意しているのに、自国への導入に手間取ったため、二〇〇〇年になってやっと拘束力を発揮できるようになったといういきさつがある。

しかしながら、ビアルサ号の逮捕で、オーストラリアのCOLTOは政治的な突破口を開くことができた。今の密漁の大問題は、デイビッド・カーターが「タクシー運転手の認識」と呼ぶ大問題だ〔タクシー運転手は無線や電話などの手段があるので、犯罪や問題を警察に報告できる。しかし銃を携帯していないから、阻止することはできない。まさにオーストラリアの非武装漁業パトロール船と同じ問題をかかえているという意味〕。

税関の船は非武装なので、違法漁船を停止させることができなかった。ビアルサ号の逮捕には、オーストラリア政府に五〇〇万豪ドル〔約四億円〕のコストがかかってしまった。同じような逮捕をすることは「間違った経済性」だと見られている。

しかしながら、オーストラリアは、サウスジョージアでのイギリスの例を実施・真似しようと真剣になってきている。政府は、今後二年間で、一億豪ドルかけて、五〇口径の機関銃で武装し、武装要員を乗船させる能力を備えた船を新造し、この海域をパトロールできるようにすると約束した。フランスもケルゲレン諸島〔インド洋南部のフランス領〕とその西南西にあるクローゼー諸島周辺のパトロールを真剣に考えるようになってきた。そこのメロ資源は、かつての四分の一にまで減ったと推定されている。オーストラリアと共同するための協定も結んだが、相互逮捕権はまだ条項に含まれていない。

その一方で、問題はさらに大きくなっている。標識研究が示すように、標識をつけた一一匹のメロは、研究に便利なオーストラリア管轄権内から出て、(誰でも操業できる)公海を一六〇〇キロも突っ切り、フランス領のクローゼー島へ向かった。これがどういう意味を持っているかというと、オーストラリアとフランスの二〇〇海里EEZの外側の個体群はけっこう大きいかもしれず、管理が必要だということである。このことは、(漁業監視や保護執行のための機関ではなく、科学者母体として設立された)CCAMLRの不適格さを浮き彫りにした。CCAMLRは精一杯がんばっても、メロ資源の崩壊が進行している南極沖のロス海で大々的に漁をするメロ漁業の前に立ちはだかることしかできない。しかし、それだけでも不十分である。デイビッド・カーターは言う。

「CCAMLRの無力さが、ここにある。だが、究極的には、だれかが魚を所有しなければならない。さもないと、共有地の失敗が再び起こってしまう」

ロス海で操業するにはアイスクラス級(建造に際してのロイズ規定+100A1)の漁船が必要だ。つまり夏の南極で操業しているウルグアイや韓国の漁船は、ある程度のリスクを犯しているわけだ。いずれは、政府がいまだに船舶建造補助金を出しているノルウェーなどの国が、砕氷式漁船を建造し、この魅力的な漁獲チャンスを食い物にしてくるのではないだろうか?

第10章　黒い魚

メルカマドリード（スペイン）。朝六時。

メルカマドリードはスペインの首都マドリードの近代的な魚市場だ。東京の築地市場には江戸前の伝統が残っているので、外国人観光客の垂涎《すいぜん》の的だが、メルカマドリードは、その正反対だ。三三ヘクタールの敷地に魚市場として設計されたホールと駐車場がある。マドリードのN40外環高速道路の脇道を出たところにあって、海の便はないが、道路の便はよい。市場に着くと、まず眼に飛び込んでくるのが、大群の白いライトバンだ。市のレストランや店主の車である。メルカマドリードの年間魚取引高は二〇万トン。ちなみに、築地は六〇万トンである。とはいえ、ヨーロッパでは最大の魚市場で、世界でも二位につけている。

マドリードは海岸から何百マイルも内陸にあるが、過去数百年の間、カトリック王政下にあったため、そこには魚を引きつける磁力がある。王がマドリードに住んでいた時代には、王や王族は、少なくとも週に二度は魚を食べるという教会の公式の要求を守った（奇しくも、健康問題の専門家が現在勧めているのと同じことである）。マドリードは長らくガリシア地方の港と密接な関係を保ってきた。二〇世紀になると、道路事情がまだよくなかったこともあって、夜のうちにマドリードに魚を届けようと競って走るローリー車がすさまじい衝突事故を起こすこともめずらしくなかった。

メルカマドリードは新しい味の導入には、とくに関心はない。この市場の役目は、首都の伝統的な需要を満足させることである。必要な魚であれば、どこの海に由来するものだろうとかまわない。すぐにメルルーサ〔タラ目メルルーサ科の深海魚。ヘイクとも呼ぶ〕がふんだんにあるのに気がつき、驚くはずだ。

なぜなら、メルルーサは、科学者がヨーロッパ水域では崩壊寸前だと言っている魚だからだ。市場はメルルーサだらけである。メルルーサがスペインの伝統料理の大黒柱だということを理解すれば、そう驚くほどのことはないのかもしれない。

ガンメタルグレー〔暗灰色〕の九〇センチほどの大きな魚だが、水揚げが許されている最小許容サイズよりも小さいメルルーサが詰まった怪しい魚箱もいくつかある。小さなメルルーサは珍味なのである。市場のメルルーサはどこから来たのかと聞くと、決まって「スペインの北だ」という答が返ってくる。メルルーサに貼ってあるラベルにナミビア、アルゼンチン、西アフリカというようなヨーロッパ以外の国が書いてあっても、返ってくるのは同じ答えだ。知らないのではない。用心のための答弁なのだ。知らないでいたほうがいい秘密を知ってしまうことを恐れる市場の売店主たちが、水揚げ港以遠について語りたがらないのが感じとれる。

ときおり法廷に持ち込まれたりするケースがあると、メルルーサの密漁が驚くほど広範に広がっていることや、規則破りに対するスペイン漁業の寛容性が明るみに出る。海に対するどん欲さや驚くほどの資源保護軽視が、すでに地域文化になっていることの証明である。

アイルランドやスコットランド沖で捕れるのはノーザン〔北〕ヘイク〔メルルーサ〕で、ビスケー湾で捕れるのはサザン〔南〕ヘイク〔メルルーサ〕である。どちらかというとサザンヘイクのほうが資源状態はよくないが、どちらにしても数は少ない。

ヨーロピアンヘイクは本当にわずかしか残っていない。その理由は、遠くを見るまでもなくすぐわかる。すなわち、漁獲高は優に割り当てをオーバーしているし、スペインの港では、割り当て制度はぜんぜん強制されていない。二〇〇三年、たくさんの怪しいイギリス人漁師がスペイン人漁師をもてなした例が確認された。アングロ・スパニッシュ漁業会社は、船長が過去二年間に申告した二五倍以上のメルルーサを捕り、一〇〇万ポンド〔約二億円〕という不当利益を得ていた不正に対して、一一〇万ポンドという記録的な額の罰金を払わされた。ホワイトサンズ号は、スペイン人所有のイギリス船籍の船で、ミルフォードヘイブンを拠点として、アイルランド沖やスコットランドの西で操業し、スペイン北部の港（コルナ、ビーゴ）に水揚げしている。スワンシークラウン裁判所〔イギリス〕は、ホワイトサンズ号の船長が代々「あっけにとられるような尊大さ」で航海日誌をごまかし、実際の漁獲量のわずか四％しか申告していなかったことを聴聞した。改ざんでは、同船が四六回の航海で漁獲したメルルーサの量が、約五〇八トン少なく申告されていた。

このスペイン企業は、ごまかしが明るみに出て訴訟手続きが始まってからも操業を続けた。それから、起訴を逃れるため、意図的に計画倒産を試みた。このトロール船を運営していたプリマス海運と、所有していたサンタフェ海運は、航海日誌の改ざん、割り当て制度下にある魚種に関して記録しない、嘘の水揚げ申告など二七もの訴因で起訴された。しかし、今日に至るまで、誰も罰金を払っていない。同じ週に、スペイン人が所有し、ミルフォードヘイブンを基地とするグランピアン・アベンジャー号とグランピアン・アベンジャー二号も、メルルーサの水揚げ申告を一六五トン少なく申告した罪で五〇万ポンドの罰金を課せられた。

EUが機能するには、欧州委員会が、加盟国の重鎮《じゅうちん》（とりわけ南ヨーロッパの加盟国）に対する法執行の締め付けを強化しなければならない。だが、これが、常にそう努力しているとは限らないのだ。欧州委員会は最近、公明正大の精神にもとづき、漁業規則を実施していないことでスペインとイギリスを提訴した。欧州委員会の検査官は、スペインが、洋上、陸上を問わず、漁業活動をしっかり検査できるだけの出費をしなかったことを知った。スタッフや機材の不足に加えて、地方政府と国の役割の混乱、電子機器の非整合性、遅滞《ちたい》などがあった。

欧州委員会は、虚偽申告に気づいたのにフォローアップできなかったケースに注目した。そして、カナリア諸島(アフリカ水域で操業する漁船の水揚げ港がある)では、検査は主に外国船に向けられているのだが、スペイン船は免除されていたことを突き止めた。また、「EU・モーリタニア漁業協定」にもとづいて操業している漁船に対する検査も不十分だということに気づいた。本土の検査官が、地方当局の干渉をいっさい受けずに、水揚げ、販売、輸送を検査した。それから、同時期に地方当局の検査官が記録したデータをチェックしたところ、市場に出た二〇〇トンのメルルーサのわずか一五%しか申告されていないことが判明した。

マドリードのマイヨール広場のはずれにラ・トーハという伝統的なガリシア料理店がある。ウエイターが冷蔵ショーケースの中にビーゴから直送されてきたメルルーサを並べていた。ランチメニューにはタラ、ハタ、ロブスター、ナンヨウキンメ〔フサカサゴ科〕、サケ、スズキ、シタビラメ、イカ、ターボット〔カレイ・ヒラメなど扁平な魚〕の名があった。店の自慢はガリシア風メルルーサという料理で、メルルーサをポテト、ニンニク、胡椒《こしょう》で煮たものだ。メルルーサの頭の料理もある。大型の魚の頭を半分に割って焼いたものだが、スペイン人以外の舌には合わないかもしれない。

ガリシア料理の作り方は簡単で、ややこしいことはしないと給仕長のマノロ・セルタゲは言う。大事なのは素材のよさなのだ。だからマドリードの高級レストランは、多少値が張っても、最高の魚を仕入れる。ラ・トーハのお客さんは、いつも食べているものを食べるためなら、多少高くても文句を言わない人たちだということが感じとれる。スペイン中心の、食物連鎖の頂点では、すべてが見事なまでに変わらない。しかし、海からマドリードのレストランに至る道には、ごちそうを食べる人が考えたくない、ぬめぬめした黒い魚の跡が残っている。

「黒い魚」。密漁された魚はこう呼ばれている。黒い魚は、スペインだけでなくヨーロッパ全体の罪深い秘密だ。とはいえ、スペインの占める比率は最大である。ブリュッセルにある欧州委員会の漁業検査団のハリー・コスター団長に、違法行為はどの程度悪化しているのかと尋ねると、水揚げされたメルルーサの約六〇%は記録されていない、つまり違法漁獲だという答えが返ってきた。イギリスのタラは、どのぐらい違法漁獲なのだろうか？　ＩＣＥＳの公式数字によると五〇%だ。こちらもまったく不名誉な数字である。ヨーロッパの魚種は、すべて非可逆的減少という危機に陥っている。家庭の食卓に上る一匹一匹のタラやメルルーサが盗魚なのだ。誰から盗ったのかというと、一般国民やわれわれの孫など正当な所有者から盗んでいる。すべては、魚資源が減っている現状にもかかわらず、必要な法律を強制させる勇気ある政治家がいないせいである。

ヨーロッパ水域の漁師が犯す罪の程度は、南極周辺の海の略奪者が犯す罪と同じとは思えないかもしれない。しかし、実際は同じなのである。そして、科学者が割り当て削減を提案するたびに、漁師がテレビに登場して悲惨な話を物語るとき、このことは簡単には理解されないのである。遠くの海域と沿海域との唯一の違いは、メロの密漁者のほうがより儲かり、割り当てを買ったり、免許を取得したり、合法的な漁具を使ったり、出漁日数を守ったりしないですむ点である。ヨーロッパの漁師は、こうしたことすべてをおこなった後で、ごまかしをする。たまたまメロ〝海賊〟のほうが、今のところ、より大きなパイを切り分けているだけのことである。

スペインが頻繁に規則違反に関与しているのは、特大の漁船団を持っていることから生じる政治的圧力のせいではないかと思われる。この船団は、ヨーロッパの他のどの国よりもたくさんの水域で漁をしている。それがどういうことかというと、スペイン漁船は世界的な規模で、各水域の規則(あればの話だが)を頻繁に破っているということである。ＥＵ水域外の海で規則破りをしているのはスペインだけはない。スペインほどではないが、ポルトガル漁船団も大きく、不法漁業に関するかぎり、とくに北大西洋では、スペインと同じぐらい悪質だ。

この二カ国がしでかしたことの中でも最も目に余

る例は、グランドバンクスの周縁、カナダの二〇〇海里EEZのすぐ外側でおこなった違法操業である。タラなど数種の魚の漁業が禁止されてから一二年目のことだった。一〇年前、カナダが大きな国際紛争を起こした。漁業大臣のブライアン・トービンが、カナダの制限水域のすぐ外側でグリーンランド・オヒョウを違法に捕っていたスペイン船籍のエスタイ号を逮捕する許可を与えたのである。EUは、カナダの漁業大臣の行為を違法として非難した。

このとき以来、カナダはこの論争〔自国制限水域を延長できるかどうかという論争〕を再燃させないように努めてきた。カナダの法令集にはいまだに論争を呼ぶような法律がある。二〇〇海里EEZの外側のバンクスで便宜置籍船が操業するのを禁止する法律である。だから、かつてはいろいろな国の旗を使ってバンクスの外側で操業していた船だが、今ではEU旗しか掲げていない。

皮肉にも、北西大西洋漁業機関（NAFO）が地域漁業機関にもっとも厳しい規則を課しているのはエスタイ号事件があったからである。二度とカナダに一方的な行為をとらせたくないという意図なのだ。こうした厳しい規則には、その水域で漁をする船は全船、独立したオブザーバーを常時乗船させていなければならないという規則も入っている。

オブザーバーの記録の中には、読むとぞっとするものがある。二〇〇二年の七二日間、EU船籍の船は、数種の禁漁魚種〔主にアメリカアカガレイとタラ〕を意図的に目標にしていた。どういうわけか、このオブザーバーの報告書の詳細は公表されていない。旗国による調査以外には、欧州委員会も利用していない。国際的な波風が立たないようにと、最もひどい詳細を削除・訂正した版だけが、毎年カナダから公表されている。オブザーバーの報告は単にブリュッセルの引き出しのゴミを集めたもののように見える。そこで、私はヨーロッパの情報公開法を利用して、欧州委員会に特定の漁船に関する報告書がほしいと頼んだ。驚いたことに、報告書は手に入った。

よくよく頭に入れておかなければならないのは、

われわれが日常的な詐欺《さぎ》罪やおそまつな簿記記載の話をしているのではないことだ。われわれが問題にしているのは、資源が取りつくされたことが国際的に認識され、いつの日か回復するかもしれないという一縷《いちる》の希望にすがって全域で一時禁漁をしている魚種資源を、意図的に捕りまくっている罪である。

経済学的あるいは生態学的な言い方をすれば、これは最も重い犯罪である。なぜなら、現在の世代に対するだけでなく、魚の恩恵を当てにしている将来の世代に対する不正でもあるからだ。

私が委員会から入手したオブザーバーの報告からはっきりしてきたことは、NAFOの管轄水域で、とりわけ皮肉な性質の領土戦争が、漁師と検査船の間で続いていることだった。おそらくこの報告の中で示され、最も考えさせられた問題は、ポルトガルとスペイン当局の怠慢と、密漁に対する明らかな公的寛容である。

例えば次のような記載がある。ポルトガル船籍のスターン(船尾式)トロール漁船ソルスティィシオ号がNAFO水域に入った。二〇〇三年三月一九日だった。マカリスター・エリオット・アンド・パートナーズ社からきた一人のイギリス人のオブザーバーが乗船した。この船は一カ月の航海の間、船のポジショニング(位置調整)データを利用するカナダの検査官たちによっても慎重に監視されていた。その後、五月五日に、カナダの検査官たちがこの船に乗船した。その報告によると、トンネルフリーザーの中の空の魚箱を積んだ背後に、その前の引き網の証拠が隠されているのを見つけた。主な獲物は、漁が一時的に禁漁になっているタラやカレイ・ヒラメ類だった。

検査官が乗船している間、船は深海を移動してトロール漁を続けた。網を引き上げてみると、一・二トンの魚がかかっていて、その六〇%がグリーンランド・オヒョウだった。このため、タラやカレイ・ヒラメ類の量は四〇%となり、これは雑魚としては合法的な量だった。オブザーバーの数字から、その航海の総漁獲量は二八四トンで、六五%が一時禁漁になっている魚種だということがわかる。すなわち、タラ（八三トン）、カレイ・ヒラメ類（八八トン）、深海シタビラメ（一四トン）だった。船は「一時禁止魚種を目標にしている」とNAFOに報告された。つまり一時禁止魚種を意図的に捕っているというのである。衛星トランスポンダ（中継機）の記録から、タラやカレイ・ヒラメ類がいる浅海で二週間操業していたことが確認された。オブザーバーは一時禁止の魚種を捕っていたと報告し、検査中（情報源はNAFO、衛星トランスポンダの記録、検査官の三つ。それぞれ独立している）も捕ってはいけない魚種が船にあるのを見つけた。にもかかわらず、船がポルトガルの港に帰港すると、検査官たち（一情報源）は「違反はなく」、違法魚種は一〇％以下だったと言ったのである。これほど矛盾した調査結果を出す検査システムを、どこまで信じられるのだろうか？

カラバヨ号とルタドール号という二隻のポルトガル漁船も、二〇〇二年一二月に、漁獲の虚偽報告と禁止魚種の意図的漁獲とを報告された。しかし、いずれの場合も、ポルトガル当局は、調査のため船を呼び戻すことはしなかった。このようにフォローアップが欠如している結果、両船とも、新割り当て年度には再び操業許可を与えられ、これにより二〇〇二年度の検査に関連した水揚げ漁獲量の確認ができなくなったとカナダ人は言う。

ルタドール号に乗船したオブザーバーは、イエローテール・フラウンダー（カレイ科）漁をしているときに混獲してしまった小型のカレイ・ヒラメ類を捨てていることを発見した。規則では、漁船が禁止されている魚を船倉の五％相当以上捕獲した場合、五海里移動しなければならないことになっている。オブザーバーの陳述から、ルタドール号はカレイ・ヒラメ類の漁獲が五％分に達すると、残った漁獲をあっさり捨ててしまったことがわかる。

スペイン船のペスカベルベス・ドス号に乗船したオブザーバーは、何度も規格以下のサイズのグリーンランド・オヒョウが大量に捕獲されているのを見た。「ペスカベルベス・ドス号は、そのほとんどをとってあった。船長が規定の五海里移動をしない」ことも、たびたびだった。オブザーバーは自分で目方を量って報告書に記載することになっているのだが、週間報告書に船側が与えた数字を書き込むよう頼まれたと報告している。四隻のポルトガル船籍の漁船が、一時禁漁魚種を捕ったとカナダ人の検査官によって非難された。なかには、空からの監視パトロールに違法漁獲を見られないようにと、防水シートをかぶせているところを写真に撮られた船まであった。

むろん、NAFO水域で違法操業をしていたのはEUの船だけではない。カナダの航空監視レーダーは、ロシア船が、トロール船に延縄をつけているケースを多く認めた。つまり、一つの網の中にもう一つ、もっと網目の細かい網を仕掛けて、若い魚をたくさん捕ってしまうのである。

二〇〇三年八月一四日、カナダの検査官は、アンドレー・パスコフ号に接近した。すると、トロール網を揚げようとしていたその船は、網を再び水中に沈めてしまった。しかし、網のコッドエンドという袋網の部分が水上に浮き上がっていたので、検査官が近寄って見ると、違法サイズの網目の延縄と五トンものアカウオがかかっていた。するとロシア漁船は、トロール網の中身をそっくり海床に捨ててしまった。アンドレ・パスコフ号の船長はトロール網の網目サイズをごまかしたとしてNAFOに報告された。

ブリュッセルの誰か（私に情報をくれた人ではないのは明らかだ）が画策して、EU漁船の目に余る、不名誉な行動を隠蔽《いんぺい》しようとしたのではないかと疑わざるをえない。カナダの役人は苛立っている。検査をしても旗国は助言に従わないし、オブザーバーの報告書はEUのファイルにしまわれてしまうからだ。「大量の密漁魚をスペインやポルトガルの港に持ち帰っても、全然罰せられないんだから」とあるカナダの役人は言う。「二〇カ国がこの水域で操業しているが、カナダに水揚げしないのは、わずか二カ国だ。言わずと知れた、あの二つの国だ」。

私は欧州委員会の委員に聞いてみた。港湾検査官が証拠を見過ごしたとはいえ、EU漁船の船長を告発するオブザーバーの証言はたくさんある。どうして告訴に持ち込まないのか？　その委員は、オブザーバーの証拠は、船長の証拠以上の重みは持っていないから、ヨーロッパの法廷では使えないからだと答えた(カナダでは、それ以上の重みがある。カナダでは、オブザーバーは冷静な人物だとみなされ、その証拠は、結局のところ信頼されている)。だから、ヨーロッパ漁船については、証拠を見つけるという重荷は港湾検査官の背にかかってくる。だが、その検査官には見る目がないらしい。EUが、スペインの港ビーゴに新しい漁業検査官を配置すれば、このような無政府状態は改善できるのではないだろうか？　やってみればわかることである。

明らかにスペインは、ヨーロッパはもとよりおそらく世界でも、最も情け容赦のない漁業国家である。どうしてそうなったのだろう？　また、なぜそのような国がEUで最も勢力のある漁業国になっているのだろう？　漁船団や遠洋漁船団が大きすぎるのも理由の一部だ。一方、イギリスなど他国は、自分たちの遠洋漁船団については見切りをつけた。どうしてスペインはそんなにたくさんの漁船を保持しているのか？　そこには、もっと多くのヨーロッパ人がプエルトバヌス埠頭のそばで海の幸のパエリヤを食べるとき(あるいは漁業審議会でスペインに横車を押されたとき)、気づかなければならない暗い秘密がある。

スペイン船団が拡大した時期は、スペインが婉曲的に近代スペインの「孤立時代」と言い、世界の他の国にはフランコ将軍時代として知られている時代とぴったり一致している。この関連をどう説明するかについては、セビリヤ大学の二人の学者が書いた「スペインと海」〔Spain and the Sea〕という論文で勉強させてもらった。この論文の指摘によると、スペインは二〇世紀初頭に、海外への壮大な野望をはぐくみ、造船を奨励した。しかし、漁船団がとてつもない成長を遂げたのは、この時代を肯定的に顧みたフランコ将軍のファシスト政権下だった。

漁業は、フランコの保護・介入政策にとって役に立った。フランコはこの政策の下で、海軍、商船団、造船を優遇した。スペイン内戦末期には惨憺《さんたん》たる状態だったスペインの漁船団はしだいに大きくなり、それにつれて漁獲高も、一九四〇年には四〇万トンだったのが、フランコが没する前年の一九七四年には一四九万八〇四九トンにまで増えていた（それ以降、これ以上の漁獲高は記録されていない）。

グリンピースのスペイン支部のメンバーが初めて指摘して私は知ったのだが、スペインがEUに参加できたのは、スペイン漁船団の規模にふたをすることが公式に想定されていたからではないかという。以来、スペインの漁師が抵抗してきた漁業規則の一つが、これなのである。だから、フランコ将軍は、いまだにヨーロッパの漁業政策に過大な影響力を持っていると言える。フランコは間違いなくこれを認めるだろうが、われわれはどうだろう？

ヨーロッパの海は管理されたコモンズ（共有地）だということを規則によって確実にするべきだ。規則が十分に強制されず、漁師の数が多すぎるという事実。これは、ヨーロッパの海が適切に管理されていないコモンズで、共有者と家畜（魚）が避けられない破滅に直面していることを意味する〔第9章のギャレット・ハーディンの管理の失敗の二つの定義参照〕。漁場がコモンズになっている海と、そうでない海との対比がますます明確になってくると私は思い始めている。

＊　＊　＊

ピーターヘッド魚市場〔スコットランドのアバーディーンにあるヨーロッパでも有数の白身魚水揚げ港〕。一九九七年一月、朝七時。一九九七年はトニー・ブレアが首相になった年だ。六〇〇〇箱のタラ、ハドック、カスザメ／アンコウ、ターボット、オヒョウ、リング〔タラの類〕、セイス〔ポラック、銀ダラ〕が売られている。私がこの市場に来たのは、「黒い魚」の水揚げ程度を調査するためだった。おりしも、自然が北海のタラの二度とないような奇跡的に大きな年級群を届けてくれた〔年級とは、ある年に生まれた特定の種のすべての個体〕。

ピーターヘッド港では、数の減っている高級魚には高値をつけようという新政策を促進しているが、うまくいっていなかった。港湾長は再三、買い手と競《せ》り人に、白いコートを身につけ、魚箱を踏んづけて歩かないように頼んだ。買い手は競り人を取り囲んで競るのだが、その視線を捕らえられないときは、魚の上に乗ってしまうのだ。

徐々に、われわれは、自分たちが見ているものが何であるかはっきりしてきた。「黒い魚」は、まさにわれわれの目の前にあった。水揚げは箱に入れて計量する。ピーターヘッドでは、一箱に五七キロ（九ストーン）の魚が入っているとされているが、実際はそれ以上に詰まっている。ということは、魚を押しつぶさないことには詰め込みすぎの魚箱を積み上げることができない。そこで買い手が詰め直すわけだ。なぜあふれるほど魚箱に魚を詰めるかというと、パン屋の一ダース〔一三個〕と同じで、理論的には、詰めすぎのほうがよい値がつくからだ。箱の重量は計量されないから、詰めすぎ分は記録には残らない。

価格の安さからも、何かにおってくる。ちょうど月末で、割り当ても尽き、魚の供給量も干上がってくるころなのに、価格は横ばいだった。人々は、トラック数台分の魚がスコットランド周辺の小さな港に水揚げされ、加工工場やハルやグリムズビーの卸売り市場に運ばれていることを、けっこうおおっぴらに認めた。婉曲的に言うところの「個人取引」は、船がまだ沖にいるときに取り決められる。漁師は、検査官がどこにいるかを仲間に伝える。一、三〇〇の魚箱の水揚げは、フォークリフトを使えば数分ですんでしまう。

「もし、検査官が乗り込んできたら、漁師は水揚げしようとしている魚を申告すればいいだけだ」と私に言ったのは業界人の一人だ。「検査官が来なかったら、割り当てを超過して捕った分は船に残しておいて、そのままピーターヘッドなど大きな港に行って水揚げする」。このような過少申告をくりかえすことで、船長は割り当てを貯金しておくことができるから、本来なら帰港していなければならないときにも魚を捕れるわけだ。

その週、私はスコットランドにいた。モントローゼ（あの〝有名な〟漁港だ、と一人の港湾長が冷ややかに言った）では四隻が水揚げした。

漁業検査官の報酬は低い。脅されることもある一方で、政治的な支援はあまりない。五年前、私がピーターヘッドに来たときは、人々は「黒い魚」の水揚げなどないと言っていた。しかし今は違う。「水産業界の漁師で、クリーンな人なんてほとんどいない。違法漁業が制度化されてきている」と言ったのは政府の水産局の理事である。

スコットランドの漁業連合は、加盟メンバーが黒い魚を水揚げしていることを認めた。当時の連合会長、ボブ・アレンは、黒い魚こそ、メンバーが住んでいる「現実の世界」だと釈明した。スコットランドのある漁師は簡潔に、EUの大臣たちが割り当て削減に合意したおかげで、法律違反しなければ商売を続けられなくなったのだと説明してくれた。

「この規制によると、われわれのやることなすことすべてが違法ということになる。水産局にはこのようになってしまうことがわかっていたはずだ。私の船は、EUの補助金を使って建造し、省の援助で修理した。だからローンを払っていかなければならない。これはちょうど、一日に六便のパリ行きを飛ばしていた英国航空に向かって、一日一便だけ飛ばしてよいというようなものだ」

ある上席検査官が私に言った。水揚げされたタラとセイスの五〇％は闇魚だ。上院特別委員会の議長、セルボーン卿によると、その数字は四〇％である。いずれにせよ、こうした違法水揚げの規模は、その年に合意したタラの漁業割り当て削減（一一％）を圧倒する数字である。その後の数年間、若いタラの巨大年級群が、主として雑魚として無駄に捕られた。

一方、黒い魚は、トラックに積まれ、加工産業のある南のほう、すなわちハルやグリムズビーをめざす。現在、ハルやグリムズビー港の遠洋漁船団は死んだも同然で、事実上、漁業をあきらめている。今でもそうだが、書類をごまかすなど簡単だ。トラックが止められても、魚がどこからきたのか証明するものはない。そして検査官は、最初の売買以降の魚の追跡調査など、費用対効果がないとみなしている。

大手の水産加工会社は、スーパーマーケットに売る。だから、北海の魚であれば、われわれが食べる魚は五分五分の確率で「黒い」可能性がある。

こうした大企業の株主には、違法取引になどかかわったことがない人たちもいる。当然これでいいのか、という疑問がわく。ブッカーフィッシュというイギリス最大の魚加工会社の取締役は、知りながら（あるいは知らずに）密漁魚を買うことが違法かどうか、法律的見解を調べた。会社の弁護士は、漁獲は法律違反だが、そういう魚を買うことは、共謀が証明されない限り、法律に触れることはないと言った。

別の加工業者は、こう述べた。「電話がかかってくる。ハドックが二〇〇箱ある。いらないかい？」魚はトラックに積まれてやって来る。大手の加工業者のところに行くが、業者は魚が密漁魚かどうかなんて知りたくない。どこから来た魚かなどと尋ねたりしない。聞くのは鮮度と、いつ到着するかだけである。

これよりまっとうな業者の中には、未来のために魚をとっておくために設けられた割り当て削減による痛みを感じるようになった結果、業界を襲ったごまかしについてゆけなくなったものもいる。アバディーンのアービンズ社は『フィッシング・ニュース』紙の取材に答えて、同社が加工業から撤退する決意をした理由の一つが黒い魚だと言った。会計士から、黒い魚なしでは経営は成り立たないと言われた大手加工業者もある。ピーターヘッドの漁師の半分は、絶対にお酒を飲まない主義の長老派教会員だ。だから、残りの半分の漁師は、その埋め合わせとして二倍飲むと言われている。グリムズビーのある商人が言った。「ピーターヘッドの友人たちは、日曜日に捕った魚なんて、絶対に買わないぐらい信心深い。にもかかわらず、みんな社員を養わなきゃならないから、黒い魚と共謀せざるをえなかった」。黒い魚に関して、自分は潔白だと言える人は少ないだろう。ピーターヘッドのドックには一軒だけ、黒い魚は絶対に取り扱わないという加工業者がいる。スコットランドの自由教会の信者だ。当時の理解として、それ以外はほとんど誰もが喜んで黒い魚を取り扱っていた。

割り当て削減にもかかわらず、スコットランド東部は新造船ブームにわいていた。理論的にはスコットランド西の深海魚種を捕るために設計された船だが、スコットランド水域外に出向こうとしていた。真の狙いは黒い魚なのだ。わずかの割り当てしか持っていないのに船を建造する船長がいた。この点に気がついた銀行の支部長が、これっぽっちの割り当てしかないのに、どうやって漁船の財政をまかなうつもりかとある船長に尋ねたところ、黒い魚を捕ってまかなうという答えが返ってきた。

デイビッド・ジョン・フォーマンは、ピーターヘッドで最大手の加工会社の経営者だ。事務所の窓の外では、一軍の女性が消毒済みのつなぎと帽子をかぶって、魚を三枚におろして(フィレにして)いた。壁に貼った新聞の切り抜きから、フォーマン氏が、風力一〇の強風の中で沈没しかかっていたデンマークのトロール漁船員を引き上げたときのことを思い出した。氏も、そのときのことは今でもはっきりと覚えていた。フォーマン氏が到着したとき、トロール漁船の灯りは、すでに水中で光っていたという。

私は、黒い魚をどう思うか聞いてみた。「割り当て制は経済の原理に合わない」という答えが返ってきた。その意味は明解である。割り当てしか捕らないでいたら、船長は破産してしまう。破産したい人なんていない。政府については、「前からずっと、かなり寛容だ」という見解だった。

要するに、選挙のある年なのだった。

七年前のことである。私が以上のことを『デイリー・テレグラフ』紙で報じると、激しい抗議の声が上がった。多くのイギリス人は、コモンズの偉大なる神話(すなわち、外国人だけがだます)を聞いて育った。だからこのニュースは、イギリス人の考え方にショックを与えた。だがそれもつかのま、一日か二日で慣れっこになってしまった。新たに政権をとった労働党政府が、一種の取り締まり(法律の厳格な施行)をおこなった。これにより、漁師は、オランダでされているように、指定港で水揚げしなければならなくなった。私のコンタクト(情報源)から連絡が入った。「ピーターヘッドには来るな、来たら袋叩きに合う」。

トニー・ブレアは、この本がメディアに届くとき、まだ首相である。北海にはわずかなタラしかいない。水揚げされたタラは、どれも違法に捕られたタラである。昨年だけで、約一〇〇〇人の漁師が廃業した。黒い魚のぬめりの跡は、漁業のあらゆる局面に通じ続けている。ひとつ穴のムジナが、漁師に融資する銀行であり、食品加工業者であり、スーパーマーケットだ。いや、安定価格という恩恵を受け続けている消費者でさえ、ひとつ穴のムジナと言えよう。

大きな変化が起ころうとしている。スコティッシュ・デヴォリューション(スコットランド分権改革。ロンドンへの中央集権から地方への権限移譲)だ。これによりスコットランドの政治はスペインに近いものになった。今や漁業はロンドンだけではなく、エジンバラでも仕切られる。スコットランド議会は、魚より漁師の窮状に対応している。ロンドンを基地とするイギリスのメディア(スコットランドでは、よく憤りを買っている)は、物事を反対に見る。

権限移譲を受けたスコットランドの政治家たちだが、貴重な政治的勇気は見られないようだ。漁師や「タラを救え!」(実はタラ漁師を救おうという意味)というスローガンを掲げた「タラ十字軍」(フレーズバーグの二人の漁師の妻、キャロル・マクドナルド、マラグ・リッチー)の決然たるキャンペーンの前に、共有資源のさらなる浪費をくい止めようとする試みはほとんど見られなかった。

上院の特別委員会の前でおこなわれた素晴らしいやりとりの中で、セルボーン卿は、ロンドンに拠点を置いているエリオット・モーレー漁業大臣に、こう質問した。

「つまり、〝タラを救え〟ということは、もっとタラを殺させろということなのか？」

「そうだ」とモーレーは答えた。

かつてはもっと法律を守る国だったイギリス（UK）に対する法的告訴状の中で、欧州委員会は、当局がデータをさまざまな方向から検討するクロスチェックをおこなわず、何度も規則を破っている漁師たちを取り締まらなかったことに注目した。委員会は、虚偽報告（一カ所で操業したという記録だが、上空のスパイ衛星監視システムは他の場所にいたことを記録していた）の件にも注目した。ばれないようにと、漁船は頻繁に衛星監視システムにつながるブルーボックスのスイッチを切ったのだが、当局はこれを報告したり、罰則を適用したりしなかった。一九九〇年代に鳴り物入りで導入されたブルーボックスだが、当局はこれを法律を実施するための道具として利用していないように見えた。

漁師たちは、かつてはスペインの手口だと思われていたトリックを使うようになった。すなわち、リング（タラ科）というラベルを貼った大型コンテナーにタラを隠し、セイス、タラ、メルルーサ、メグリム（小さなヒラメ）、カスザメ／アンコウをリング、グレイターフォークベアード〔ピュキス科〕、タスク〔あるいはグリーンランド・オヒョウ、北大西洋に産するタラ科〕、サメ類として虚偽の報告をした。

ブレア首相は、それまでの七年間、イギリス沿岸の魚資源のためには、ほとんど何もせず、唯一の貢献といえば、公式の席で、牛肉の代わりに魚を食べたことぐらいだ。

しかし、首相は二〇〇三年に水産業の調査会を発足させた。首相の戦略部隊（最も聡明な官僚が運営するシンクタンク）が書いた調査報告は、思慮に富んだ、包括的な報告だった。水産業に対して、改革か死か、という命題を突きつけたが、それは容赦なく前向きかつ積極的な言葉で語られ、『プライベート・アイ』誌に登場するブレア首相のコミカルな分身、聖アルビオン教会の司祭をしのばせるものだった(『プライベート・アイ』はイギリスの風刺雑誌で、オンライン版は www.private-eye.co.uk で読める。架空の聖アルビオン教会のトニー・ブルエア司祭が、教区ニュースの中で、現実のブレア首相のしていること(例えば、クリスマスカードに奥さんと子どもの写真を載せていること)などを風刺している)。

この報告書では、法令が遵守されていない点と、白身魚(タラ、ハドック、カレイ・ヒラメ類)漁船団の規模が大きすぎる点が、持続性と利益性を損なう二大障害だと証明している。黒い魚の水揚げを阻止するために報告書が勧める変革(違反船の免許剝奪《はくだつ》などの行政的罰則、市場と電子航海日誌の連結、オブザーバーの乗船、役人による漁業記録の掘り起こしの改善)は十分理にかなったものだった。この本を書いている時点で、首相の戦略部隊のこうした勧告は、まだ受理あるいは採用されていない。

食品業界全体(すなわちスーパーマーケットの売り手と買い手、加工業者、漁師)は、認識のあるなしを問わず、海で起きていることに対して、責任がある。密漁の規模を考慮すると、違法漁獲された魚を、うっかり売買したり食べたりしたことがないと胸を張って言える人は文字通りゼロだろう。どんなに質素なフィッシュ・アンド・チップス店であっても、あるいはイギリスで最も有名なレストランであっても、誰もこの責めから逃れることはできない。

第11章　料理長の責任

「人間はウイルスだ」

エイジェント・スミス（映画「ザ・マトリックス」）

料理界の大御所たちは言う。われわれは、もっと魚を食べるべきだ。イギリスの家政界のプリマドンナ、デリア・スミスも、アメリカのマーサ・スチュアートも、テレビの視聴者に向かって、もっと魚を食べるよう説く。健康の観点から、これは絶対に正しい。脂肪のないタンパク質を食べたり、心臓や脳の機能を高めるオメガ3脂肪酸に富んだ魚をもっと食べるのは、よいことだ。子どもの異常な落ち着きのなさだって改善するかもしれないと信じる人もいる。

デリアの頼りになる料理は数々のディナーパーティーと一つ以上の結婚生活を救った。だが、デリアが言っていることは、現在、イギリス心臓基金や世界中のその種の団体に支配的な見解、すなわち、少なくとも週に二度は魚を食べ、そのうちの一度は油を含む魚を食べるよう努めるべきだとする見解のくりかえしにすぎない。

こうした考え方に加えて、魚が減ってしまったため、ヨーロッパ、アメリカ、オーストラリアでは魚の価格が上がってしまった。魚はもはや貧者の食料ではなくなり、健康を気にする〝ざーます階級〟のための食品になってしまった。しかし、本能や流行に左右されない知識人あるいは思慮深い人でありたいなら、われわれはあらゆる事実に注目し、もっと魚を食べろという勧めは、すでに賞味期限が過ぎていると結論づけなければならない。

未来の世代のことも心配する文明社会であるなら、資源の持続可能性に注意を向け、「まっとうな」魚を好きにならなければならない。まっとうな魚とは、われわれがその魚はもとより、混獲してしまう他の魚にも取り返しのつかない害を及ぼさずに捕ることができる魚をさす。もしこうした取り組みがされないなら、野生魚資源の多くは枯渇し、人間が食べるために残されたのは養殖魚だけということになるだろう。残念なことに、養殖魚は、薬の痕跡、殺虫剤の使用、えさの汚染など様々な問題をかかえている。集約的育成をしていた食肉業界が、雪崩《なだれ》を打ったかのように粗放的かつ有機的に地域で飼育・生産された牛へと転換したのは同じ原因からだった。なぜ野生魚種の保護が人間の健康問題につながるかの答えが、ここにある。

世界の野生魚のためだけではなく、それらを食べたいであろう未来の世代のためにも、少なくとも特定の魚種は極力食べないように努めなければならない。そう信じる根拠がある。思い切った措置だが、現在の傾向を見れば、食べすぎている人たちがいるのは明らか過ぎるほど明らかである。

魚を食べる量を減らすよりも望ましい選択肢として、今と同じ量を捕るにせよ、もっと無駄を出さない方法(つまり、現在混獲されている幼魚や魚以外の海洋生物が海に残れるような方法)で捕るという考え方がある。もっとも、情報、手段の両方が欠けているので、その可能性は低い。だが、もしこれができたら、われわれはいつの日か、もっと少ない数の、しかしもっと大きな魚を食べるようになるかもしれない。いたずらに消費者を怖がらせることなく、このプロセスを始めるにはどのようにしたらよいだろうか?

より少ない量の魚を、より健康的に食べる方法を提案するのも一つの可能性だ。そのためには、オメガ3脂肪酸が完全に残されている高質な「鮮魚」を食べることである。加工されていないニシン、サバ、マグロにはこうした脂肪酸がある。しかしツナ(マグロ)の缶詰にはない。魚の脂肪酸は失われ、代わりに製造過程で大豆、オリーブ、ヒマワリの油が使われる傾向がある。缶詰市場は、魚の部位についても選り好みし、濃茶色の部分は取り除かれる。これは、他の捨てる魚とともに犬猫のペットフードになる。ツナ缶の消費上昇の陰にはペットフード産業がある。これは無駄なのだろうか、それとも他に使い道がない部位を有効に使う賢い方法なのだろうか？　無駄を出さない方法で捕った魚を選ぶためには、消費者はもっと多くを知らなければならない。

われわれのするべきことは、「もっと魚を食べないようにする、あるいは、他の魚を無駄にしないで捕った魚を食べる」ことだと思うが、このメッセージは、料理界の重鎮《じゅうちん》たちには完全に浸透していないようだ。世界で最高といわれるレストランやホテルのキッチンの料理長たちは、低カロリーで健康的な高級料理で顧客を喜ばすことを知っているが、資源的に再生不可能になっている魚種があるということは聞いたこともないらしい。

料理界の野心の最高峰をきわめた世界のオピニオンリーダーが大切に調理し、慈しんで料理の本に書いている魚だが、このまま饗し続けた場合、この先五年、一〇年、二〇年、三〇年経ったとき、まだ饗する材料があるかどうか疑問に思わない人たちもいるようだ。魚がどのように漁獲されているのか、食べることが正当化されるほど資源量があるのかどうか……こうしたことに対する好奇心の欠如は、多くの最高級レストラン店主や料理本の執筆者たち、さらにはそれほど高級でない小売店の間でも共通している。名誉ある例外もないわけではないが、少なくともこれだけは言っておきたい。漁業が世界に与えている影響について、あるいは持続可能な消費とは何かを顧客に伝える機会を持ちながら、みすみすそれを役に立てていない人たちがいる。

魚がどんな方法で捕られたのか、その魚を食べることがモラル的によいのかどうか。こういうことについて料理の本やレストランのメニューの中であまり触れないことが世界中の慣習になっているときに、個々のシェフや著者を抜き出して論じるのはフェアではないかもしれない。しかし、この慣習自体が持続可能かどうかを問われなければならないのだ。現在のやり方を見ていると、どこかで始めなければならないと思う。さて、どこからにしようか？　私がとっかかりとして考えついたのが、新しい魚の消費傾向を作り、世界中の新しい顧客に新しい食べ方を提案している有名料理人だった。

有名なシェフの名前なら何人でも挙げられるが、際だった創作力で、日本料理とフュージョン料理を代表する料理人として傑出しているのがノブユキ・マツシタだ。日本料理の味と技術を世界に広めた、いわば日本料理の世界大使だ。一三軒あるノブ・レストランには、三大陸の映画スター、スーパーモデル、テニススターがたむろしている。日本で修行を積んだノブは、ペルー、アルゼンチン、アラスカで働いた後、ビバリーヒルズでレストランを開いていた。たまたま、ある日ロバート・デ・ニーロ（俳優でサイドビジネスとしてレストランを経営している）が店に来た。二人が作り上げた友情やビジネスパートナーシップは、レストラン業界の最高のサクセスストーリーの一つとなった。

ノブは、幻想的で、高価で、息をのむほど美しい料理を作ることで有名だ。純粋な寿司や日本料理は往々にして味に刺激がない。それを北米や南米の香辛料（ニンニク、チリ、コリアンダー）と融合させた。ノブ・レストランが有名なのは、実はその顧客リストのせいかもしれない。アカデミー賞授与式のあった晩の顧客リストを見ると、グイネス・バルトロー、レニー・ゼルウィッガー、ニコール・キッドマン、ジョージ・クルーニーなどの名前があった。昨年〔二〇〇三年〕の調査によると、ロンドンのノブ・レストランは、アイビー（ダイアナ妃やチャールズ皇太子もお気に入りのレストランで、ロンドンで最もおしゃれなレストランとされていた）を抜いてしまった。

ノブは、寿司や刺身だけでなく、広報でも達人になった。この技を用いて、創作日本料理の市場を拡大した。最近マーサ・スチュアートやロバート・デ・ニーロとチームを作り、はじめて料理の本を書いた（偶然だが、マーサ・スチュアートは、ウェブキャスト〔インターネット上の動画放送〕で、東京の築地市場でノブといっしょに美しいマグロに夢中になっている自分を放送した。その後、マーサ・スチュアート自身、みずからのブランド料理とインテリア装飾品をひっさげて日本市場に進出した）。『ノブのクックブック』〔*Nobu: The Cookbook*〕の表紙を開く前に、まず気がつくのが、料理の本だけに限定したとしても、これまで読んだどんな本よりも有名人の推薦の言葉が多いことだ。マドンナ、ジョルジョ・アルマーニ、ビル・クリントン、アンドレ・アガシ、ロビン・ウィリアムズ、シンディー・クロフォード、レオナルド・デ・カプリオなどの有名人が裏表紙狭しとばかりに顔を並べている。例えば、ケイト・ウインスレットはこう言っている。「ノブの料理は二通りの描写ができる。地上の楽園とお皿の上のセックス」。スティーブン・スピルバーグは、「ノブの料理は世界一。おふくろには内緒だぜ」と書いている。

このような推薦の言葉を聞けば、誰だってノブの自慢料理を食べたくてしょうがなくなるだろう。例えば、デ・カプリオの好物の〝新様式の刺身〟だが、ところどころ熱いオリーブオイルをふりかけてあるそうで、非常に斬新で、美味しそうに聞こえる。ノブの選ぶ魚は品質、貴重さ、美味しさに関しては卓越しているだろう。しかし、魚資源の現状を見るとき、もろに批判を受ける可能性がある。

「シーフード監視プログラム」（カリフォルニアのモントレー湾水族館のホームページが運営している）、ガイドブック（ブルーオーシャン協会刊）、『グッド・フィッシュ・ガイド』（海洋保全協会。ベルナデット・クラーク著、出版はイギリス）などが生態学的な見地から「食べないように」勧めている魚がある。ノブの本を見て、そうした魚がいないかどうか見てみると、資源状態の非常に悪い魚が数多く登場する。例えばアワビ、カスピ海のキャビア、メロ（アメリカではチリ産スズキと名を変えている）、ハタ（サンゴ礁に住む魚）、レッド・スナッパー〔フエダイ、キンメダイ、アカダイなどフエダイ科の赤魚〕（ダイナマイトを仕掛けて捕られることも多い）、シタビラメ、最上級の刺身になるマグロの切り身だ。本の中で、ノブは、どの種のマグロを使っているか言っていない。マグロのことは、すべてツナあるいはトロと表現している。ただし、ノブは誇らしげに、最高級の材料を使っていると言っている。ということは、クロマグロかメバチマグロで、これらは最も漁業でねらい打ちされている種だ。ロンドンのノブのレストランに、どのマグロを使っているのか、また調達方針はどうなっているのかについて問い合わせてみたが、回答はもらえなかった。ノブの料理の本には、例えばトビッコ（卵を採ったあとのトビウオ本体はどうなるのだろうという疑問が残る）や悪名高いフグなどエキゾティックな魚も多く登場する。

以上あげた魚のうち、最後の二つ以外はすべて、いずれかの海で持続可能性の面で問題があることが知られている。つまり人間が絶滅させているかもしれないということだ。フグに関しては、われわれのほうが殺される可能性がなきにしもあらずだが。ノブは親切にも、人間の命には注意を呼びかけているが、魚にとって致死的な漁獲方法や管理体制については触れていない。料理本の中でこの問題を取り上げている著者もいる。この機会をとらえて、なるべく魚は食べないよう、もし魚を食べるなら、なるべく無駄なく食べるよう読者を導くこともできるのに、ノブはそれをしていない。残念なことである。例えばアワビは、南アフリカでは、ライバルのギャングどうしが殺し合いながら密漁をおこなっているし、カリフォルニアでは完全に禁漁となっている。ノブは、アワビは現在養殖されていると書いているが、アワビを見て、天然か養殖か見分けられる人がいるだろうか？

アメリカ西海岸では、チリ産スズキの不買運動がおこなわれた結果、たくさんのレストランがメニューを書き変えた。チリ産スズキとは、アメリカにおけるメロの名前である。そういう土地柄にいるノブが、議論の的になっているメロのような魚の料理方法を本に含めたことには驚かざるをえない。人々はこれに気がつき、何か言うだろう。もちろんメロについては、複雑な倫理的問題がある。熱心なあまりせっかちな環境保護者は、そういう問題点をあまり明らかにしない。ノブのような人なら、メロをメニューに加えることの正当性を説明することだってできたはずだ。アメリカの環境保護団体が提唱するような単細胞的な不買運動では、汎海洋密漁シンジケートによる違法漁獲だけでなく、持続可能な管理の実施が確証されているオーストラリアやサウスジョージア産の合法的なメロの価値まで下げてしまう。皿の上の魚を見て、合法的に捕られたものか密漁によるものか、どうすればわかるというのだろう？ノブは、魚の出所については何も言わない。私はノブの店に電話して店の調達方針を問い合わせた。返事が遅れて申し訳ないというEメールが届いたが、それっきりだった。メロが合法的あるいは持続可能的に捕られたものかどうかを見分けるための加工・流通過程への関心が欠如している以上、私は、ノブがわれわれ以上には魚の出所を知らないと考えざるをえなかった。ノブが料理するチリ産スズキとトリユフの柚子醤油バターは、言ってみればただの密漁メロかもしれないのだ。

＊　＊　＊

ゴードン・ラムゼーはイギリスのトップシェフである……と本人のホームページに書いてある。心にもない謙遜《けんそん》をしないところが、ご愛敬だ。イギリス一だという自己評価を認めるかどうかは別として、ラムゼーはほとんどそれに近いことは認めざるをえない。なぜなら、ラムゼーの料理は実に、ほんとうにすばらしいからだ。大新聞にとじこみの日曜版の表紙ですっ裸でポーズしながらも、みずからの慎み深さの証として巨大なカレイで前を被うなど楽しみながら、ラムゼーがみずからマーキングした縄張りは魚料理だ。フランスで修行を積んだラムゼーは、よくある材料を使って（ただし最高の品質のもの）、シンプルに料理する。できあがった料理は華やかで、その細部までのこだわりには、評論家の先生も度肝を抜かれる。チェルシーにあるラムゼーのレストランは三ツ星を授与され、弟子はクラリッジ、ザ・サボイ・グリル、ペトラス、コノートの料理人だ。ラムゼーは、ロッ・デニーと共著で『シーフードへの情熱』〔*Passion for Seafood*〕という魚料理の本も出版している。恐ろしいほどの想像力と技術をもったシェフが書いた本で、読むだけで垂涎《すいぜん》ものだが、いちじるしい矛盾がいくつか目につく。

その情熱は本物で、感染力がある。グラスゴーで育ったラムゼーは、西スコットランドで海への愛を学んだ。生まれ故郷のグラスゴーでは、ピンを使ってコブシボラ巻貝を食べ、ロッホローモンドでは、マヨネーズの容器を浮きにして、芋虫でサケを釣り、テイ川ではフライフィッシングをしたことを回想している。それから、カリブ海で豪華なヨットに乗って、魚に関する知識を広げた話、ダイビングを習って、波の下の美しい生き物の習性を知ったことが語られる。「オニイトマキエイが、えらをはためかせ、ふわふわと通り過ぎてゆくときが、もっとも壮観だった」と書いている。えらをはためかせているオニイトマキエイについての、この美しい描写について、覚えておいてほしい。ラムゼーの署名入りの序文は、自然環境保護管理論者たちの熱心なキャンペーンの紹介で終わっている。

「こうしたすべての経験から、私は、タラなどの白身魚の資源が先細り状態の北大西洋から、きゃしゃで夢のように美しい魚が住むサンゴ礁に至るまで、海の豊かさを守らなければならないと心に銘記し、それは今も続いている」

矛盾が始まるのは、この後だ。持続可能な方法で捕られた魚や養殖魚について、消費者に選び方をアドバイスしているが、生態学的には、乱獲がひどいので食べるのを避けたほうがよい魚も入っている。私が驚いたアドバイスはマグロについてである。「私が買うマグロは、ラインで捕ったクロマグロ（最高のマグロ）で、ときどきキハダマグロも買う」。さて、キハダマグロについては、今でも資源は豊かだから誰も文句はないだろう。だがクロマグロとなると話は別である。世界で最も価値のあるこの魚の、西大西洋における産卵資源はとことん捕り尽くされ、今では一九七〇年の一〇分の一程度まで激減してしまった。責任感のある漁業管理組織だったら、思い切った漁業制限をし、そこまで資源を減らしてしまうことはないはずだと自然環境保全者側は見る。それよりもっとよいのは、個体群が回復できるように、数年間操業を全面禁止することだ。しかし、大西洋マグロ類保全国際委員会(ICCAT)は、そのような措置はとらず、三〇年間資源が減少するにまかせていた。東大西洋のクロマグロの個体群については、(東大西洋のクロマグロの個体群と西大西洋のクロマグロの個体群は交錯していることがわかっている)、今やICCATの科学者の懸念材料となっている。なぜなら、EUや加盟国の委員会が、地中海のクロマグロ養殖場の野生種需要を満たすために、ばかげた大きさの割り当てを与えてしまったからだ。

漁獲努力がこれほど急増する前でさえ、クロマグロは、クロサイ、象、大型類人猿(ショウジョウなど)と並んで国際自然保護連合(IUCN)の「絶滅危惧種」のレッドリストに載っていた。太平洋のクロマグロ資源についてはあまりわかっていないことから、世界的には「情報不足種」のリストに入っているが、東大西洋のクロマグロは「絶滅危惧種」であると公式に認定され、西大西洋では「近絶滅種」として知られている。私が述べたシーフードガイドブックでは、「食べてはいけない魚」に指定されていて、少なくとも私は異論を唱えようとは思わない。

私見だが、影響力のある立場の人は、定期的にクロマグロを買うべきでないし、買うのを認めてもいけない。ゴードン・ラムゼーのように「海の富を守る必要」を情熱的に確信している人であれば、なおさらである。どのような方法で捕られたかは問題ではない。ラムゼーはラインで捕ったものしか買わないと言っているが、だから何だというのか？　たぶん、魚は、網で傷ついたりしていない品質のよいものだと言いたいのだろう。それにしても、どんなラインで捕ったというのだろう？

アメリカの沿岸でスポーツ釣りの人が一本釣り(釣り竿と糸)で捕ったのだろうか？　こうしたスポーツ釣り人は、獲物を日本に売る。二〇〇二年の大西洋における一本釣りによる漁獲は三二一五トンだが、このうち何とクロマグロが二〇七〇トンも占めている。それとも、ラムゼーが言っているのは、日本やその他の船団が大西洋のどこかほかの水域で仕掛けている営利延縄漁(まちがいなく大変な量の雑魚が混獲されているはずだ)で捕れたクロマグロのことを言っているのだろうか？　ときには何十キロメートルにも伸びる延縄は、二〇〇二年には、東大西洋では四九二〇トンの、西大西洋では七二七トンのクロマグロを捕獲している。どちらの漁法で乱獲されるかは、クロマグロの結果的なサバイバルにとって大差ない。事実は、乱獲されているということである。どのみち、クロマグロ資源は「The End of the Line」〔本書の原題。行き止まりとか終焉の意味〕に直面している。

実際的な理由から、適切に規制したある程度の漁獲は、全然捕らないよりよいとする議論がある。サケ漁師の例に見るように、合法的な漁師は、海の警察的な役割に協力して、密漁を予防するというのである。大きな獲魚をねらう合法的な釣りの中には、漁獲高が絶対に規制以内だったら持続可能なものもあるだろう。だが、実際は、保全・保護管理にかかわっているほとんどの人がＩＣＣＡＴの管理をもはや信用していない。少なくともクロマグロに関してはそうである。

恥ずかしいことだと言う人もいる。だから、クロマグロは、ワシントン条約(ＣＩＴＥＳ)下にあるかのように、厳しい割り当てと、厳格な取引制限を課して保護しなければならないという議論には思わず引き込まれる。本当はすでにＣＩＴＥＳのリストに含まれていてもいいのだが、一九九二年にスウェーデンがクロマグロをリストに加えるよう提案したとき、アメリカと日本は恥ずべき政治工作をおこない、屈辱的なやり方でこの提案を拒絶した。一〇年以上経って、これがどういう結果をもたらしていたかというと、この驚異の魚は、絶滅寸前のあの大きなクジラの仲間入りをしていた。誰かがこのことをゴードン・ラムゼーに伝えなければならない。クロマグロは、ラムゼーのような有名なチャンピオンの助けをぜひとも必要としている。

たぶん、私が、その「誰か」になって、提案をするべきだろう。そう思って、私はラムゼー氏に三度電話をした。魚の全般的な調達方針や、とくにクロマグロの使いかたについて尋ねようとしたのだ。残念ながら不成功に終わった。三度目のとき、ゴードン・ラムゼー・ホールディングスの誰かが留守電にメッセージを残していた。「ゴードン・ラムゼーは今回の貴書の企画に参加できません。企画のご成功お祈り申し上げます。お電話ありがとうございました」。

残念である！　世界最高のレストランに共通のジレンマ、つまり、めったに手に入らない高価な魚（ということは、絶滅の危機にますます瀕しつつある魚ということだが）を饗することを期待されていることについて、私はぜひゴードン・ラムゼーと議論してみたかった。ゴードンの魚の本にはオヒョウのレシピもある（これが、『ザ・サンデータイムズ』紙の生活セクションの表紙に載ったプライベートライフを紹介する写真の中で、かかえていた魚である）。オヒョウは、ＩＵＣＮの種の保存委員会で公式に、世界的な「絶滅危惧種」にリストアップされている魚だ。つまり野生のオヒョウは近い将来において絶滅するおそれが非常に高いという意味である。ラムゼーには、ターボット〔大型カレイ・ヒラメ類〕、タラ（タラについては乱獲されていると書いている）、ヨーロッパヘダイ（セネガル人が愛でる魚だが、同水域ではしだいにまれにしか捕れなくなっている）、フエダイ、ウシエビ、チョウザメのレシピもある。ヨーロッパヘダイとチョウザメは養殖が盛んだと書いているが、養殖は、生態系にとって別の意味の問題を提起することを書いてもよかったろう。ラムゼーはキャビアについてうんちくを傾けている。皮肉な調子なしに、「キャビアは究極の贅沢食品だが、食べる人がどんどん増えてきている」と書いている。

だが、もう少し厳しいとらえ方ができなかったものだろうか？　キャビアを食べる人がしだいに増えているということは、すべての種類のチョウザメが絶滅危惧種のリストに加わることにほかならない。ラムゼーが最も勧めるベルーガ〔和名はシロチョウザメ〕だが、これは最も絶滅のおそれのある大型のチョウザメだ。事態はチョウザメと同じように悪化しているように見える。

チョウザメは一七年かかってやっと繁殖ができるまでに成熟する。それなのに、卵を取り出される段階で死んでしまう。ソ連が崩壊し、マフィアが牛耳るようになってから、カスピ海沿岸国では野生のチョウザメがほしいままに密漁されている。キャビアには深刻な持続可能性の問題がある。トラフィックというWWFの野生生物調査機関が最近発見したところによると、ロシアにはキャビアの巨大な闇市があって、それが国内販売の約八〇%を占めているという。だが、西側の消費者はこれに対して何もできない。密漁者の中には、カスピ海でチョウザメを捕るためにトロール漁をしているものもいる。おそらくゴードン・ラムゼーたち料理長も当然指摘すると思うが、不買運動はチョウザメの価値を下げこそすれ、必ずしも確実に生き残るための解決法ではない。

一九九八年以来、キャビア貿易はCITESによって規制されている。その結果多少の改善はあったが、チョウザメの保護プロセスは、相変わらずかなり楽観的すぎる資源評価が足かせになっている。驚くまでもなく、この資源評価はロシア発である。ゴードン・ラムゼーは、イランからキャビアを買っている。なぜなら、そこではキャビアは政府の独占事業になっているから、管理状態がカスピ海の他のキャビア生産国よりよいからなのだそうだ。これはよいアドバイスである。危機は、キャビアの瓶が、法律で求められているCITESの認可ラベルなしに、スーツケースに入れられて次々と転売されていくところにある〔出どころがなかなかわからないという意味〕。

確かにキャビア資源の取り締まりは、むずかしい。西側との交易は比較的きちんと規制されている。だが、チョウザメには闇市場の巨大な圧力がかかっている。これはたいへんな規模の大きな問題ではあるが、カスピ海の状態が改善するまで、チョウザメにしばし助け船を出そうと決めたキャビア輸入業者もいる。

ミシュランのガイドブックを占領している人たちは公平に言って、板挟みになっている。なぜなら、世界のトップクラスのレストランの胡散臭《うさんくさ》い顧客は、必ず他の人が得られないものをほしがるからである。珍品は排他性のもう一つの顔なのである。絶滅危惧種の魚の卵を、例えば二〇人前、スパゲッティーと生クリームで料理する必要もないわれわれ庶民には無縁のジレンマだが、料理人には、もっと豊富にある材料で作った料理がもっと好まれるよう、腕をふるってもらいたいと強く思う。

こうした生物学的に排他的な嗜好について責められるのはシェフなのか顧客なのかは別として、事態を憂うシェフや料理本の著者はいる。リチャード・ウイッティントンは何冊もの料理本を書いたが、この三年間は、テレンス・コンランのチェーンレストランの料理コンサルタントをしている。ウイッティントンは、こうした排他的な嗜好はレストラン側にとっては魅力だと言う。「もうすぐ地球上から絶滅してしまうものを自分がいま食べているのだ……そう知ったお客は、その特権のためにプレミアム（割り増し金）を払う」。となると、チョウザメを絶滅に追いやった悪者はシェフなのか顧客なのか、判断がむずかしくなる。

では、有名シェフは何をしようとかまわないのだろうか？　そんなことはない。有名シェフはその分野でわれわれを導く指導者である。有名シェフがこれっぽちもの批判を受けずに、絶滅の危機に瀕している魚の破壊にせっせと一役買っているというのに、どうして化学企業の重役たちを、数グラムの廃液で海洋環境を汚染したと言って責められようか？

ウイッティントンは、明快な立場をとろうと決め、コンランを説得して、北海で乱獲が続いていることに抗議して、メニューからタラをはずした。だが結局、コンランはアイスランド人に説得され、タラはメニューに戻ってしまった。「私は、北海でおこなわれている犯罪的な漁業に注意をひき、シェフに代わりに使える魚を探させ、産卵期を念頭に置いて、特定の魚はいつ食べるのが適切かに気づいてほしかった」。ウイッティントンは、より多くの情報をメニューに入れることに熱心だ。肉に関して、すでにこのことはおこなわれている。今度は魚の番だとウイッティントンは言う。現在プロビナンス〔出どころの意〕というレストランを計画していて、そこでは肉も魚も慎重に出所を調べ、きちんとラベル表示してあるものを饗するという。

＊　＊　＊

コーンウォール〔イングランド南西端の州〕を本拠地とするレストラン、リック・スタインには、ミシュランの星こそついていないが、国内には強力な信者がいる。私が初めてスタインのテレビ連続料理番組を見たとき、ちょうど魚料理を作っていたが、「資源が続く限り魚を食べましょう」というようなことを言っていたので、聞いているこっちのほうが恥ずかしくなったほどだ。しかし、その後スタインは、どの魚は食べてよいのかという倫理的な問題をもっと深く考え、持続可能な漁法で捕られた魚を選ぶよう奨励している救済団体に奉仕するようになった。テレビ番組でも、タラ、ハドック、カレイ・ヒラメ類といった一般的な商業的な種を一休みさせてやるために、これまであまり料理に使われていなかった魚を勧めている。雑魚を料理したいなら、スタインに聞くといい。ホウボウ〔棘鰭類《きょくし》〕のレシピはすばらしい。電話で取材をしたとき、スタインは同業者について、次のような見解を披露してくれた。

「大半のシェフは、材料の出所については、限られた知識しか持っていない。シェフの仕事は、どこに材料があるかを見つけることだ。材料源を、料理と同じぐらい重要だと思っているシェフは少ない。ちょっと自己宣伝的に聞こえるかもしれないが、私はいつもこう言っている。われわれシェフがもっと魚への情熱と知識を深めなかったら、誰が魚資源を守るのか？」

うーむ、私は、そのことをちょっと自己宣伝的に見る者もいると言ったかもしれない。スタインには躊躇《ちゅうちょ》した感じがあった。シェフは、タラは本当にメニューにあるのかと聞くお客さんがいるとき、メニュー作りで板挟みに陥るとスタインは言った。また、コーンウォール周辺海域では、タラの状態は、北海やスコットランド西の水域よりよいし、店は持続可能な沿岸漁船から魚を買っているので、タラを守れると思っていた。スタインは誰にも漁を許さず、禁漁区にして魚を回復させるという考え方を支持している。本人も認めているように、完全な解答は持っていない。しかし、少なくとも、リチャード・ウイッティントン同様、自分の選択肢について考えた証拠を示せるだけの博識家ではある。問題など存在しないようにふるまうシェフもいるが、そういう料理人には、高級レストランでまずい料理を出されたときのように落胆させられる。

そう考えているうちに、世界の高級レストランの顧客について好奇心がわいてきた。シンディー・クロフォードやビル・クリントンやアンドレ・アガシのような人たちは、魚がどこから来たのか、どういう方法で捕られたか尋ねないのだろうか？　そういう質問をすることすら考えたこともないのだろうか？　あるいは、自分たちが食べているような料理を作る国際的にも名の通ったシェフなら、万事うまくやってくれていると思っているのだろうか？　それとも、面倒くさい質問よりも、健康な食事をしたいという自分たちの欲望のほうが先にくるのだろうか？　だとしたら、その辺の人と変わらない。

インターネットのグーグルでオメガ3脂肪酸を検索すると、三〇〇万の情報を検索できる。体内に摂取するものについて、圧倒的な強迫観念を持っている人たちがいる。世界のオメガ3脂肪酸のウェブサイトを検索していても、このような貴重な脂肪酸はどこから調達するのか、そのための社会的・環境的なコストはどのぐらいかを考えているサイトにはお目にかかったことがない。

「ミー・ジェネレーション」という言葉がある。これを踏襲するのが、スパとオメガ3脂肪酸さえあれば、あとは世界が野となろうと山となろうと知ったことではない人ということになるかもしれない。とりあえず、こうした世代を「オメガ3ジェネレーション」とでも呼んだらどうだろう？　個人的には、私は、有名人は単に魚について無知なだけだと思っている。少なくとも今のところは。もう少しわかってくると、この種の人たちは、おそらくメニューにエコフレンドリーな料理があるかと聞くのだろう。そして、ない場合は、今風にポリティカリーコレクトな言い訳を言う間も与えず、そのトレンディーなレストランを出て行ってしまうだろう。

トレンディーな高級レストランの予約席に有名人が案内されていく図をからかって批判するのはけっこうだが、われわれその辺の人も、まるで罪がないわけではない。例えばジェイミー・オリバーやナイジェラ・ローソンの料理本を見ながらトレンディーな料理を作る人たちは、地中海料理や日本料理の成長の陰に潜む世界的なトレンド（健康志向）を支えていると言える。だが、こうしたトレンドの結果、乱獲が公海や深海にまで及ぶようになった。そこは、健康な魚の個体群にとって最後の避難場所だったところだ。金持ちの中にはネロのような極端にぜいたくな食べ方を讃えている人もいるようだが、恥ずかしいことだ。だが、われわれとしても、冷凍庫や冷蔵庫や棚に置いてある缶詰の中に何があるか、別の見地から見直さなければならない。

マグロは、地中海料理の定番的な魚だ。しかし、地中海には、もう長いこと、中年にさしかかるマグロはいない。マグロは日本料理の定番でもある。こちらも、人口では日本をかなり勝るヨーロッパに負けじと、世界の海洋を空っぽにしようと競っている。マグロは、メカジキ同様、北欧の料理本では新参者だ。ナイジェラ・ローソンは、影響力のあるコックだが、その料理の本にはマグロのカルパッチョとメカジキのステーキが含まれている。一世代前なら、シタビラメとロブスターのレシピを書いていただろう。女性誌に載っているローソンのレシピを見る限り、地中海料理を食べる人の数がしだいに増えていることがわかる。かつてはフィッシュ・アンド・チップスを食べていた人たちが続々と地中海料理を食べるようになっている。

これがヨーロッパでどういう意味を持つかというと、マグロの売上高の急騰を意味する。ヨーロッパはマグロの缶詰〔ツナ缶〕の世界最大の市場だ。そのすぐ後につけているのがアメリカである。毎日のランチに人気のあるメニューだ。先進国の食料品店で、ツナ缶を置いていない店は少ない。手軽な焼きパスタ料理〔フィッシュキャセロール〕やニース風サラダの材料になる。しかし、ツナがどのように漁獲されているのか知っている人はいるだろうか？　それがわかったとき、われわれは何をしたらいいのだろう？

この本を書き始めたとき、私はうちの台所をちょっとかき回してみた。マグロのステーキの缶づめや厚切りツナの缶づめなどが合わせて四つあった。このうち三つは、テスコ、セインズベリー、コープ〔いずれもスーパーマーケット〕の自社ブランドで、残る一つは、トップブランドのハインツのツナ缶で、ジョンウエストから買ったものだった。マグロの種類を明らかにしているのはハインツだけだった。缶の前面にカツオ（スキップジャック）と書いてあった。セインズベリーのツナ缶では成分表のところに書いてあった。だが、テスコとコープの缶には、カロリーや脂肪、タンパク質、炭水化物、塩、添加物などは記載されていたが、マグロの種類については記載されていなかった。

記載が義務づけられていなかったからではない。鮮魚については、ラベル表示が二〇〇〇年に規制によって定められていた。流通名、養殖か天然か、漁獲水域などの情報が小売り段階でわかるようになっていなければならない。だが、残念ながら、缶詰についての規制は遅れている。一九九二年に定められたEUの規制では、種類ではなく、単に「マグロ」と記載すればよいことになっていた。読者が、マグロは生き物としてではなく、世界的な商品としてしかみなされていないのではないかと思われたら、それは正しいのである。

マグロは世界を回遊し、漁師に捕まっては死んで漂い、地球という惑星をより小さく、より公害にまみれさせている。消費者がたまたま消費しているマグロやその仲間の生き物〔魚あるいは海洋生物のこと〕のことで心を痛めない方法がいくつかある。その一つが、名前をつけないことである。缶詰は、現在はそうしなければならないので、原産地は記載されていて、それはモーリシャス、タイ、モルディブ、エクアドルと世界中に及んでいる。コープから電話の返事がきて、現在は記載しているという答えだった。おそらく私の家にあったのは、古い缶のほうだろうという。マグロのオイル漬け缶詰の寿命は五年で、塩水漬けのほうは三年だそうだ。知らなかった。

私がとくに驚かされたのは、ツナ缶メーカーの半分は、缶詰のマグロの種類に無頓着なのに対して、全メーカーが、「イルカにとって安全」、あるいは「イルカ・フレンドリー」だと記載していることだ。つまり、魚の種類より、このことのほうが重要な情報だと思ったのだ。このことは、近視眼的で、心のゆがんだ「種差別」の証拠で、私は以前これを、ほ乳類にとりつかれた愛護団体において確認した。辞書で「動物」を調べると、魚も含まれていることがわかるはずなのだが。

ラベル上のイルカ情報は何を意味するのだろう？ 缶詰業者が消費者に伝えたいほど重要だと思うのはなぜなのか？ 缶詰産業については素人の私だが、東太平洋でキハダマグロを捕るときに、イルカの混獲が問題だったことは覚えている。しかし、カメや海鳥など他にも混獲されるものがあると読んだことがある。イギリスの南極調査が、アホウドリの問題を起こしているのはメロ漁船ではなく、今ではインド洋におけるマグロ延縄漁船の問題になっていると言ったばかりではなかったか？ 私は不思議に思った。どうして「タートル・フレンドリー」とか「海鳥フレンドリー」とか、ひいては「マグロ・フレンドリー」なツナ缶だと表示しないのだろう（マグロ・フレンドリーと言うのは、常にもっとたくさんのマグロが海にいられるような方法で捕るという意味である）。缶詰のラベルにそれを表示しない理由は、今だからわかるのだが、缶詰にされるマグロの捕り方が、およそフレンドリーとは言いがたいものだからなのだ。

電話でセインズベリーの広報に、缶詰のマグロに持続可能性の観点から問題はないのかと問い合わせた。このスーパーマーケットチェーンは、海洋管理協議会（ＭＳＣ。このロゴマークは特定の条件を満たした海産物製品につけられる）などの環境保護戦略（グリーン・イニシアティブ）を支援している。広報の答えは「問題はない」だった。だが、返答があまりにもきっぱりしているので、逆に信じられなかった。そこで自分で答えを見つけることにした。

ヨーロッパやアメリカ向けの缶詰にされるマグロは、巾着網漁船で捕られる。ＦＡＯの推計によると、巾着網漁船団は世界中で五七〇隻いる。船の大きさは二五〇〜四〇〇〇トンである。スペインとフランスがマグロ漁業大国で、とくにインド洋、大西洋、太平洋では筆頭のマグロ漁獲国である。東太平洋ではアメリカ、メキシコ、エクアドルが大手漁獲国で、太平洋とインド洋では、オーストラリアだ。ステーキ、寿司、刺身として食べられる生マグロは、日本や台湾の延縄漁船団が捕ったものだ。餌針がついた長い縄（ライン）は一三〇キロメートルも延びていて、これにからまって命を落とすアホウドリや絶滅の危機にあるカメ、サメの混獲問題は深刻である。延縄がどのぐらい海にあるのかは誰にもわからないが、たくさん仕掛けられていることだけは確かである。心配なのは、数えようとする人がいない点だ。

その他の重要なマグロ漁法としては、給餌船からの一本釣りがあり、とくにインド洋でおこなわれている。給餌船は、泳いでいる小さなマグロの群れに向かって切り刻んだ餌を投げ入れ、消防のホースを使って海面をかき立てながら、マグロをフィーディング・フレンジーと呼ばれる餌のとりあいに持ち込む。マグロは一匹ずつ釣り竿と糸でたぐり寄せられる。

この方法で捕られたマグロのサイズは、えてして小さい。しかし、他の魚や生物がいっしょに網に掛かって殺されてしまうことはない。こうして捕られたマグロは、ヨーロッパで成長中の生鮮マグロ市場に供給される。この一本釣り漁法は、大西洋でビンナガマグロを捕るのに使われている。最も害の少ない漁法である。魚を買うときは心してこのことを思い出そう。

世界の巾着網漁船団の目標は熱帯のカツオとキハダマグロである。カツオは信じられないほど多産だが、短命で自然死亡率は高い。インペリアル大学(ロンドン)のジェフ・カークウッド博士が私に〝海のネズミ〟と評したほどである。〝海のゴキブリ〟と言った人もいた。(同じ科のサバ同様)筋縞のあるカツオは常に七つの海を回遊していて、どこででも産卵する。取り尽くされることはないだろう。「カツオの個体数がどのぐらいあるのか、これまで誰にもわかっていない。実際、知っている人などいないと思う」と博士は私に言った。だからといって、将来絶対に減ることがないという意味ではない。

問題は、カツオが他の多産でない魚、例えばメバチマグロやキハダマグロの群れに紛れ込む傾向がある点だ。キハダマグロは、カツオより大型で、二メートルぐらいになる。寿司や刺身に向く身のしまった高質な魚で、冷凍や缶詰にも加工される。東インド洋以外の海では完全に乱獲されているが、保全に関する明らかに緊急な問題はまだ起こっていない。

さて、カツオが紛れ込むもう一つの魚がメバチマグロだ。深海マグロで、深く冷たい海でえさを食べ、他の熱帯に住むマグロに比べて成熟が非常に遅いが、冷水に住むクロマグロよりは早い。寿司に向き、クロマグロに次ぐ貴重な種である。若いメバチやキハダはカツオといっしょに海の表面に近いところまで泳いでくる傾向がある。

現在、いくつかの管理団体は、とてつもない数のメバチマグロが、太平洋、大西洋、インド洋で乱獲されていることを憂慮している。ＩＵＣＮのレッドリストでは、メバチマグロは「危急種」のカテゴリーに挙げられている。危急種とは、野生において、すぐに絶滅するおそれはないが、絶滅するリスクが高いと見なされている種のことである。カークウッド博士は、「メバチやキハダは規制が必要だ」と言う。だが、博士は他の誰よりも、インド洋でこれが無理なことを知っている。博士がメンバーになっているインド洋マグロ類委員会（ＩＯＴＣ）の科学委員会は、メバチ漁は、巾着網も延縄も給餌一本釣りもすべて含むあらゆる漁法において、早急に漁獲高の削減をするよう提案している。

こうした懸念は、巾着網漁船がマグロを捕る方法に由来する。つまり、巾着網を、自然に浮いている材木あるいは人工の浮遊集魚装置（ＦＡＤ）などの周囲にはりめぐらす方法で、猛スピードで動く魚群を攻撃するより簡単に漁ができるのだ。フランスやスペインの巾着網漁船団から発射されたすらりとしたモダンなスピードボートが、温水が冷水と出会うところ（水温躍層）を見つけたＦＡＤからの信号をキャッチし、マグロをひとかたまりに集め始める。急いでマグロの行く手を遮らなければならない。船足の早い小舟を下ろす。この舟が網を落とし、ＦＡＤの周りに群がっている魚の群れを取り囲むと、母船がその網をたぐる。

巾着網をクジラに仕掛ける漁船もある。国際法により、インド洋はクジラの聖域だとされているのが何とも皮肉である。ふつうクジラは網をやぶって逃げるが、逃げられない場合もままある。ＦＡＤを使った漁法では、マグロの大きさや混獲する雑魚におかまいなく、手当たりしだい、無差別に殺してしまいがちだとカークウッド博士は言う。

そこで話はイルカに戻る。イルカに関するこの大騒ぎは何なのだろう？　問題が起きているのは東太平洋だけである。イルカはキハダマグロといっしょに泳いでいる。あるいは、キハダのほうがイルカにくっついてきているのかもしれない。一九八〇年代には、実際、東太平洋ではたくさんのイルカが網にかかった。メキシコのマグロ漁師はイルカの小群を見つけて投網する傾向があった。一九八九年だけでも、一〇万頭のイルカが東太平洋のマグロ漁で雑魚としてかかり殺された。この問題がほぼ解決されたのは、海洋ほ乳動物に対する漁業の影響に焦点を絞って活動している環境団体、ＥＩＩ〔アース・アイランド・インスティテュート。ハインツのマグロのボイコットを消費者に呼びかけた〕の尽力に負う。

ＥＩＩのイルカ・フレンドリー・プログラムは、検査官によって監視・管理され、イルカめがけて投網することを禁じている。その結果、漁師はＦＡＤを使うようになったのだが、ＦＡＤ漁法では、サメや絶滅危惧種のウミガメなど潜在的な危急種も含めて、混獲される魚が五〇倍も多い。この結果を受けて、グリンピースやＷＷＦなどの環境団体は、もはやイルカ・フレンドリー計画を支持せず、よりクリーンな漁法、すなわちオブザーバー・プログラムによる監視を支持している。こちらは、イルカは網にかかってしまうが、逃がしてもらえる。長らく保護活動にかかわっているマグロ専門家が私に言った。

「ＥＩＩのおかげで、ＦＡＤに頼る漁業が多くなった。つまり、イルカは殺されないが、他の二〇種の生き物が大変なことになってしまった。魚が繁殖する間も与えず、魚を捕っている。われわれは、イルカの災難を全生態系の災難へと進行させてしまったのだ」

「イルカにやさしい」は、ひき続きマグロ業界の自己防衛ＰＲになっている。イルカ問題など一度も起こったことのない海でも同じだ。言い換えれば、缶詰業界のマーケットリーダーであるハインツは何も問題がなかった海で、問題を起こさなかったことによって、大変な信用を築いたわけである。私はイギリスのハインツに電話して、インド洋の供給者が使っているＦＡＤ漁法で大量の雑魚が出ているが、これを懸念しているかどうか尋ねてみた。スポークスマンは、会社は、竿、ライン、巾着網（これこそ問題を起こしている漁法である）で捕った魚しか買っていないと答えた。公海で流し網やトロール漁などイルカがかかるような網で捕ったマグロは受けつけていないという。だが、それでは、問題のとらえ方がずれている。流し網漁はまだ続いているが、二・五キロメートル以上の長さの網は国際法で禁じられていると私は言われた。しかし、私の知る限り、インド洋ではペアトロール漁もイルカめがけた投網もおこなわれたことはない。

その意図が何であったにせよ、「イルカにやさしい」戦略は、結果的に消費者をいたずらに混乱させたにすぎない。あまり関係のない動物の福利安寧への懸念をかき立てたが、純粋に漁業にまつわる問題や懸念には対処できなかったというのが、この戦略の結果である。前にも述べたように、これは種間差別の最新例だ。動物愛護活動をしている団体は、魚を動物と見なしておらず、能率よく捕れる商品だと思っているふしがある。ハインツに寄せられているもっともな非難（すなわち、生態系を壊し、シイラやマヒマヒといった、本来貧しい国の人たちが捕っていたにちがいない魚を外国漁船が奪っている）から、ハインツ製品を弁護するための戦略としては、このイルカにやさしい作戦は、今や大変な時代遅れに見える。

インド洋などの海についてそれほど激しい抗議の声が上がっていないのは、単に誰も何も知らないからなのだ。インド洋ではどんな魚が雑魚として網にかかり、何が捨て魚として海中に捨てられているかを告げる情報はほとんどない。理由は、そんなことをしても、誰の得にもならないからである。

一方、東太平洋に目をやると、そこにはオブザーバー・プログラムを整え、漁獲データを編纂するなど、きちんと仕事をしている組織がある。その数字によると、FADは、一万五七二一トンのマグロを捕るために、二三七トンものサメやエイと一万五五〇〇トンのその他の魚を殺し、雑魚の混獲率は五〇％以上にもなっている。おや？　しかしイルカは一頭も殺していないぞ。

イルカへの投網は、過去七年でわずか一八頭しか殺していないが、三四トンのサメと二九五トンの魚が混獲された。現在では、ほとんどのイルカが投網を逃れている。これに対して、FADによる死亡率は五二倍だ。別の言い方をすれば、FADは、年間平均二六〇万匹の雑魚と四万二三二五匹のサメやエイを殺している。動いているマグロの群れへの投網はFADとイルカ投網の中間にある。

そういうわけで、インド洋では、これまで偶然イルカを網にかけてしまうという問題はなかった。では、何が偶然網にかかっていたのだろう？　私は、マドリードにあるスペイン・マグロ漁業機構のトップのファン・モロンに聞いてみた。延縄に比べると、巾着網は比較的「クリーン」だという答えが返ってきた。私が、証拠を見せてほしいと言うと、EUの主張により、東太平洋で過去一五年間やってきたように、最近スペインの漁船隊でもオブザーバーを乗船させているものがあるという話である。データは、スペイン海洋学研究所から派遣されているオブザーバーによってまとめられる。そのデータはどこにあるのか？　同研究所はその秘密主義で悪名をとどろかせていた。セニョール・モロンは、私のために入手してくれると言って出かけたが、戻ってくると、データは公表されていなかったと言った。

実は、私はどこを探せばいいか知っていた。誰か自発的に興味を持つ人がいるかどうかに興味があったのだ。インド洋マグロ類委員会（IOTC）の事務局長のデイビッド・アーディル博士にも同じ質問をしてみた。博士のホームページに「捨て魚」という見出しがあり、同委員会から入手できると書いてあったからだ。そこで私は、オブザーバーのデータを見せていただけないだろうかと頼んでみた。だめだった。Eメールがきて、雑魚や捨て魚に関する情報はあまりなく、あっても極秘だということだった。「途方もない営利がからんでいるし、現実としては、当委員会が守秘を保障できないなら、歪曲したデータしか得られなくなるから、状況は今よりもっと悪くなるだろう」と博士はEメールに書いていた。

もちろん、博士は、ホームページで「当委員会から入手できます」と宣伝した情報を私に見せるべきだった。でも、許されていなかったのだ。私は返事を書いた。博士の言う守秘義務は、自国の国旗ではなく、税金のがれのために便宜置籍国の旗を掲げている漁船を保護するものではないか。ＩＯＴＣは、世界で最も重要な食料品を持続可能にすることを託されている、開かれた、説明責任のある社会的な機関であるはずなのに、これではまるで海賊クラブではないか。博士が管理しているとされている海で捕ったマグロの缶詰をみんなに買ってほしいなら、いま以上に尽力しなければならないのではないか。

さすがにアーディル博士である。守秘義務を再考して、情報を送り始めてくれた。最初の情報からはあまり学ぶところはなかった。それは、西インド洋で、マグロではなくメカジキを捕る小型オーストラリア延縄漁船団の航海に同行したオブザーバーの報告書だった。博士は、この報告書がすべてを代表しているわけではないから、この報告書から結論を導くときはくれぐれも気をつけるようにと注意してくれた。読んでみると、博士が言った通りだったが、ものすごい数のサメが雑魚としてかかっていることが報告されていた。延縄（一三〇キロにも及ぶ長いラインに何千もの餌針がついている）で捕ったマグロを食べる人は、このことに留意すべきである。

この間ずっと、大型の巾着網漁船は、マダガスカル海流に浮かした何百ものＦＡＤや音波探知ブイを監視しながら、また長距離音波探知機で海をあさり回りながら、漁獲を監視する役人の手をすり抜けていくように見えた。スペインやフランスの巾着網漁船が、雑魚を数えたい私を乗船させてくれないのは明らかだった。しかし私はとうとう、こうした航海に行っていた人を取材することができた。そのコンタクト（情報源）はスペイン人で、マグロ産業用の特別仕様の音波探知機（ソナー）を作っている国際的に名の通った会社で働いていた。専門メーカーの一つで、この市場は非常に儲かる市場だった。

コンタクトはＦＡＤの写真を私に見せてくれた。四角い木製の枠で、枠には網が巻きひげのようにぶら下がっている。一〇〇メートルのスーパーセイナーの甲板で、ぎらぎらと輝く太陽の下、ひきしまった体の屈強な男たちが作ったものだ。スーパーセイナーは漁船というより、億万長者のヨットとでもいいたいような姿である。私のコンタクトの説明によると、カツオは水深五〇メートルあたりを泳ぎ、キハダマグロは七五メートルより下、絶滅の危機に直面しているメバチマグロは水深一五〇メートルのところを泳ぐが、それでも安全な深さではなく、円周一・八キロメートル、深さ二四〇メートルの巨大な網で包囲してくる巾着網には捕えられてしまうそうだ。

マグロ漁船は自分のＦＡＤの位置を衛星電話で監視している。乗組員は双眼鏡で水平線を凝視したり、海鳥レーダーをチェックしたりしている。衛星ブイが水温躍層を見つけると、ＦＡＤはマグロといっしょにうようよと集まってくる。ＦＡＤは、ときには四本棒と数本のワイヤーで作られた粗雑な構造物だが、その下に二五〇トンものマグロがいたりするそうだ。状況によっては、四〇隻もの漁船が同じ魚を追うこともある。捕ることができるのは、その中の一隻だけである。最も優秀な長距離ソナーを持つ船が決定的な優位を得るということだ。

船倉で、われわれはスクリーンを見ていた。クジラがＦＡＤの役割をしていた。クジラは絶対的には信頼できない。ふつうは網を破ってしまうと私の情報源が教えてくれた。網を破られるぐらいはかまわない。だってマグロが捕れるのだから。マグロ商売はとてつもなく「儲かる」商売だ。この船倉に入るだけで八〇トン、金額にして一二万七〇〇〇ポンド〔約二六〇〇万円〕になる。最新のソナーを買うなどたやすいことだ。甲板に、私が長いこと探していたものを発見して色めきたった。混獲された雑魚である。乗組員たちは、九〇センチのカツオを押してシュートから冷凍倉庫に向けて落としていたが、脇に口をぱくぱくさせているオニイトマキエイが二匹いたのである。体長は四・五メートルはあった。

オニイトマキエイについて一家言あるのはシェフのゴードン・ラムゼーだけではない。ジャック・クストーというアクアラング（水中肺）の発明者も、六

○年代、七○年代に称賛された深海の神秘を象徴化したテレビシリーズ、「ジャック・クストーの深海の世界」のクレジット〔関係者リスト〕の背景にいつもオニイトマキエイを泳がせていた。ダイバーたちは、この黒い、影のような、プランクトンをえさとし、巨大なひれをはためかせて泳ぐ魚にときめいた。ガンギエイ同様、オニイトマキエイは再生が非常に遅く、二、三年に一度だけ、とても大きな子どもを一匹だけ産む。絶滅の危機にあるかどうかを判定できるほどもわかっていないが、レッドリストは、「オニイトマキエイの個体群は、漁業を入念に管理しない限り、急減するだろう」と言っている。

私の巾着網関係の情報源によると、オニイトマキエイとサメは巾着網によくかかる雑魚だという。しかし何よりも問題なのは、主要三種のマグロの子どもたちが漁獲されてしまうことだ。小さすぎるから、商業的な価値はない。子どもマグロの占める割合はどのぐらいかと聞いても、「漁師たちは、どのぐらいかは言わない」。ここで登場するのが、最新のエコーサウンダーだ。この機械は、捕る前に魚のサイズを見わけることができるという。ただ、問題は、漁師に向かって、このエコーサウンダーを使いなさいと言う人がいないことだ、とその情報源は指摘した。

ここまで、インド洋で操業する缶詰用マグロ漁船が、定期的に最低一匹のオニイトマキエイ〔危急種とされている大きな、成長の遅い動物〕を捕らえ、絶滅に向かってまっしぐらだと認識されているメバチマグロをちょくちょく殺していることを確証してきた。確かな情報筋によるその他の情報をこれから披露しよう。それは、アマゾン川のイルカやウバザメ〔しばし水面上に現われて日光浴をする習性がある巨大なサメ〕、北海のタラ同様、絶滅危惧種になっているメバチマグロの若魚に関することである。これらは結局キハダマグロやカツオといっしょに缶詰の中身になっていた。私がＩＯＴＣの情報を得ているコンタクトに言わせると、「これは世界中で標準的な商業的慣行」なのだそうだ。プリンス社のバイヤー（ミツビシが所有。私が会った他の誰よりもあけっぴろげだったが）は、率直にこれを認めた。ツナ缶の中身を言いたがらないスーパーマーケットもあるが、おそらく、このことが原因なのだろう。これまでのところ、セインズベリーは、ツナ缶の持続可能性については問題ないと主張している。

巾着網漁で殺された生物の数に関する限り、われわれにわかっていることは氷山の一角にすぎない。ある友人のおかげで、インド洋における巾着網漁船団の混獲について、唯一公表されたオブザーバー報告書を手に入れることができた。皮肉なことにこれはソビエトの巾着網漁船団のオブザーバー、E・V・ロマノフによるものだったが、この報告書こそ真実を告げるものだった。

西インド洋全域でのマグロ漁獲高は、一九九〇～九五年では、推定二一万五〇〇〇～二八万五〇〇〇トンと、現在より少ない。この漁獲の過程で、巾着網漁船が捕った雑魚は、二三〇〇トンの浅海サメ、一七〇〇トンのツムブリ（暖海にすむアジ科の大型の魚）、一六五〇トンのシイラ、一二〇〇トンのモンガラカワハギ、二七〇トンのカマスサワラ、二〇〇トンのバショウカジキ（マカジキ科）、一三〇トンのイトマキエイ類とオニイトマキエイ、八〇トンのクサヤモロ〔アジ科〕、二五トンのカマスの類、一六〇トンのその他いろいろな魚、特定できない数の絶滅の危機に瀕しているカメとクジラである。クジラへの投網の数が実に多く、記録されているその多くはメジロザメ〔whale shark〕という世界最大の魚に向けられたものだ。メジロザメは、二〇〇二年以降厳重に保護されている魚だ。ロシア人は多少異なる方法で、別の場所で漁獲する。とはいえ、この数字は、FADを使うマグロ巾着網漁業が、海洋生態系に与える影響を最もよく示すものだろう。

ロマノフは、この問題解決のための第一歩は、IOTCがマグロ巾着網漁と延縄漁を科学的に管理するシステムを作ることだという結論を導いた。具体的に言うと、乗船してもらう委託オブザーバーのネットワークという形の管理システムである。皮肉なことに、ロシアの巾着網漁船隊は今でも操業しているが、IOTCは不法だとみなし、メンバー港の使用を許していない。

私はこの一九九八年の研究をイギリスのハインツに送り、同社のツナ缶が今でも持続可能に捕られていると思うかどうか聞いてみた。一〇日後にEメールの返事がきた。すべての水揚げは監視され、すべての船主はIOTCの科学者に協力して漁具を改善し、雑魚の混獲を制限しているという。ただし、雑魚が何であるかという詳細も、質問への適切な答えもなかった。ということは、残念なことだが、私も読者も、ハインツの缶詰の中のマグロの持続性については、ラベルに書いてあること以外何も知らされていないということだ。

カツオといっしょに殺され、ツナ缶になった魚は何かという私の問いだったが、最も包括的かつ啓蒙的な答えをEメールで受け取ったのは、その後だった。それは、一九九八〜九九年にかけて二人の科学者が書いた未発表の論文だった。一九九八〜九九年といえば、ヨーロッパの冷凍マグロを生産する三社が、アフリカ海岸近くの特定水域での漁業を一時停止(モラトリアム)すると宣言したころだ。理由は、混獲してしまうメバチマグロ(絶滅危惧種)の幼魚の数のせいだった。このようなモラトリアムがあったことは、初耳だった。この論文の著者は、モラトリアムに選ばれた月間は、「ソマリア沖の漁業が最も集約的におこなわれる期間」と一致していなかったので、さしたる効果は出なかったと書いている。

まず述べておきたいことは、ヨーロッパ船団がまたいつもの手を使ったということである。つまり、世界一貧しい国、目下政府のない国、したがって領域を守る装備が貧弱な国の水域で操業していたのである。第二に特筆すべきは、四〇人のオブザーバーを乗せ、インド洋央を突っ切り、マグロの群れ、FAD、海山に投網して漁をしていたスペイン漁船団の漁獲の約二〇%が、絶滅危惧種のメバチマグロだったことである。

このオブザーバーたちは、雑魚として混獲されてしまった魚種を学名（ラテン名）で記載していた。私は、それらの一般名を調べながら、しだいに不信感が募ってくるのを抑えられなかった。なぜならそれは「ファインディング・ニモ」というアニメ映画に出てくる登場人物のほとんどだったからだ。まず、もっとも絶滅の危機に瀕しているカメから始めよう。アカウミガメ、アオウミガメ、オサガメ、タイマイ、ヒメウミガメなどウミガメが全員集合だ。これらのカメは、ＩＵＣＮのレッドリストでは、近絶滅種〔重大な絶滅の危機に瀕している種、絶滅の確率が非常に高い種〕から危急種〔絶滅の危機が増大している種〕まで分類されている。次いで登場するのがクジラだ。ミンククジラ、ザトウクジラ、オブザーバーが同定できなかった一種類のクジラ（この水域だったら、おそらくピグミーブルーだと思うが、違うかもしれない）。ちなみに、インド洋はクジラの聖域とされている。そしていよいよ魚の登場だが、これがまた大変なリストなのである。トップは公式に危急種としてレッドリストに挙げられているホオジロザメだ。

それ以外にはＩＵＣＮのレッドリストの近絶滅種のカテゴリーに含まれているものはない。とはいえ、イトマキエイやオニイトマキエイなど、そこに出てくる多くは、科学者がその個体群について心配している種である。絶滅危惧種のリストに入っていないのは、必要なだけの情報をまだ誰も集められていないからにすぎない。こうしたサメやエイの種のほとんどは、乱獲に対する回復力は、きわめて弱いと科学者は言っている。理由は、再生（繁殖）が非常にゆっくりしていて、一年にわずかの子どもしか産まれない種である。オニイトマキエイ、イトマキエイ、アカエイ、マダラトビエイ、アオザメ、ヒラシュモクザメ、アカシュモクザメ、シロシュモクザメ、ニタリとハチワレ〔どちらもサメ〕が、これに該当する。

おっと、危うく言い忘れるところだったが、このスペイン船は、イルカは一匹も捕っていない。

マグロ漁で混獲される雑魚リストに挙げられた種だが、その絶滅までどのぐらいの猶予があるかを言うのはむずかしい。なぜなら、こうした種が抹殺されようとしている事実を、あるいは何匹が抹殺されるのか、知っている人がいないようだからだ。だが、心配材料は山ほどある。信じようと信じまいと、マグロ漁にまつわる心配は、生態学的なものだけではない。マグロ漁は広い海洋の真ん中で操業するわけだが、そこは、規制という概念とは無縁の場所なのである。主にカツオを標的にするが、その数はあまりにも多いので、誰も適切に数えたことがないほどだ。

しかし、〝無制限な漁業は利益を産まなくなる〟というマイケル・グラハムの漁業の大法則〔第7章一〇二ページ〕に例外はない。マグロ漁への参加は今でも制約されていない。船を買って漁に出る権利は誰にでもあるとみなされ、国際法でも認められている権利である。船団は増大し、ほとんどの漁船は、経済的な最適能力以下で操業をしている。巾着網であろうと延縄であろうと、世界のマグロ漁船団に最初に警告を発するのは市場である。すでに一九九九年にはマグロ漁獲高は四〇〇万トンとふくらみ過ぎ、供給過剰により市場は崩壊した。漁獲高は、二〇〇〇年と二〇〇一年には三七〇万トンまで戻した。しかし漁獲高については何の制限も設けられていないので、需要が高まれば、増え続けるはずだ。需要は上り続けている。悲劇は避けられない。

マグロ資源の将来について、FAOの上席マグロ科学者が恐ろしい論文を提出した。ジェームス・ジョーゼフ博士は、二一世紀のなかばまでには、人類の人口は一〇〇億人まで増える可能性があることから〔国連人口部の二〇〇四年推計によると、二〇五〇年世界人口は九〇億七六〇〇万人になる。ちなみに、二〇〇五年七月の推計は六四億六五〇〇万人〕、世界の天然資源需要は、さらに高まる点を指摘した。将来もマグロを食べるつもりなら、緊急に記録、計量、マグロ船団の規模制限が必要である。博士はこうも書いている。

「公海では誰にでも漁業する権利があるとする現在の法的、政治的基礎を再考して、もっと現実に沿った線に持っていかなければならない」

共有魚資源へのアクセスを制限する必要があった。それを実現するには、海洋の特定の部分にいる魚に対する所有権を漁師に与えるか売るかするのが一番よいかもしれない。今のところ、どの地域のマグロ組織にも、こうした権利を割り当てたり売ったりする法的権限がない。それどころか、条約に加盟していない漁船を海で取り締まる権限すら持っていない。ジョーゼフ博士は、必要なのは、「大胆な新しい取り組み方」だと言う。時間は限られている。迅速な行動が急務である。

さて、皿の上のマグロに戻ってみよう。それがライン〔延縄や釣り糸〕で捕られたものであろうと、網で捕られたものであろうと、ひとつ問題がある。それは、船団の能力を規制する措置がほとんどとられていないことで、資源管理をしてみようとすらしない当局もあり、絶滅の危機に瀕している雑魚について対策を採ろうとする者はまずいない。ハインツやヨーロッパ市場に供給しているスペインの大手缶詰会社は、自然保護にはあまり投資していないようで、雑魚については秘密主義が企業文化になっていた。

ヨーロッパとアメリカの消費者は、アジアの延縄漁船団、急増中の給餌漁船、違法延縄漁船団に対し、限られた影響力しか及ぼすことができない。しかし、インド洋、太平洋、大西洋で操業する巾着網漁船団には、大手缶詰メーカーを介して影響力を及ぼすことができる。消費者が事実を知らされれば、缶詰の代わりに、鮮魚(価値あるオメガ3脂肪酸が取り除かれていない)を食べようとするだろうし、缶詰業者がFAD漁法や巾着網漁法全般で混獲されてしまう雑魚への対策方法を見つけるまで、別の魚を食べるかもしれない。今のところは、缶詰業者は、自分たちが知らないものが破壊されているからといって、責められるいわれはないという方針であるように見受けられる。

缶詰メーカーは、実際は知っているのに語らないだけかもしれない。もし本当に知らないなら、そろそろ知ってもらわなければならないときがきている。

われわれ消費者は、自分の良心と相談して、自分たちにできる行動をとらなければならないだろう。今後少なくとも私自身は、これまでと同じ気持ちでツナ缶を見ることはできない。シェフや料理本の著者も、絶滅危惧種の魚の問題や人間が無駄に殺す魚の問題について、どうしたら一番いいのかを考えなければならない。シェフや料理本の著者は、ひれをうねらせて泳ぐオニイトマキエイ、繁殖の遅いホオジロザメ、クジラ、絶滅の危機に瀕しているカメなど、われわれが食べているマグロを捕ってくるために、いたずらに殺されている動物の数と、どのように直面しようとするのだろう？　あるいは、われわれが買うマグロ自身、種によっては危機に瀕しているという事実に対して、どう向き合うのだろう？

答えが待たれる。

第12章　さようなら、魚たち

さようなら、魚をありがとう。

ダグラス・アダムス

〔イギリスのSF作家。一九八四年の作品のタイトル〕

一九九四年、ロンドン動物園である会合がおこなわれるまでは、大西洋タラのような営利魚種が、例えばワタリアホウドリのように、絶滅の危機に瀕することがあるのかどうかは誰にもわかっていなかった。漁業管理という居心地のよい小世界の外側にいる多くの人が、世界の海の惨状を理解したのは、この会合が最初だった。国際自然保護連合（ＩＵＣＮ）で働く多くの陸生生物学者がカナダのタラ資源の崩壊の資料を読んで思ったことは、魚についても、他の動物の絶滅危惧種と比較しながら、リスクの度合いを評価するべきだということだった。

ロンドンの動物学協会のジョージナ・メイス博士は、こう振り返る。「ＩＵＣＮは、四、五年かけてリスト作りの規準を開発したが、誰かが、これは海では通用しないだろうと言った。だから、専門家に集まってもらって、なぜ通用しないのか説明してもらいましょうと言うことになった」。だが、そのときはまだ、メイス博士はその問題の規模を理解していなかった。

ロンドン動物園に資金を提供してもらって、種の生き残りに関連する諸分野から三〇人の科学者が集まる会合のはずだった。魚の個体群データを、ＩＵＣＮが作った絶滅危惧種の規準と比較してみようというのである。しかし、「会議の二週間前から、魚の管理に関わる人たちの間に、この会合のうわさが飛び交った」。マグロも検討項目に入っていたことから、日本人が参加したいと言ってきた。次いで、スペイン、ポルトガル、オーストラリアも代表を送り込みたいと言ってきた。これらの漁業国は、あるプロセスが自分たちのコントロールの効かないところでおこなわれていることを理解したのである。メイス博士は、こう振り返る。

「日本のねばりには、うんざりさせられた。これは科学会議だから新しいデータを持ってこなければならないなど、われわれはいろいろと参加条件を出した。日本は、会合の場でこそ抗議しなかったが、国に帰るや否や、猛攻を開始した。〝漁業〟は世界的な産業だから、それに悪影響を及ぼすようなことなど認められないのだった」

タラは種類が多く〔一〇科、二〇〇余種〕、再生(繁殖)率が高い。海洋生物学者も含めて、このような魚を絶滅危惧種のリストに加えることを嫌がる人は多い。海洋生物学者とは、サメのように再生が遅い大型の生き物を研究する人たちで、以前は、そういう生き物にだけに集中していた。一匹のタラが一〇〇〇万個の卵を産むことさえあると言った科学者もいた。だが、メイス博士は断固として、「どんな種でも、成年の数が減っていたら、その種が危機に陥っているのはまちがいない。みなさんは、手遅れになったとき、あるいは手遅れになろうとしているとき、それを監視する規準を持っていますか？」と発言した。ＩＵＣＮの規準には、種が一〇年間で二〇％以上減ったら、その個体群がいかに大きくても、さらに減ることもあると書いてある。タラとハドック〔タラ科モンツキダラ〕は、過去一〇年で二〇％以上減った。メバチマグロもそうだ。だから、この三種は、ＩＵＣＮの「レッドリスト」に載せられた。このほかにも、チーター、ワタリアホウドリ、オオバタイサンボクが、このリストに加わった。メイス博士と共同で研究しているエロディー・ハドソンは、ブリスベーンの世界漁業会議に出席したときのことをこう回想した。

「事態は醜悪な様相を呈していた。一日かけてリストを精査したが、怒号が飛び交った」

一九九六年、カナダは大金を費やして、ＩＵＣＮ

総会のホスト国を務めた。IUCNの一九九六年の「レッドリスト」に大西洋タラも含められようとしていることを知ったカナダの漁業海洋省(DFO)は、IUCN側に撤回を迫った。ジョージナ・メイス博士は、DFOの代表と無理矢理会わされた。DFOの代表は、いっさいの評価が、実際にタラを「管理」している科学者抜きでおこなわれたことにたいへん立腹していた。カナダでは、魚に関することはすべて政治がらみなのだが、あらゆる科学的局面からの見解を入れずして、どうしてそんな評価ができるのかと問いただしてきた。メイス博士はこう答えたという。「簡単ですよ。われわれは、ただ評価するんです」。

次いで最初のセッションで日本が立ち上がり、マグロについて抗議した。総じて参加国には悪い態度が目立ったが、いくつかの漁業国は「極端に欺瞞《ぎまん》的だった」ことを覚えている、と博士は言う。会合の後、博士は会議を振り返って、「FAOのデータにもとづいていた種が最も論争を呼んだ。絶滅の危険について論争することはできる。しかし、データを論争することはできない」と述べた。

市場むきのタラやハドックのように、まだ何百万もの個体が海に生き残っている種について、IUCNの規準がその絶滅リスクを誇張していないかどうか、公正な議論がおこなわれた。海魚で絶滅したケースは記録がない。ほ乳類では、ステラーカイギュウ〔ベーリング海などに生息したジュゴン科の体長九メートルにもなるほ乳動物。一八世紀半ば、人間が絶滅させた〕のように絶滅したケースはあった。しかし、最後の一匹が死に絶えたことは、どうすればわかるのか? 商業的な意味での絶滅例はある。この表現は正確ではないが、要するにある魚が、捕れば捕るほど赤字になってしまったレベルを言う。

しかし、この言葉が、魚の数が減るにつれて、価格が上昇している魚種(クロマグロなど)に対して使われることはあまりない。タラのような魚は大海の広きにわたって生息している。だから、完全な絶滅は起こらないだろう。いや、そうだろうか? カナダのタラは、魚にもアリー効果がありうることを証明した。個体群的にはタラと似た運命をたどった陸上生物種もいる。例えばイナゴや特定の植物だ。北米のリョコウバトは地球上で最も多かった鳥の種だったが、五年間で絶滅してしまった。アメリカのバイソンも、狩りによって、ほぼ全滅した。エロディー・ハドソンは、「海だからといって、絶滅が起こる可能性が低いとは想定できない」と言う。それにもかかわらず、漁業大国の科学者は、絶滅危惧の規準を、漁場抜きで開発しようとやっきになっている。

漁業族と野生生物族（いずれも、自分たちのほうがよく知っていると思っている）の長い戦いの始まりを予感させる最初の衝突があった。勝ったのは毛皮動物旅団である。この旅団は、魚の保全へしだいに関心を高めているので、鱗《うろこ》動物旅団と呼ぶべきかもしれない。一九九二年のタラ資源の崩壊というビッグバンは、当時のヨーロッパの新聞各紙の一面を飾ることはなかったが、大衆の良心の中や、『サイエンス』誌や『ネイチャー』誌のページ、あるいは漁業とは縁遠い研究分野などで残響を鳴り響かせていた。

エコノミストやテレビ番組プロデューサーという別の種族の人たちも、海は実は興味深いところで、動物愛護団体にとっては魅力のない魚も、単なる鱗のある生物ではなく、美しく魅惑的な生き物だということを理解し始めた。政治学者たちも、魚の保護は、世界最大の知的課題の一つだということを理解した（どんな専門分野も、こと魚に関する限り、少なくとも一度はへまをしでかす性癖があった。魚問題を正しく評価する機会を逸し、その結果をまのあたりにした。その一方で、BBCのシリーズ番組「ザ・ブルー・プラネット」は、息をのむような深海の世界を紹介した）。

徐々にではあったが、たくさんの人が、もし食用の魚資源の再生が永久的なものではないなら、地球上の人口が一〇〇億になったとき、人は何を食べればいいのかという大問題を自問するようになった。それどころではない。もしFAO報告書の著者が一九七〇年代に警告したように魚がいなくなってしまうなら、それこそが、人類の成長の限界を示す具体例ではないだろうか？　あのときは誰もが、そのような報告は間違っていると言ったのではなかったか？　おそらく、「人間社会には自制が必要だ、さもないと大量餓死に直面する」と言ったFAO報告書の著者のマルサス的な想定は正しかったのかもしれない。それとも、養殖やテクノロジーで不足を補えるのだろうか？　これからこうした点について議論しようと思うが、その前に、物事をさらに単純化してみよう。

責任ある、持続可能な漁業は、それほどむずかしくないはずだ。原子を分割したり、月にロケットを着陸させたり、オゾン層の穴を埋めたり、通貨管理をしたり、世界の核兵器を廃絶したりすることより簡単なのは確かだ。みなさんもそう思われるだろう。しかし、失敗の結果は、ほかのどんな課題の失敗よりも厳しい。なぜ私にそれがわかるかというと、それは、私がこの本を執筆しながら、一国でもいいから、資源を（おそらく非可逆的に）壊滅させるようなひどい誤りを犯していない国を見つけたくて、世界を飛び回り、インターネットを検索しまくったからである。結果的には、見つけられなかった。まあまあOKだと思える国々であっても、将来に対する大問題や疑問をかかえていたし、すべての海洋生物の生き残りについては考えていなかった。であるならば、どうすれば海を持続可能的に管理している国があると言えるだろうか？

問題は割合に単純だ。人々は、宇宙テクノロジーや大量破壊兵器を海洋生態系の中で使うことに慣れてきたが、それらについて、実行可能な規制方法を開発してこなかった（開発したふりはしている）。海底にあって、われわれが守りたいものは何であるかの特定はおろか、保全しておいてくれなかったと孫の世代から恨まれるものが何かについてさえ、わかっていない。ほとんどの国で、漁業（海洋でおこなわれているものの中で、もっとも破壊的なもの）はもっとも格下の閣僚、すなわち水産大臣の責任下にある。これが海洋管理を困難にしている原因の一つだ。世界中至るところで、水産大臣は、水産業者のためになることをするという伝統的な役割を演じているにすぎない。ここまで読まれた読者は、こんな取り組み方ではうまくいくはずがないことがおわかりいただけたと思う。問題は次に何をするかだ。

ここからは私事になってしまうが、そうでもしないと話がややこしくなりすぎてしまうからだ。私の商売はジャーナリストだ。したがって、私の商売道具である頭の中では常に、知ったかぶりの専門家のご意見が聞こえてくる。しかし、どこかで始めなければならない。ある問題について、生涯考え続けてきた人たちのお知恵を無視するのは無謀というものだ(仮にそれが間違っていたとしても)。おそらく多少は学習もしただろう。ということでまず、本来は世界の漁業問題の解決を目的に掲げながら、それが実現できていない機関、つまりＦＡＯローマ支部の知恵を検証してみる。

ＦＡＯは、世界の漁場で魚が捕れなくなっていたのに、中国のねつ造データを信じ、漁業停止を命じなかったことで嘲笑された。あたりまえである。しかし、引き続き、まあまあ質のよい情報を集めているし、よい仕事もしている。責任ある漁業の行動規範を作ったし、違法、無規制、報告なしの漁業にどう対処するかについても立案している(民族国家は、ほとんど何もやっていない)。恥も外聞もない開発寄りのやり方ではあるが、ＦＡＯは真実を語っている。もっとも常に必ず正しいということではない。

ＦＡＯは現在、世界の漁場の七五％は完全に開発された状態／過度に漁獲された状態／著しい枯渇状態の、いずれかにあると警告している。これは、まさしく漁業を擁護する機関が、世界の魚資源は、われわれが何とかしない限り、永久に消滅してしまうと言うのと同じ迫力がある。西太平洋の中央と東インド洋が、資源がまだ乱獲されていない唯一の海洋だというＦＡＯの声明を、われわれはよく考えてみる必要がある。ＦＡＯが言っているのは、これらの海の魚の個体群は、他のすべての海に比べればまだ比較的健康だということではないだろうか？　国連の責任機関ともあろうものが、規則が他のどこよりも少ないこれらの海で、乱獲されていないからもっと漁業を発展させろなどと本当に提案しているのだろうか？　FAOは、正気の沙汰とは思えないほどの偏見をもって営利漁業の肩を持つ。このことを念頭に置きながら、以下を読み続けていただきたい。

持続不可能になってきている漁場には何か共通した傾向があるのだろうか？　あるとしたら、どう対処すればいいのか？　こうしたことを考察しようと決めたFAOは、二〇〇二年二月、世界で最も高名な漁業科学者とエコノミストをバンコクに招いた。少なくともタイ料理は美味しかったろう。議論は、スティーブン・カニングハムとジャン＝ジャック・マグワイヤーが書いた論文を中心におこなわれた。この論文は、最もFAOらしくない調子で警報をならしていた。これによると、FAOによる地球資源の現在の評価（すなわち、七五％は完全に開発されている／過度に漁獲されている／著しく枯渇している）は控えめすぎるというのだ。「ほとんど何も情報が得られていない魚の数を考慮すると……事態は、見かけ以上に悪化しているかもしれない」という。

こうした〝高邁な〟精神が到達した結論だが、読み進んでいくと、FAOならではの最悪の特徴が浮き彫りになった分析に出会う。出席したすべての専門家は、漁業の持続不可能性（醜いが必要な単語だ）を助長する要因は、ほぼすべての管轄権で類似していて、そうした圧力は次の六つのタイプにわけられるという意見で一致した。

不適切なインセンティブ——補助金などの経済的インセンティブ

限られた資源に対する高い需要——贅沢《ぜいたく》で、健康志向の流行食となったことが、漁価の高騰となって反映されている。

貧困と代替食料の欠如——南ジャワ海の一文無しの漁師同様、お金も仕事もないとなったら、自分の食料として魚をとり続けるだろう。これは、いろいろな問題の中でも最もむずかしい。

複雑さと不十分な知識――つまり、複雑な漁業に関する十分な科学的データ（例えば西アフリカの湧昇《ゆうしょう》）の欠如と、ややこしくて適切に理解できない法制度のことを意味すると専門家は言う。

ガバナンス（統治能力、管理制度のあり方）の欠如――これは古きよき国連の婉曲語法である。本当に意味するところは、腐敗、ごまかし、無能、規則を実施できないこと。

漁業部門と、その他の部門や環境との相互作用――相互作用という表現もまたＦＡＯの婉曲語法で、実際は、ものごとを台なしにすることを指す。まさに漁業にあてはまる。

狩猟の権威〔バンコクに集まった高名な漁業科学者やエコノミストのこと〕は、世界の問題に取り組むための新しいアイディアもリストアップしている。多少は平凡な提案もあるが、見出しを紹介し、私がそれを解釈してみる。

権利――ＦＡＯの専門家たちは、権利とか所有権授受というフェンスで公有地を囲むべきだというギャレット・ハーディン〔第9章〕の見解に立ち、漁獲の一部利用、あるいは漁場としてとられているスペースの一部使用に関して、「個人あるいは集団的資源使用者へ安定した権利」を割り当てるよう要求している。これは大きな変化である。これがどういう意味を持つかについては、次の章で論じる。

透明で参加型の管理――これはＥＵなど多くの場所では、現在は起こりえない。すでに先をいっている国も多少あり、例えばアイスランドだが、毎年おこなっている科学的トロール漁調査を、漁師にさせている。その結果、漁師は結論をより信じられるわけだ。

科学、計画立案、実施を援護する――これはちょっと凡庸である。

恩恵の配分――漁師が、所得税とは別に、漁場の持ち主（国民）に対して賃貸料を払うべきだという考え方で、おもしろい。ただし、これが有効なのは、利益が出る漁業に限られる。利益は、経済効率の高い方法で操業しなければ出ない（ちなみに、社会に恩恵をもたらす社会的効率とは無縁である)。これは、ある程度までは、漁業権を譲り渡すことのマイナス面を相殺できる大事な提案である。しかし、長い間には割り当てが、一握りの漁業資本に集中してしまう恐れがある。

一貫した政策――いわんとしていることは、各国は、例えば魚だけでなく海洋野生生物の保護など、持続可能性がかかわる全局面に向けた明白な目的を定めるべきだという意味だと思う。どうしてももっと端的に、海洋保護区を作ることだと言わないのだろうか?

予防的取り組み――国連の外交辞令でこのように表現しているが、言っていることは、世界中の漁業組織の大半がまだおこなっている「最大持続生産量」(MSY)を基準にして魚を捕るのを止めろということだと思う。こうした組織やその他の多くの漁場は、FAOのガイドラインに従って、総許容漁獲高を、史上最悪の気候や個体群の変動が降りかかっても魚資源が回復できるような水準で設定するべきである。

能力の増強と国民の認識を高める――必要だが、あたりまえである。

市場のインセンティブ――消費者が、買い求めようとしている魚の持続可能性を知ることができるようなラベル表示をしようというもので、悪くない考えだ。

バンコクに集まった権威たちはまた、ガバナンスについても名案を持っていた。まだ管理制度ができていない公海にも、そのような制度を創立するよう、強力に嘆願した。すでにあるところについては、制度/法/機関が、なすべき役割をきちんとこなせるよう、大幅な強化をするべきだとも提案した。個々の制度は、少なくとも魚資源を管理・保護するための明確な法的権限を授与されるべきで、漁師に保護政策や規制を遵守させるのに必要な政治的命令と強制力の両方を与えられるべきだ。つまり、漁業管理者の日常業務に、今日多くの国で見られるような政略的な取引の余地があってはならないということである。こうした提案を考えるとき、豊かな南の国は言うまでもなく、豊かな北の国でも、こうした制度を持っている国はそう多くは思い浮かばない。EUなどまったく持っていない。だから、これはなかなかの提案なのだ。

世界の魚を救うための最新案を早急に実現する方法としては、このまとめを凌《しの》ぐものはなかなかないだろう。しかし、私は二点、自分が世界を旅しながら観察したことを付け加えなければならない。

一つは、問題は多くの人が想像するよりずっと悪化していること、もう一つは、解決策はいっそうの議論を呼ぶという二点である。例えば、漁獲規制の目的で権利を授与する一方で、(次の章で判明するように)時間をかけてそれらを受け容れ、機能するように人々を説得しなければならない。

会議というものは、結論を読んだだけでは、雑談が聞こえてこない。つまり、要所要所での雰囲気がつかめないのだ。そこで、バンコク会議の参加者の一人、ジェイク・ライスと話してみた。ジェイクはカナダ人だ。ということは、漁業は、経済的だけでなく文化的な(つまり助成金が出る)活動だと思う一派である。ニューファンドランドのすべての港で生計を立てていこうとしている人たちの話になるとセンチメンタルになる。読者や私は、こうした人たちがどっぷりと補助金に浸かっていることを知っている。

ジェイクの話から私が感じ取ったのは、会議に集まった人たちは、タイ料理を食べ、タイビールを飲みながら、本当はFAOの報告書として書ける域を超えた結論に達してしまったのではないかという疑いである。ジェイクはこれを認め、こう言った。「結論には、大胆で無情な文章が見られなかっただろうが、それは、国連機関であるFAOは、テキストに(それがどういう意味であろうと)希望的な感じを入れなければならなかったからなのだ」。しかし、バンコクで到達した本当の結論は、持続可能な漁業という問題解決のためには、「経済、社会、生態系の三つが揃い踏みで両立することはない。一つは進んで犠牲にしなければならない」だったのである。

これが漁業を解決に導く方法に近いのだから、この提案をもう少し考えてみよう。以下が、ジェイクや同僚が考えていたことだと私が推しはかるものである。三つのオプションがある。

A　生態系的に健康で、経済的にも見合う漁業をおこなうことはできるが、スコットランド、イベリア半島、ニューファンドランド海岸一帯で漁業を文化活動として支援すること(助成金)は、あきらめる。

B　経済、社会の両面で機能する漁業をおこなうことができるが、生態系のことは忘れなければならない。もっとも、この選択肢は長続きしないだろう。ひとたび資源を採掘し始めたら、資源は数年で尽きてしまうからである。

C　生態系と社会にとってよい漁業をおこなうことができるが、経済的には見合わない。たぶん、観光や自然保護区において放牧者が支払われているような自然保護基金など他の方法でお金を稼ぐことはできる。

可能性があるのはAとCだけである。Bは長続きできない。私の見解は、沖合水域ではAに将来性がある。沿岸水域に関してはCに将来性がある。タイ料理と夕方のカクテルの合間に、FAOの人たちが本当に決定したことは、実のところかなり奥が深いと私は思う。絶えず拡大するテクノロジーの世界において「生命あるもの」はどんな意味を持っているのかという問いへの解答である。

奥深いかもしれないが、まったく独創的というわけではない。ジェイクのワークショップの金言(経済、社会、生態系の三つが揃い踏みで両立することはない。一つは進んで犠牲にしなければならない)は私に、ジョン・ポウプ(当時ローストフトの上席科学者で、その後一九九七年にタラ資源についてカナダに提言した科学者)が私に言ったことを思い出した。「経済と社会と生態系すべてを同時に最大化することはできない」。つまり、どれか一つは犠牲にならなければならないのだ。

では、この先、永久に魚を捕ろうというなら、どれを犠牲にしなければならないのだろうか？　私は、その解答は場所によって異なるのはほぼ確かだろうと思う。しかし、岸から一日以上航海しないと漁場に着かないほとんどの資本漁業では、何をあきらめるのかが私にはわかり始めてきた。世界中の原材料産業においてそうであったように、それは人である。

なぜ漁業は、鉱業や造船や農業と違わなければならないのか？　とくに、漁業が、われわれみんなのものであり、誰も破壊したくないと思っている世界を壊しているなら、なおさらである。出港地はなぜ特別扱いをされ、ぜひとも生き残らなければならないのだろうか？　要は、漁師の数が多すぎ、漁業技術が毎年進歩しているということなのだ。

ジェイク・ライスは、漁業の文化的側面を信じているから、沿岸地域社会には持続させなければならない何かがあると思っている。帰港地には、「現状のまま」保存しておかなければならないものがあると思っている。この見方は正しいかもしれない。しかし、スコットランド、イベリア、ニューファンドランドの盗賊政治を少しでも保存したいかどうか、私にはそれほどの確信はない。だから、私よりも共感的な魂を持っているジェイク自身に議論してもらおう。なぜなら、私宛てのEメールにおいて、私よりはるかに上手に、美しく論じたからである。

「私は酪農地帯で育った。数マイルごとに小さな集落があって、どの町にも飼料工場、ミルクプラント、近隣の農家のためのゼネラルストアがあった。今は、アグリビジネスが農家の九〇％以上を所有し、小さな町は過疎化しているか、一時間かけて都市に通勤したり買い物に行く人たちの高級住宅地になっている。豊かで味わい深い文化が失われたのに、誰一人まじろぎもしなかった。このような例は他にもたくさんある。ところが、どうしてなのか、まったくもって不思議だが、海岸地域の漁業社会は、独特な、神聖で不可侵なアイデンティティーを持っている。同じ傾向が、少なくともカナダ、アメリカ、イギリス、デンマーク、イベリアなどのヨーロッパの国でくりかえされている。どうしてなのか、自分にはわからない。おそらく音楽家やソングライターになって、もっと感動的なメッセージを伝えられたらよかったのだが……」

どうやらわかってきた、と私は思った。もはや途絶えてしまったが、家業が農家兼粉ひき屋だった者の息子だった私は、今やまったく異なる世界に住んでいると思っている。順応性さえあれば、私が若い頃していたように自分の手でキャベツの手入れをしなくても、職はたくさんある。昔には戻れない。ニューファンドランドのタラ資源の大崩壊に貢献したジェイクは、その過程で知恵を学んだはずなのに、どうしようもない老センチメンタリストで、世界がかつてそうであったように、漁師が好きなのだ。だが、多すぎる漁師の代償が、魚や驚異の海洋(それらについては、やっと理解が始まったばかりである)の破壊であるなら、センチメンタルでいる余裕などあるのだろうか?

新しい取り組み方が必要だ。間違ったことをすることに補助金を出すのを止めれば、人々は潔く、不満ながらもがまんするだろう。もはや船団も魚もいなくなったローストフトは、いま世界に旋風を巻き起こしている「ザ・ダークネス」という古めかしいグラムロックのバンドを生み、観光業が町に活気を取り戻してくれている。かつてわれわれは、鉱夫は補助金をもらうものと思いこんでいた。農家は今でも補助金をもらっている。だが、われわれは、それが恥ずかしい補助金だということを理解するようになった。もうすぐ、漁師に対する補助金についても、同じように考えるだろう。

しかし、理論はもうたくさんだ。そろそろ現実をチェックし、タラの保護を試みているところで、このような考え方がうまくいくかどうか確認してみるときが来ていると思う。

第13章　カウボーイの死

アイスランドの首都、レイキャビック。九月の終わり。クジラのフィヨルドという意味のクヴァルフィヨルズの上空は鉛色だ。秋風に運ばれてきた初雪が、ちらちら舞い落ちてきた。レイキャビックのウォーターフロントでは、この国最大の冷凍トロール船のひとつ、セルネイ号が、フィレに加工された冷凍アカウオやタラを水揚げしている。ダンボール箱にはアイスランド語、英語、スペイン語、日本語で書かれたラベルがはってある。漁業はアイスランド経済の根幹である。当然のことながら、株式市場は、毎年の魚資源評価を重要視する。タラ資源の評価は下がってないだろうか？　というわけである。

セルネイ号の共同船主のクリスチャン・ロフトソンが、アイスランドの裕福な人たちがよく乗り回している超大型ジープに私を乗せて、ドックに案内してくれた。クリスチャンは、『フィスキフレェッティル』紙（アイスランド版『フィッシング・ニュース』紙）の第一面を指して見せた。アイスランドのトロール船が重いエンジン音をたてて帰港している写真で、ブルーホワイティング（タラ科。ポタソウ、プタスダラともいう）を満載しているため、船の喫水は深く、潜水艦のように見える。写真を見ながらクリスチャンは、困ったものだとでも言うように頭を振った。アイスランドの評判に傷がつくと思っているのだ。実はアイスランド人は、自分たちは魚の保護について誰よりもよく理解している国民だと自認している。

そう思うのももっともで、アイスランド水域は、タラ資源が比較的豊かで、かつ数が増えている、世界でも数少ない水域なのである（もっとも、増えたと言っても、やっと増え始めたばかりだが）。数年間、政府は、割り当て枠を低く設定し、総選挙期間中はさんざん批判され、たたかれたが、よくこれを耐えてきた。最近、どの魚資源がもちこたえるかについての評価と、「卓越年級群」〔稚魚期の減耗が少なかったためなど、何らかの要因で、ある資源生物の加入量が極端に多い年級群のこと。宮城県漁業振興課水産用語集ウェブサイトより〕が来るという科学者の結論を得て、割り当て枠を三万トン増やすことに合意したばかりである。こうして許された漁獲の増加は、北海の産卵タラ資源の三分の二に相当する。ここアイスランドでは、銀行家のクリスマスボーナスとでも言おうか、タラの総許容漁獲量を二〇万九〇〇〇トンまで引き上げ、少人数ながら、割り当てをもらっている人を、さらに裕福にした。アイスランド経済への思いがけない波及効果は五二二〇万ポンド〔約一〇六億円〕になるだろう。人口三〇万人の国にしてみれば、かなりの大金である。キャッシュの注入は、すでに高い物価をさらに押し上げ、世界で最も裕福な国民としての順位も、さらに高まるかもしれない。

アイスランドが魚資源を管理できるのは、その地理的孤立のおかげだ。実際、温泉が出るシャワーを浴びながら硫黄のにおいをかぐときなど、ユニークな国だなあと思う。しかし、沿岸から二〇〇海里の水域に関してアイルランドが一方的な決定をできることは、必ずしもよい管理を生むとはいえない。最後の「タラ戦争」が終わる一九七六年〔海軍も持たないこの国が、タラ資源を乱獲したイギリスやドイツのトロール漁船を追い出した年〕から一九八四年にかけての歳月は、今では嫌な思い出にすぎない。

最後のタラ戦争の後、外国人がしていた乱獲は、アイスランド自身の冷凍トロール船団〔イギリスから持ってきたものもあった〕によって取って代わられたのである。二〇〇海里EEZを宣言した後、ニューファンドランドに起こったのと同じである。だが、こうした事態に対してアイスランドは、カナダよりも強い統制力を発揮した。経済の大半を漁業に頼っている国ならではの明確な目標を掲げた措置だった。よその国の場合は、他にも食べていく道があったし、漁業は社会的な関心にすぎなかった。

「アイスランド人は、漁業管理を間違えれば、一巻の終わりだということがわかっている」と言うのはアイスランド有数の新聞、『モルグンブラージズ』紙の水産記者、ヒョルトゥ・ギスラソンだ。一九九二年にタラ漁が禁止されたとき、ニューファンドランドに赴いた最初のヨーロッパ人ジャーナリストである。

簡単な道のりではなかった。アイスランドの海洋研究所は、毎年「ブルーブック」という本を出版している。真の収入源であるタラやハドックも含めて、クジラからエゾバイ貝に至るまで、アイスランド海域にいる、あらゆる種の資源状態を示したものだ。ブルーブックは、透明性と公表を最大の特徴としている。これを見ると、アイスランドにとって最も大切な魚であるタラは、かつては今よりずっと豊かにあったことがわかるだろう。一九五〇年代なかばに捕ってよい資源は二〇〇万トン以上で、産卵可能な資源は一〇〇万トンと推定されていた。一九八〇年から八三年にかけてと、九〇年代初めには、乱獲の結果、資源は惨憺《さんたん》たるありさまになった。その後、九〇年代末には、科学者が産卵魚資源の評価を過大評価したが、手遅れになる前に間違いを理解し、認めた。

アイスランドが、タラの割り当てを三〇万トンから一五万トンへと半減させると、不満が噴出したが、水産業界は強い覚悟で耐え忍び、よいときが来るのを期待した。三年の間に総選挙があったが、連立与党が勝ち、この決定は省や研究所でも固守された。現在、タラの数は再び増え始めている。アイスランドが、時期尚早に割り当て増加などしないことを願うばかりである。

ヨーロッパの他の海では、これとまったく対照的なことが起こっている。アイスランドでは漁師はどちらかといえば豊かである。アイスランドの漁師は、ヨーロッパの他の貧しい漁師たちのように、海には科学者がトロール船から見るよりも、もっとたくさんの魚がいるなどといつまでも文句を言っていない。その科学を受け容れる様は、まるで大手製薬株式会社が科学を受け容れるのと同じである。われわれはこのことから何かを学べないだろうか？　アイスランド以外の国の漁業関係者はさておき、他の分野であったら、科学的データを（解釈するのではなく）まともに疑う者を誰が信じるだろうか？　人は、科学を真剣に受け止めていない専門医に手術を頼むだろうか？　科学を真剣に受け止めない人の作った車を買うだろうか？　アイスランドの海洋研究所の所長のヨーハン・シグルヨンソンは言う。

「アイスランドはいまだに、おそらくヨーロッパで唯一の狩猟立国だ。資源に大きく頼っている。だから、アイスランド人は、科学にもとづく管理以外に道はないという原則を受け容れている。このことをとやかく言い合うこともあろうが、一日の終わりには同意がある。一般の人は、われわれの提言を支持している」

アイスランドの漁師が、魚を数える科学的プロセスに敬意を払う理由の一つは、漁師自身が資源調査に参加しているからだ。年に一度数日間、各トロール船は、レイキャビックのどこかにしまってあった一九八〇年代に使っていたような漁網を与えられ、それを使って調査漁業をする。調査結果は、海洋研究所の、錚々《そうそう》たる装置を備えた調査船三隻によるトロールグリッドの結果とともに毎年のトロール調査に利用される。

それでもやはり不平不満は聞こえてくる。一九八〇年代なかばに魚がいたところに今いないのは気候の変化のせいではないのかというのだ。これは的をいているのかもしれない。ホタテ貝の資源の崩壊を去年の夏の異常な暑さのせいにする者もいる。そうでないなら、ホタテ漁が浚渫《しゅんせつ》しすぎたことになる。南の暖かい海岸でしか捕れないはずのカスザメ／アンコウが、そこらじゅうで捕れた。若いハドック、セイス（タラの類）、カレイ・ヒラメ類、サバ、タラはすべて、海が暖かくなった九五年以降よく育っている。しかし、気候の変化は、アイスランド水域のタラの繁殖にとってはマイナスになるのではないかと心配する者もいる。タラの個体群がそれほど急速に増えないのは、そのせいかもしれない。タラのように最も研究が進んだ魚であってさえ、まだまだわからないことがたくさんある。

読者は、資源をかつての水準まで回復させるという目的がかけ声だけでないなら、アイスランドの海洋研究所の所長のシグルヨンソン博士やアイスランドの漁業大臣、アルニ・マッティエセンは、なぜ割り当て枠を低いままにしておかなかったのかと不思議に思うはずだ。資源回復にとって決定的に重要なのは、シグルヨンソン博士が言うところの「熟女」、すなわち成熟した、子を産める魚の増加である。私と話したとき、博士があまりにも悲観的だったので驚き、何か政治的な取引を強要されたのではないかという印象を受けた。

博士は言った。「資源は健全だ。大喜びしている人もいるだろう。しかし、われわれとしては、自分たちの求めるものが一〇〇%達成されない限り少しもうれしくない。いま提言しているのは、危機についてではなく、魚を捕るときの最適レベルについてだ」。博士の話を聞きながら、私は自分が疑い深いのだろうか、それとも、世界で最もよい漁場においてでさえ、資源保護が息切れしてくるのは、まさにこの時点だということを理解しつつあるのだろうかと考えた。なぜなら、がんばり抜いて、かつての豊かな水準まで資源を回復させたという事例が、ほとんどないからである。

ノルウェーの賢明な漁業科学者で、かつてブルゲン調査研究所の所長だったオッド・ナッケンは、七年前、私にこう言った。「痛みを伴う保護活動が始まったのは、ほんの二〇年前だ」。

シグルヨンソン博士は、漁師はいまだに「熟女」になる前のタラを捕っていると言うだろう。捕獲されたタラの大半は六歳魚だった。アイスランド付近のタラは五歳になって、やっと産卵し始める。博士は、タラの割り当ては、七、八歳、いや九歳以上のタラに対して与えるようにしてほしいと言う。九歳のタラの重さは五キロほどだ。だから同じ重量を漁獲しても、より少ない数ですむわけだ。自然はタラにより長い間産卵できるようにと二〇余年の寿命と、九〇キロの体重を与えた。タラの「熟女」たちは六週間もの長期間に渡って卵を産み続ける。「熟女」のタラの産んだ卵は、小型タラの卵よりも健康で強いから、生き残りのための最適水温と出会うまで、耐えられるチャンスも高い。若いタラが元気でいるためには、たくさんのえさが必要だ。シグルヨンソン博士には、成魚のタラを保護するための閉鎖区域を計画している。博士は、われわれが現在見ているタラの回復は、タラより価値が高いプローンを犠牲にして達成できたものだという。

私は、政治家と科学者が断固たる決断を委託されている制度にあってさえ、責任ある漁業と過度な漁獲との間の境界線が非常にか細いことを知って驚いた。現在の気候変動やタラの基本的資源量(おそらく五〇年前のバイオマスの四分の一)を考慮すると、断固たる決断を下すのは非常にむずかしいことだろう。このように世界で最もうまく管理されている漁場においてすら、タラ、ハドック、セイス、カレイ・ヒラメ類の回復はどちらかといえば暫定的で、変数は大きく、持続可能性についての確実性は低い。

心配はさておき、アイスランド方式では、他の水域に比べて、予防、罰則がより強化されているうえに、水域の閉鎖が柔軟におこなわれていて、若魚が網にかかる割合が多くなると、すぐに閉鎖してしまう。こうした特別な予防措置は、戒めでもあるかのように、法律に書き込まれている。一九九五年以来、タラの総許容漁獲量は、各年の産卵可能資源の二五％以下と定められている。これと対照的に、九〇年代の北海では、成魚のほぼ一〇〇％(と多少の若い魚)が殺されてしまった。北海にはタラはほとんど残っていなかったと聞いても驚かないだろう。

アイスランド方式に組み込まれたもう一つの称賛すべき予防措置は、万一、科学者側に間違いがあった場合も想定して、年間総許容漁獲量の増加を、どんな場合でも三万トンという絶対数以下に抑えてある点である。

これ以外にも、アイスランド方式にはたくさんの優れた点がある。一九八四年以来のアイスランド水産業の経済的成功の土台となったのが、当時として は革命的だった権利ベースの漁獲量割り当て制度の導入だ。これは、言ってみれば、漁師が魚資源の健全性に対して長期的な投資をしたようなものである。FAOのお偉方が、いま最善の漁業管理方法だとして勧めているのが、これである。

アイスランド方式では、個人が割り当てを売買できる。「譲渡可能個別割り当て制度」(individual transferable quota　ITQ制度)という名前で、これは成功の要因であると同時に、議論の的でもあった(名前に驚くことはない。この変形は、世界中にある。つまり割り当て枠は、売らない限り永久にその人が所有しているということなのだから)。

新しいシステムではよくあることだが、この場合にも勝ち組と負け組が出た。一部の人に問題点として認識されているのが、最終的には割り当てが大企業の手に集中しがちな点である。システムをうまく活用した者が、値上がりした割り当てで儲けたのも事実だ。ひとつかみの人たちは国を離れ、今ではフロリダやガーンジー島〔イギリス海峡にある島〕から携帯電話で割り当てを売買している。もちろん魚など捕っていない。他方、必要とするだけの割り当てを買い遅れた、あるいは借金〔担保に入っているなど〕があった沿岸コミュニティは、結局トロール漁の割り当てを売らざるをえなかった(沿岸水域では、賢明な漁獲努力規制をベースにした別の管理体制がある。要するに、洋上にいる時間の制限だ。ただし論争の余地はある)。

割り当てを売買できるITQ制度は、沖合二〇キロあたりの海で操業する大型の冷凍トロール船に非常に人気がある。冷凍トロール漁師は、ITQ制度は漁師の考え方を変えたと言うだろう。

アイスランドの譲渡可能個別割り当て制度は、ニュージーランドのような絶対的な所有権ではなく、予想できる将来の特定期間、科学的なアドバイスに従って定めた特定比率の資源を捕る権利である。これにより、誰かに捕られる前に、先に魚を捕ってしまおうとする競争がなくなったと漁師は言う。したがって、漁師が、このところ魚価が安いから、捕らないでおこうとする可能性が高くなった。長期的にはそのほうが自分たちの利益になると確信しているからである。アルニ・マッティエセンが私に言ったように、「割り当てを所有権のように言う者もいる。こういう人たちは、明日も昨日と同じようにたくさん魚が捕れるだろうと思う人たちだ。長期的に見た場合、これは問題だ」。

アイスランド漁業船主連盟の会長のフリズリク・アルングリムソンが私にこう言った。「ＩＴＱ制度が導入されてからというもの、考え方がすっかり変わってしまった。量については、もうそれほど考えない。われわれが考えるのは価値のことだ。かつて八〇トン捕った船長が、得意そうに漁獲を私に見せてくれた。だが、船長は言わなかったが、そのタラはよじれたり傷ついたりしていて、本当は何の価値もなかった」。最高の経済効率で魚を捕る漁師は、より少なく捕り、より少なく燃料を消費し、底引きなどもあまりしない。

天気のよし悪しに関係なく、特定の量だけ漁をする権利を持つということは、漁師の考え方を変えただけでなく、漁法まで変えた。セルネイ号を所有するグランディ船団の管理者のルーナル・アルナソンによると、漁業とは、もはやできるだけたくさん捕ろうと突っ走るものではなく、質のよい魚を捕り、できるだけ高く売るというものになっている。

カレイ・ヒラメ類からサバに至るまで、アイスランドの主要魚種一六種はＩＴＱ制度の管理下にある。アイスランド方式は、いろいろな漁業が混在する北海や西アフリカ沿岸ではうまくいかないだろうと言うヨーロッパ人もいるが、こういう人たちは、何もわかっていない。規則は、漁業局長、政府機関、沿岸警備隊によって厳格に実施されるのである。実際、ＩＴＱ制度の重要なメリットの一つが、他の漁師が規則を遵守しているかどうか互いに監視し合うことにインセンティブがあることだ。魚資源が減少し、所有する割り当ての価値が下がったら、損をするのは自分たちなのである。「黒い水揚げ」もある。だが、ＥＵに比べるとはるかに少ない。おそらくタラ漁獲量の三％以下だろう。

この制度の生死を決めるのが、厳格な規則とその実行である。規則では、漁獲はすべて水揚げしなければならない（ＥＵでおこなっているように、規定サイズ以下の若い魚を捨てたりしてはいけない）。投棄は禁じられている。網目サイズに関する規則は、若魚が捕られないことを念頭において作られている。アイスランド水域も、いろいろな魚が混在する漁場であることには変わりない。だから必ずしも漁師が捕りたい魚だけが網にかかっているわけではない。したがって、この制度には多少の柔軟性を持たせてある。

網にかかってしまった魚種に対する割り当て枠を持っていなかった場合、誰かからその魚種の割り当てを買って合法的な水揚げにすることができるのだ。あるいは、自分が所有するタラの割り当てを、例えばカスザメ／アンコウの割り当てと交換することもできる。しかし、タラをもっと捕るためにカスザメ／アンコウの割り当てを使うことはできない。タラが枠以上に捕れてしまったのに、割り当てを売ってくれる人がいないときでも、水揚げは許されている。ただし、捕り過ぎた分の魚価の八〇％は海洋調査研究所にいく。

この制度を支えているのは、どこよりも厳しい罰金だ。規則を破った船長は、本当に漁ができなくなるリスクがある。免許が一時的あるいは永久に剝奪されるなど、深刻な経済的な結果が待っている。重大な違反の場合、船長が刑務所行きになることもある。

ＩＴＱ制度の支持者は、これがいかに漁業心理を変え、漁業投資を変容させたか、その長所を伝え広めている。

「全世界がこの方向をめざしている」と言うのは、アイスランド大学（レイキャビック）の経済学教授、ラグナ・アルナソンだ。「人は、所有権を持つと、それに気を配る」。最も成功したと思われるもの、すなわち、世界で最も安定して持続可能な漁業（ニュージーランドのホキ〔タラ目〕、オーストラリアのロックロブスター、アラスカのギンダラ、オヒョウ、ある程度のポロック）は今やこれを基礎にして運営されている。おそらく、アルナソン教授は正しいのだろう。

レイキャビックのホテル・ホルトで、ラグナ・アルナソン教授とその友人で大西洋サケ保護の最大のキャンペーン活動をしているオルリ・ヴィグフースソンと会食した。私が、この制度を見直しできるかどうか聞いてみると、ラグナは、権利を持っている人は制度を支持・擁護するだろうと言う。だが、魚を捕る権利は、土地の所有権と同じなのだろうか？

アイスランドの漁師は今でもローンの利子を払い、経済学者が言うところの手形割引率に支配されている。つまり、明日銀行の口座にお金を持っているほうが、一年後に持っているよりよいのだ。

私はしだいに、所有権は海に残った魚に価値を与える唯一のシステムだというラグナの主張に説得されかかっていたが、あえて反対の立場をとって、世界には、権利ではなく、共有地の管理原則にもとづいて管理されている漁業で成功しているものもあるのではないかというアンチテーゼ的な質問をしてみた。オルリは、私が三つの例を考えつくまで、ゆっくり待ってくれた。私はこの三例とアイスランド方式とを一〇点満点で採点してみることに決めた。

例1　北海のニシン

一九六〇年代から七〇年代にかけての北海のニシンの歴史を顧みると、まず頭に浮かぶのが、今日のゴールドラッシュ的なブルーホワイティング〔タラ科〕漁だ。流し網を使うイギリスやオランダの伝統的なニシン漁法は、第二次世界大戦後まもなく終焉した。産卵するニシンが集まったところをターゲットにした底引きトロール漁船は、国際的な捕り放題漁業の破壊兵器だった。ノルウェー、アイスランド、ブルガリア、ポーランド、東ドイツの漁船が六海里の制限水域の外側で海底をひっかき回した。一九七三年、イギリスは欧州共同市場に参加し、初めて北海全域を共同市場とノルウェーの管理下に置くようにした。しかしそれでも、ニシン漁をする者全員の合意を取りつけるのは不可能だった。

一九七七年、資源は崩壊し、漁場は閉鎖された。翌年、もっとずっと小さな西スコットランドのニシン漁場まで閉鎖された。八一年、一部回復が見られたため漁場は再開した。以上は、総許容漁獲量制度が支配した最初のケースだった。ところが、七七年から八一年にかけての閉鎖の間に、イギリスのニシン市場のほうが破壊された。消費者が、他の魚を食べることに慣れてしまったのである。だが、東ヨーロッパでは事情は違った。だから、ヨーロッパから買った免許で操業する漁船団をひき連れたロシアの巨大工場船(クロンダイカーと呼ばれている)は、まだニシンを捕っていた。スコットランド、デンマーク、ノルウェーの浮魚漁船団も同様だった。

一九九六年、ニシンは再び危機に見舞われた。割り当ての五〇%削減が合意され、実施された。なぜなら、先の資源の崩壊が、まだ人々の脳裏に生々しく残っていたからである。五〇%削減は、うまく作動したようである。浮魚部門は、EUの数少ない成功例だ。浮魚漁船団は、高度に装備された少数の船からなり、比較的よく統制がとられているようである。魚資源は健康だ。もっとも、かつてのような豊穣さはない。

一〇点満点の評価　五点。これはニシンについての採点であって、EUの共有漁業政策／盗賊政治全体に対する評価ではない。

例2　バレンツ海のタラ

ノルウェーとロシアがバレンツ海で共有しているタラ資源は、地球上に残された最大のタラ資源である。ノルウェー北西に飛び石のようにあるロフォテン諸島〔ノルウェー。オーロラ観測でも知られている〕は、北極圏内にあり、大西洋にまで脚を伸ばしている。ロフォテンにはいたるところに、干ダラやフリーザーの中で乾燥させた干し魚を潮風で乾かす棚がある。

一〇〇〇年前と同じやり方をしている。バレンツ海の莫大なタラ資源は、中世のハンザ同盟との交易を介して、ヨーロッパ全域の食を支えたが、今は多少減っている。二〇〇三年にノルウェーとロシアが取り決めた総割り当て高は約四四万トンだったが、一九七〇年代のバレンツ海は年間九〇万トンの漁獲量があったことを思い出すべきである。

最近は資源が減っているが、一九八〇年代なかばのときほどのひどさではない。あのときは、タッチの差で大惨事になるのをかわすことができた。八六年と八七年には、ノルウェーのサケ養殖場のフィッシュミール(すり身)用にとカラフトシシャモが乱獲されたせいで、えさ不足に陥ったタラは子ダラをえさとして食べてしまった。科学的な予測とは異なり、タラの資源量は増えなかった。そして強気な予測を続けていた一〇年の間に、資源は急減していった。八九年になると、タラの資源状態は悲惨なものになっていて、オッド・ナッケンをリーダーとする科学者が思い切った割り当て枠の削減を提言した。漁師側からは反対があったが、漁業大臣のオッドゥルン・ペッテルセン(ノルウェーで最も漁業依存度の高いフィンマルク州出身)は断固としてカラフトシシャモ漁を禁じた。タラの割り当ても二〇万トンにまで減らし、それをロシアとノルウェーでわけあった。ノルウェーは初めて、漁をしない漁師に補助金を投じた。漁船の借入金の利子を払ったのである。

私がロフォテン諸島を訪ねた一九九六年になると、タラは増えていた。私はベルゲンでオッド・ナッケンと会って飲んだ。ナッケンは浮かない様子だった。ノルウェーはEUと違って、総許容漁獲量・割り当て制度をしいている。ノルウェーとロシアの大臣は、その年のタラの総許容漁獲量を八五万トンとすることで合意したが、ナッケンは「それでは多すぎる」と言い、パイプを吹かした。約一〇万トン多すぎるのだという。これで証明されたのは、要するにノルウェーの補助金は漁船を一時予備役にさせていたが、それがまた前線に戻ってきたにすぎないということだ。過大な船団規模を削りもせず、漁師が漁をしないことに対して金を与える……これは問題の先送りであって、解決策ではない。そのとき以来、タラは憂慮されるレベルまで急減してきた。

ノルウェーの漁師は、ロシアの漁師が、自国の非常に厳しい規則を逃れるため、総許容漁獲量および割り当てを欺いているのではないかと疑っているそうだ。そのノルウェーも、現在誰でも捕り放題になっている水域でブルーホワイティングを捕っているが、これは言ってみれば、補助金を受けた漁獲能力を輸出しているようなものである。ノルウェーの昨年度の〝殺戮シェア〟は七〇万トンだった。ノルウェーでは、ITQ制度のほうが望ましいという声が高まっているが、政府は乗り気でない。なぜなら、北部の沿岸漁業市町村に対する政府の支援政策と矛盾するからである。

過去一〇年に対する採点　当初は一〇点満点中の九点だが、その後間違った方向に行ったことで六をマイナスする。要するに三点。

例3　フェロー諸島のタラ

フェロー諸島〔アイスランドとシェットランド諸島の間にある。デンマーク領〕のタラ資源は健全である。スコットランドのスクラブスター港で、丸々したフェロータラを詰めた箱を水揚げしているスコットランド人の漁師の顔を見せてあげたい。アイスランド同様、気候的な理由から、数は増えているように見える。フェロー諸島の漁師は、トロール漁はせず、伝統的に延縄やジギングという、釣り糸の先につけた銀色のルアーをぐいっ、ぐいっと上下に引いた技術で捕る。現在、ジギングの動きはエレクトロニクスを使っておこなう。沿岸漁業用の高速船の船側にこの装置を数機取りつけ、より軽く、より効率よい殺しのテクニックを備えるようになった。フェロー諸島のタラの生産量はここ何年間も、年間三万～四万トンと安定している。ただし、一九九三～九八年は悲惨な年で、漁獲量は六〇〇〇トンまで減ってしまった。なぜそうなったかの満足な説明がないうちに、また回復して捕れるようになった。ちなみに、そのときまで、政府予算全体の二〇%が漁業補助金に費やされていたが、それ以来、漁業補助金はなくなった。

フェロー諸島は、漁獲努力規制をしいている。この制度下では、各漁船は、洋上にいられる日数について割り当て枠をもらう。アイスランド同様、タラの産卵魚集団を保護するために閉鎖区域を設けている。割り当ては分割され、委員会が各漁船の操業日数を決める。興味深いことに、フェロー諸島の漁民はかつてITQ制度を持たされていたことがある。デンマークが、自分のところのタラの資源が崩壊した後で押しつけてきたものだったが、漁師の支持を得られず、結局機能しなかった。再考し、水産業界が選択したのは操業に費やす時間の規制だった。

現在は機能しているが、レナル・アーナソンらエコノミストは、この制度は経済効果が低いと言う。実は、それももっともなのだ。漁船は、一年の半分、港に居座っているからである。この制度は、フェロー諸島周辺の特定水域では、漁船の大きさや漁具の種類を規制している。割り当て日数内に捕った魚はすべて水揚げして合法的に売ることができる。だが、いつもの問題がある。常に規制で縛りきれない側面があって、それはソナーかもしれないし、装備かもしれない。漁船の馬力かもしれない。漁師も人間だから、これらをより強力にしたいと思うのだ。おもしろいことに、フェロー議会は「テクノロジカルクリープ」つまり、一年間の漁具、船、ソナーの技術的改善の相殺制度を導入している。テクノロジーを装備すると、年間二%の割合で出漁日数が減らされる〔テクノロジカルクリープとは科学導入による漁獲能力の継続的増強。*Dictionary of Ichthyology* より〕。

フェローの制度で唯一明らかに間違っているのは、捕獲を許しているタラの量(タラの年間総バイオマスの三三%)である。これについては、ICESはもとよりフェロー諸島自身の漁業研究所の科学者も多すぎると言う。フェロー議会は、自分たちが雇った科学者の意見をより好むが、ICESは、フェロー諸島は資源の評価に対して、もっと慎重な取り組み方をするべきだと言っている。タラ資源が増え続けている間は圧力をはねのけることはできるだろうが、明らかに気候のおかげにすぎないから、気候要因が変化したら、あっという間に窮地に陥るだろう。

採点　一〇点満点で六点

大西洋サケ

以上、共有海での管理がある程度成功した漁業を三つ見てきたが、ぜひもう一つ付け加えたいのが、オルリ・ヴィグフースソンによる大西洋サケ流し網の買い占めである。買い占め水域は、グリーンランド、フェロー諸島、東北イングランド、そして今ではアイルランドの一部も含む。この買収は、共有海での漁業であろうと、権利ベースの漁業であろうと、さらにはスポーツ釣りであろうと、営利漁業であろうと、漁業のいかなる区分をも超越してなされている。

私は、解決方法は常に〔トップダウンでなく〕水平思考から生まれることに気がついた。一九八〇年代、太平洋サケが減少したのを知った釣り人は、回遊魚が直面するものすごい数の脅威について考えるようになった。サケが生息する河川の劣化、密漁、河口に仕掛けた網、わけても扱いがむずかしいのが、毎年グリーンランドでえさを食べるために公海を回遊するサケへの投網である。

アイスランドのウオッカ工場の持ち主であるオルリはたった一人で、この最大かつ最もむずかしい問題に取り組んだ。一心不乱に北大西洋サケ基金という組織を設立し、ヨーロッパ中の川釣り漁船の所有者に、「営利漁獲能力の買い占め」という方法で自分たちの財産を守ろうと呼びかけた。グリーンランドのイヌイットの漁師は、サケ流し網ではたいして稼いでいなかったにもかかわらず、この流し網が数百トンのサケがヨーロッパや北米の川に戻り、スポーツ釣りの権利を持っている人たちの相当額の収入になるのを妨げていた。グリーンランドの漁師は、自分たちの漁業組合から、もっと儲かる漁業にきりかえるための資金として、お金やグラント〔お金、特典、保護、ひいきなど）をもらえて幸せだった。

別の組織になっているフェロー島民による漁師との取引がこれに続き、ついで、二〇〇三年には、イングランド北東海岸沖の六八件の流し網のうちの五二件との買収取引（漁師側にとっては三〇〇万ポンド〔約六億円〕に相当）が成立した。フェロー諸島の流し網買収の後、アイスランドのオルリの川を遡上するサケの数は増えた。たまたま、スコットランドとイングランドの境界を走るツイード川は、買い占め後、一九六〇年代以来の好漁年を迎えた。こうした取引の鍵となるものは、オルリと支援者たちが、共有海にすらあった民間の所有権と交渉したことだったように思われる。イングランド北東部のように、まず法律を実際に変えて、営利漁師にきちんとした権利を持たせ、それから買い占めに取りかかった場合もあった。

採点　九点

アイスランドを比較する

ラグナ・アルナソン、オルリ・ヴィグフースソン、私の三人で、フェロー諸島やノルウェーに比べると、アイスランドはどのように評価できるか比較することにした。が、その前に、われわれはアイスランド方式のマイナス面について討議した。この点について、私はすでに野党の政治家と議論をし続けてきた。割り当て配分の決定方法ゆえに、アイスランドの政界におけるアイスランド方式に対する支持は、外から見るより弱い。小党のレフトグリーン同盟の国会議員、コルブルン・ハルドルスドッティルは、この問題を次のように端的に述べている。

割り当てが与えられたとき、それはプレゼントだった。そのうち、それが価値を持つようになった。大企業は小企業から割り当てを買った。その結果、小さな村の港には魚が水揚げされなくなった。漁民は村を出て小さな町に移動せざるをえなくなった。ガーンジーに住みながら、漁業にではなく、レイキャビックのショッピングモール建設に金をつぎ込んでいる大金持ちを見るとわれわれは腹が立ってならない。持続可能な開発とは、多額の金を一カ所に集めることではない。われわれは、企業のこうしたまとまった資金へのアクセス能力を減じなければならない。そのような計画はうまくいかないだけでなく、それが社会に不均衡を生み出すということを認識させなければならない。

レフトグリーン同盟は、割り当てを企業にとられず、地域社会につなぎとめておけるようにと、過去二〇年の間、ＩＴＱ制度の再構築方法を考え続けて来た。いずれの側からもその創意工夫は評価されている。だが、本質的には、「やはりこれも権利ベースなのである」。

その他の野党は、フェロー方式〔漁獲努力規制〕を解決策と見ている。リベラル党という小党を代表する国会議員のマグノス・ソール・ハフスティンソンは私にこう言った。「ここにあるのはすべて人間的な要因だ。魚に依存する小さな地域社会は敗戦色が濃い」。以前船長だったリベラル党国会議員のグズヨン・クリスチャンソンも言う。

「勝者はいつも勝ち、小さい者はいつも負ける。漁師は割り当てを売ることはできるが、しかし買えるのは大企業だけだ」

ハフスティンソンの指摘によると、割り当てを譲渡可能にしたねらいは船団の縮小だったのに、大型トロール漁船の減船数は思ったほどではない。この指摘は的をいている。実際、免許を持った漁船の数は一九八四年以来ほぼ半減し、船団総トン数も減ったのに、船団の縮小は、アイスランド水域内の漁獲努力減少の結果として期待されていたものよりはるかに小さかった。理由は簡単だ。アイスランドの大型で超高効率な七〇メートル級のトロール漁船団の多くは、アイスランド水域だけでなく、事実上何の制限のない漁場でアカウオやブルーホワイティングなどの魚種を捕っているからだ。沿岸漁業国だったアイスランドは、いつのまにか公海の〝海賊漁業国〟になっていた。まだスペインほどまでにはなっていないが、昔とはタイプの違う漁業国になってしまった。そこでリベラル党は、漁獲努力規制の方向に行きたい。漁獲努力を小型漁船の間でわけあう比率を高めていきたい。

これはみなに受けのよいメッセージであり、アイスランドにおいては、当初からの計画ではなく、結果として起こったものだが、これによりＩＴＱ制度全体が浸食される恐れがある。どういうことかというと、さかのぼって一九八三年、譲渡可能な割り当てが分配されたとき、当時の政治家は、沿岸の何百隻という零細漁船主には捕り放題の漁業を許容することで平和を買った。その漁獲高は、もともと三％程度だったが、なぜかどんどん増えてきた。つまり沿岸漁船のサイズを規制する一連の規則が逆効果を生んでいることがわかった。理由は、漁船が技術革新に走ったからである。漁師は大型船を売り、より高速で移動できる小型船を買い、最先端を行く馬力の強いエンジン、エレクトロニクスのタラ選別機といった漁具や仕掛けを取りつけた。今や、沿岸漁船の漁獲は、割り当ての二五％以上を捕っている。常に、捕ってよいとされている以上を捕っているが、沿岸漁師を代表する穏和な大男、アルンソール・ボーガソンにしてみたら二五％でもまだ足りないようだ。

アルンソールは感じがよく、明らかに環境保護派だが、二五％以上を望んでいる。レイキャビックの最高のホテルでランチをごちそうになりながら話を聞いているうちに、私は危うく、もっと与えられて当然だと確信しそうになった。だが、残念ながら、ジャーナリストの仕事は、飼い主の手に嚙みつくことだ。そして、もしアイスランドの制度でコントロールできない部分があるとしたら、私は、それはアルンソールのところだと書かなければならない。沿岸漁師はどん欲になってしまい、制度の持続可能性をいつのまにか傷つけている。沿岸漁船は最も品質の高い魚を生産し〔魚をいためずに漁獲し〕、その日のうちに水揚げする能力がある。しかし、漁獲努力を規制する制度には、できるだけタラを捕り、適切な氷詰めをする間もあらばこそ、急いで持ち帰ろうという誘惑が内蔵されている。

アイスランドは、競い合う漁業管理理論のるつぼだ。だからこそ、私もこの国に取材に来ているのである。どのシステムが一番よいのだろう?

現実的な資料から判断すると、譲渡可能な権利のほうが、努力規制より頭一つ抜きんでていると結論づけなければならないだろうと思う。なぜなら、前者のほうが、海に残された魚の価値を高めるからだ。権利制度がうまく機能すれば、漁師は、資源を保全することで財政的な利益を得ることができる。また、権利を持つ漁師は、規則を破る漁師を報告したり、もっと配慮のゆき届いた別の方法で魚を捕ることで利益を得る。

政治的な言い方をすれば、嘆願者より所有者の多い選挙区を持っている政治家は、自然保全の責任を企業に転嫁できる。これは悪い考えではない。なぜなら、政治家は、魚資源の保全という義務に関する限り、いたるところで失敗しているからだ。権利ベースの制度は、国が望まない国庫負担を肩代わりし、それを市場に転嫁する。権利ベースの制度がうまくいかないケース(例えば、フェロー諸島で起こったように、漁師が課された方法を嫌うなど)は簡単に考えつく。権利は漁業にまつわるいろいろな病気の万能薬ではない。その一方で、最近、ニュージーランドの民間企業が水産大臣に割り当ての削減を陳情した。権利ベースの制度下以外、どこでこのようなことが起こりうるだろうか?

割り当て方式とは対照的に、漁獲努力規制方式は、与えられた時間内にできるだけ魚を捕ってしまおうという気を起こさせる。さらには、テクノロジー主義をも増長させる。ラグナ・アルナソンはこう言っている。

「努力規制がうまくいかないのは、漁獲努力にはたくさんの変数があるからだ。努力規制には、漁師の自主抑制や法律などによる抑制が及ばない部分が常にある」

かつて、アイスランドでは、沿岸漁業は、大企業ではなく、小規模な事業主によっておこなわれていた。古きよき漁業への望郷の念が押し寄せる一方で、生態系全体が破壊される前にアイスランドが取り組まなければならない問題が現在のどん欲なハイテク沿岸漁船団だ。現状を擁護するため、私はジャーナリストのフォルトゥル・ギスラソンの言葉に思いを託す。

「みんなシステムに固執し過ぎている。小型漁船は遠くまで行けないし、天気の悪い日には出漁できない。洋上日数が割り当てで制限されているから、ひとたび海に出たら、できるだけたくさん捕ろうとする。そうなると、毎日が捕り過ぎで、魚の質は低下する。問題は、誰にでも十分な魚がいるわけではないということである。漁場にいる魚の数は限られている」

アイスランドのITQを採点すると　八点。 割り当て配分方法や、船団の規模の抑制ができなかったことや、沿岸の努力規制部門を伸ばせなかったことから、私にはまだ懸念が残っている。

ここまでアイスランドについて述べてきたが、その他の国ではどうなのだろう？　私はラグナ・アルナソンに聞いてみた。ITQ制度はアイスランドであったような(大企業と小型漁船主というような)社会的な分断をどうしても生じさせるのだろうか？

フォルトゥル・ギスラソンが言うところの、二〇年間「フロリダで腹を焼いている」二、三匹の太った猫を見る限り、海の所有権制度にとってはマイナスのイメージである。アルナソン教授は一九八四年の割り当ての分配からくる富の不公平については気楽なかまえでいた。

「新しい富は、恩恵の分配方法についてのいさかいなしには作ることができない。これは人間の基本的な特質なのだ。ITQ制度は経済全般を大きくする。だから、たくさんの人が恩恵を受けるだろう。資源を使ううえで、生物学的、経済学的に最も効率のよい方法だ。貧困は解決しないが、いったい貧困を解決できる産業などあるのだろうか？」

ひとたび割り当てが利益を生むようになったら、経済の他の分野と同じように課税され、歳入は、貧者や持たざる者を助けるプログラムのために使われる。アイスランドは「地代」を導入しようとしているのである。二〇〇四年には、ＩＴＱ制度保有者は課税される。

アルナソンの答えは、私が予見する問題としっかり向き合ってはいない。そこで、問題を別の表現でしてみた。ＩＴＱ制度がセネガルなどで引き起こすであろう不平等（漁師以外の人にとって、餓死を意味する）に気がとがめないのか？　教授の答えは次のようなものだった……。

「公平さに関する問題はすべて、初めのうちは解決できる。誰に割り当てを与えるか、誰に資格があるかなど選ぶことができるからだ。ＩＴＱのシステムそのものは中立だ。割り当て権の最初の分配で、どんなふうにでも、望み通りに恩恵を分配できる。不平等感があるとしたら、それは制度のせいではなく、実行の方法のせいということになる」

アルナソンは、割り当てを協同組合や浜に与えることもできると言う。もっとも、経済的効果が失われることは避けられない。何かの理由でそれが無理なら、割当所有者である企業に課税し、その税で貧しい人に社会保障制度を提供したり、もっと技能を求められる仕事につけるよう研修をさせることができる。漁業界から期待できるのはそこまでで、いつだって貧しい者はいるのである。

アラスカでは、かつてオヒョウ漁に漁獲努力規制をしいていた時期があった。年間割り当て枠が二四時間で使い切られてしまうこともあったが、現在は、権利ベースの制度下にあり、一年中低レベルでの操業が許されている。こちらのほうがずっと利益を生み、質のよいオヒョウが生産でき、無駄に殺してしまう魚も少なくてすむ。それに「腹を焼く」（格差）問題もそつなく回避できる。割り当てをもらうには漁船の持ち主でなければならない。だから操業時は本人が船に乗っていなければならない。したければ自分の腹を焼くことはできるが、一年の大半をベーリング海やアラスカ湾で過ごしているから、フロリダでゆっくり日焼けしている時間など、それほどないだろう。免許を持った漁船についても厳しい制限があって、ハイテク装備がむずかしくなっている。

漁師に魚資源に対する権限を与えることは、資源保全にとってメリットがあるのは明らかだ。にもかかわらず、環境団体は根深い疑いを抱いている。まったく皮肉なことだが、資本主義の要塞であるアメリカで、世界中で起きた共有所有の完敗を知らないのではないかと思われる人たちによって、共有所有権の一大防衛計画が進行中である。二つの環境団体のトップに座っているあの著名なダニエル・ポーリー博士ですら漁業権の譲渡には反対している。理由は、一般の人々の財産で、すでに国民という持ち主がいるからだと言う。ポーリーは、その代わりに割り当てを毎年競売にかけ、一番高値の人に落とすのがいいと言う。だが私はどうしても、それは、与えられた時間内にできるだけ魚を捕ってしまおうとする努力規制のもとで起こるのと同じ競争につながってしまうのではないかと思えてならない。だが、博士と私の意見が違うのは、その一点だけである。

私の見解は、どちらかというとラシッド・スマイラに近い。スマイラはブリティッシュ・コロンビア大学のダニエル・ポーリー漁業研究所の漁業エコノミストだが、なぜ海の所有権(資産)が、土地のように個人資産として管理されてはいけないのかわからないという。多くの司法管轄圏において、土地の所有権には権利と責任がそれぞれ独特の配合でミックスされている。イギリスの法律下では、土地は所有できるが、それに対する責任も持たなければならない。土地所有者は、自分の土地を汚してはならないし、事業をするなら、あらゆる環境法や指示に従わなければならない。イギリスの法律では、私有地であっても、一般の人はそこをまっとうに通行する権利がある。実際、塀などに踏み越し段をつけたり、通行権を阻止するような生垣を刈りこんだり、めずらしい種が登録されている地域でそれを保護することは、所有という特典に伴う責任なのである。土地の所有者は、公衆になり代わって、公共財産の使用料として、課税されるかもしれない。

実利主義者のスマイラは、権利を持たせることで漁業が改善するかどうかが試されていると言う。ノルウェーでは、問題は取り締まりと信頼と適切な実施である。実施が利益につながるような所有権を漁師に持たせれば、漁業は改善するだろう。セネガルの社会科学者は、最初、ピローグ〔丸木舟〕を持っている人すべてに権利を分配したとしても、貧困ゆえに、人々は割り当てを安すぎる価格で売ってしまう、と主張するだろうと、スマイラは言う。恩恵はよりあいまいで、危険はより明白だが、もし協同組合が割り当てを所有するなら、こうした問題はなくなるかもしれない。

環境保護主義者が好むと好まざるとにかかわらず、魚を捕る権利という考え方は、世界を席巻しているようだ。権利の恩恵が、漁師にも魚の保全にもゆくなら（実際そうなっているようだが）、われわれは権利を支持するべきだと思う。アラスカのポロック漁船の船長をしていたジョン・グルーヴァーは、現在ユナイテッド・キャッチャー・ボーツというシアトルに本部のある小さな協会にいるが、北太平洋をアメリカのプレーリーになぞらえる。

「一八八〇年代に、鉄条網が発明され、放牧地が分割された。今では誰もがその方法を受け容れている。誰だってカウボーイの死は見たくないのだ。二〇年後には、海でも、他の方法があるなどとは誰も思っていないだろう」

以上、世界の漁業がかかえる問題は、われわれが折りにふれて想像する以上に広範に渡っていることを示してきたつもりである。管理のための解決法のほとんどは、論争を呼び、複雑で、常に資源の過大評価に対して脆弱である。ここに、一つの解決法がある。漁師、とくに、漁業権を保有していると思っている漁師は異論があるだろうが、これは単純でまったく効果的である。それは魚が、いかなる漁具にももたらされないようにすること〔つまり、禁漁〕である。

第14章　魚にえさをやらないでください

ゴートアイランド海洋保護区（ニュージーランドのレイ）。春の最初の銀行休日。ロサンゼルスから夜通しのフライトで飛んできた私を、ジリアンが出迎えてくれた。三〇年前にニュージーランドに帰化した私の異母姉妹だ。オークランドから北に九〇キロ離れたレイまでジリアンの車で行く。

一時間半のドライブを始めたとき、太平洋の朝の澄んだ空気はまだひんやりしていた。太陽は明るく、緑の丘陵地や入り組んだ海岸線、マングローブで囲まれた河口を通過するころには、気温もだいぶ上がってきた。温帯地方の景色はどこも同じだろうと思っていたヨーロッパの旅人にとっては、驚くことばかりだ。ゴートアイランド保護区というよく目立つ標識に従ってハイウェーをそれ、海に向かう。漁業大臣の顧問が私に、この海洋保護区を訪れるなら、南半球のイースターマンデーに相当する銀行休日がいいと言ったわけがわかった。そこには、海浜客がわんさと押し掛けていたのだ。

草地の丘の中腹に駐車場がある。その周辺では、人々がウエットスーツやフリッパーを借りていた。どんなサイズでもそろっているようだ。ゴートアイランドは、海岸から二〇〇メートルのところにある小さな丘のような島で、樹木で被われている。島の手前では、さまざまな世代の家族が泳いだり、砂浜や岩棚を散策したりしていた。海水が温かくなるころ、ダイバー教室の一〇代の生徒とインストラクターの一行が到着した。観光客の団体が、船底がガラス張りになった遊覧船に乗り込んでいる。これは、一九七五年にこの水域が保護海域になってから爆発的に増えた観光船で、海草や魚を最も気楽に見物できる方法だ。道の行き止まりがオークランド大学の海洋研究所で、その前で二人の人物が私を待っていてくれた。テルマ・ウィルソンとビル・バランタイン博士だ。日焼けして、屋外用のショートパンツスタイルの制服を着たテルマは、保護局の地域部長だ。もう一人の、引き締まった体に緑色の海洋研究所のスエットシャツを着、手巻きタバコをくわえた人物がバランタイン博士で、世界の海洋保護区のゴッドファーザーである。

長い期間、漁獲圧力を排除し、自然のままに放っておかれた生態系は、どのような変化をするだろうか？　おそらくレイ海洋保護区は、そうした変化を最もよく示す世界的な例だろう。この海洋保護区は、創設者の期待をはるかに越える成果をあげた。単に生態系の見地からだけではない。保護区に指定される前のゴートアイランドは、漁師には人気の漁場だった。そのため漁師と海洋研究所の間で衝突が起こった。テルマに言わせると、「漁師が、われわれの実験を食べ続けてしまった」からだ。バランタイン博士や大学の海洋研究所の同僚が一二年の長きにわたって陳情し続けた結果、科学のため以外の何ものでもない理由でこの海洋保護区が生まれた。海洋保護区がこれほど魅力的な場所になるなどとは予想もつかなかったと、まっ先に認めたのはバランタイン博士だった。太陽の下でおしゃべりしながら、博士はその日ここに来ていた五〇〇人ほどの子どもたちを指し、「保護区の実現に向けて、何年間も激論を交わしたが、学校の生徒なんて言葉は誰の口からも、一回も出てこなかったなあ」と言って笑った。「まず保護区ができ、人々がやってきた。しかし、生徒たちが来るとは、予想もしていなかった」。

われわれはそこに立って、科学の思いがけない恩恵を受けた人たちを見ていた。ほとんどがオークランドから車でやって来た日帰りの家族客だ。透明な海の中に立って水中を見つめていると、おびただしい数の魚が寄ってきて、人の脚をちょっとつついたり、泳ぎ回ったりする。二、三ドル払って、浜辺でシュノーケルやウエットスーツを借りる者もいれば、ボートの底のガラス板越しに、人を恐れない大型のフエダイ、アオイサキ、ササノハベラの群れがケルプの森の上を泳ぎまわっているのを見ることもできる。それが海岸からほんの数メートルのところなのだ。「魚にえさをやらないでください」などという看板があるのも、ここぐらいなものだろう。これはテルマのアイディアだった。ピクニックに行って、めったに見ることのない野生の動物にたくさん出会ったらどうするか？　もちろんサンドイッチをあげる。だから、看板には、えさをやると、魚が病気になったり、えづけなど本来の行動と違うことを学習してしまうことが説明してある。それに、海には魚のための天然の食物がたっぷりある。

生態系に起こったことも予想外のことだった。フエダイはここの沿岸スポーツ釣りでは最も珍重される魚だった。だからしだいに小型化し、数も減っていた。ところが今では、五四七ヘクタールの保護区内で最大のフエダイは、保護区の外にいるのに比べると大きさで八倍、数では一四倍大きい。パンフレットには、バタフライパーチ〔ハタ科〕、シルバードラマー〔イスズミ科〕、ブルーモウイング〔タカノハダイ科〕、バンディルド・モーウイング〔タカノハダイ科〕、レザージャケット〔カワハギの類〕、ブルーコッド〔トラギス科〕、レッドコッド〔チゴダラ科〕、ヒメジの類、ヒウイヒウイというケルプフィッシュ〔キロネームス科〕、バターフィッシュというバンディッドスキャット〔クロホシマンギュウダイ科〕、マーブルフィッシュ〔アプロダクテュルス科〕、レッドバンディッドパーチ〔ハタ科〕、アネハズル〔鳥類〕もいると書いてある。どれも人を恐れず、浜から数メートルのところまで近づいてくる。実際に人間は害を与えないので、魚は人を見たら、えさかどうか確かめようと、ちょっとかじったりするほどだ。

シュノーケルの経験もない、貸しウエットスーツを着た一一歳の子であっても、こうした海洋動物園の主たちを見るのは簡単だ。このウエットスーツは親に人気がある。これを着た子どもはだいたいのところ浮くからである。さらに冒険を求めるダイバーは、もっと遠くの深い海で繊細なヤギ目サンゴ虫、レースコーラル〔サンゴモドキ科〕、海綿動物、ホヤ類、イソギンチャクの類などを見ることができる。ケルプの森の下の岩棚には、隠れた穴や割れ目があって、大きなロックロブスターやザリガニの類が潜んでいて、保護区の外で営利漁獲されたものとは桁違いに大きい。オレンジ色のフロートのついたラインが浜から海に伸びていた。海洋保護区の境界かと思ったら、地元の漁師が合法的に仕掛けたロブスター用のポットなのだそうだ。漁師は五万ニュージーランドドルの罰金をとられるから、保護区には入らない。しかし、保護区との境界のあたりでは、海岸から何キロも行ったところと同じぐらいたくさんのロブスターが捕れるので、漁師は大喜びである。

保護区を作ったとき、ここはとくに変わったことのある生態系というわけではなかった、とバランタイン博士は言う。海岸は岩礁で、そこには何も育たなかったから、「不毛の岩礁」として知られていた。最もありふれた海底に生息する種は大きなウニで、これがケルプを牧草のように食った。ニュージーランドの北東海岸の他の部分と同じく、ケルプの森は一九六〇年代には文字通り消滅していた。ケルプの森の消滅と乱獲の関係が明らかになったのは、ゴートアイランド保護区ができて何年も経ってからだった。フエダイやザリガニは一定の大きさにまで到達すると、キナという、ケルプを食べてしまう大型ウニをえさにできるようになるのだった。そういうわけで、ケルプの森が徐々に戻ってくると、それが多くの種の魚介類にとって食べ物やシェルターになった。

生物学者はこのように食物連鎖の頂点にいる捕食者の回復が下位の被食者にも影響を与えることを「食物連鎖の玉突き現象」と呼ぶ〔主要な種（主に捕食魚）が消えることによる食物連鎖の途絶のこと。結果的に被捕食者が繁殖できるようになり、食物連鎖の下位に近い動物プランクトンの数に大きな効果を与え、生態系構造が変わりうる。出典（*Dictionary of Ichthyology*）を翻訳〕。すぐに発生した変化もあるが、時間を経て起きた変化もある。変化は今でも起こっている。プアーナイツ諸島の北に設けられたもっと大規模な保護区では、三年でフエダイの個体群が、保護区を設ける前の八倍になった。だが、レイのケルプの森がすべて復活するには二五年の歳月を要したのである。

最初はないも同然だった海洋生息地がより卓越した変容を遂げる一般の関心は、海洋保護区に対する一般の関心は、海洋生息地がより卓越した変容を遂げるにつれ高まっていった。テルマは、この一〇年で、家族連れが増えてきたことに気がついた。このような海洋保護区があれば、水族館などいらない。この保護区は、人々が海に抱く関心を変えた。「始めたころは、ここでダイビングしようなどという者などいなかった。実につまらない場所だった」とバランタイン博士は言う。当時の学生はみなオーストラリアのグレートバリア・リーフに行きたがったが、今では、この保護区の全域で潜ったり浮いたりしている。「テルマが恐れているのは、サメが湾に紛れ込んで泳いできても、ここは保護区ですよ、とみんなに言わなければならないことだ」とバランタイン博士は笑いながら言った。

世界を席巻したすばらしい考え方を育て上げた人によくある例だが、バランタイン博士も、自分の生まれ故郷では無視されたり疑いの目で見られがちである。信念がこれほどの成果を収めた結果、博士の態度には柔軟性が欠けがちで、訊《き》き方が悪いと答えなかったり、博士を信じない人を酷評するなど、もしかしたら文句ばかり言っている嫌な年寄りになるかもしれない。生涯、反対者に対して立場を明らかにしてきた後遺症かもしれない。引退後の博士は、意見を異にする人には愛想よくしないという贅沢を自分に許している。これが賢明かどうかは、別問題である。

今、ニュージーランド政府は、議会に、短期間に海洋自然保護区を作ることが可能になる法案を提出している。これまでは設立まで平均一〇年ぐらいかかっていた。「一八カ所の保護区を作れると思う、どれもぎりぎりで委員会を通ったものだ」とバランタイン博士は言う。現在、法案は議会にかかっていて、博士は再び漁師の愚弄《ぐろう》の的になっている。見解に対して定期的に言葉のバッシングを受け、博士のほうも同じ程度のお返しをしている。博士が「革命か死か」的な妥協を許さない態度をとっているのはこのせいだろう。博士のメッセージは一般には受けがよい。このことを知っているので、漁師にはこわい存在だ。保護主義者にとっては教祖である。

海洋保護区のネットワーク化が、保護区自身にとって重要なのは明らかだ。しかし私はバランタイン博士に、それが漁業管理にとっても潜在的な恩恵をもたらすという話をしてもらおうと思っていた。なぜなら、それこそが保護区を政治的に受け容れてもらうための鍵となる要素だからである。ハン・リンデブーム〔気候変動と海洋の研究者〕が長年提言している閉鎖水域という方法だけによる北海などの管理は現実的なのだろうか？　一九九〇年にハーグで私が間違って偶然、講義を聞いたときも、リンデブーム博士はその話をしていた〔第4章参照。著者は、一九九〇年、ハーグで開催された北海会議の講義に間違って出席したことがある。オランダ人の科学者、ハン・リンデブームが発表をしていた〕。

バランタイン博士はこのテーマで論文を書いているにもかかわらず、気むずかしげで、質問には答えたくないようだった。そもそも質問そのものが間違っているというのである。「保護区が漁業の助けになるかどうかなんて、そんなことはちっとも重要じゃない」と言う。肝心なのは、人の手が入らない自然はどうなっているのかを、われわれに見せてくれる海域があることなのだと言う。持続可能な漁業がどうとかこうとか言っている人たちは、生態系の持続可能レベルがどのあたりにあるのか、実際にはわかっていない。「ある可能性としては、すでに壊れた生態系をただ持続させているだけなのかもしれない。それでも二倍、いや一〇倍はいいだろう。保護区がなかったら、そうした検証すらできない」。これこそ、博士の主張の核心だった。私は自分が危うく博士の主張を阻止するところだったと理解した。

わかった、もう邪魔はすまい。だって博士はうまくやっているのだから。現在、博士は、漁師は海のどこでも狩りをする権利があると思いこんでいる役人の洗脳に努力を集中している。「われわれは、いまだに、海全体に対して一つの管理計画しかないと想定している。だが、そんな想定を支持する生物学的、経済学的、社会学的な理論などない。かつて、誰にでも、どこででも魚を捕らせるのがよい考えだなどと言った人はいない」。バランタイン博士は、ある公聴会で、保護区に反対したスポーツ釣りの人に逆襲した話をしてくれた。「はっきりさせたいのだが、あなたは、自分の楽しみのために海洋の九〇%以上をくれというのか?」　そのスポーツ釣り人が、博士の侮辱に満ちた問いに応酬できたかどうか、博士は語らなかったが、テニス用語で言えば、バランタイン博士はサーブでエースをとったような感じに聞こえた。人々は漁師が海の「利害関係者」だと言う。博士は、それは、漁師が未来の世代のためのあらゆる種類のオプションを締めだしているという事実を顧みないものだという。「われわれの孫たちこそ利害関係者なのだ」。バランタイン博士の娘は漁師と結婚し、離婚している。

さて、「海は誰のものか?」という古い問いに戻ろう。漁師は、自分たちのものだと思いたい。とくに、魚資源を持続可能なレベルで開発させてもらうための所有権を授与/売却してもらったニュージーランドの漁師は、そう思う。だが、〝みんなのものだが、誰のものでもない〟というのが真の答えだ。民主主義において共有資源に所有者があるというなら、それは国民だ。今に至るまで、国民には、海で起こることに影響を行使する方法があまりなかった。その声は、ユーザー団体(営利漁業者、スポーツ釣り人、漁業協会、ロビイスト)や定評のある漁業科学者など、必ずしも国民と利益を共有しない別の利益団体の声にかき消されていた。

バランタイン博士のような人たちが成し遂げたことは、最もむずかしい海洋問題の一つ、すなわち、魚にはない投票権が、漁師にはあるから、政治家は漁師の言いなりになるという問題の裏をかいたことだ。これは非常に重要なことである。博士はこれを、漁師の頭越しに、海はあなたたち一般の人のものですよと直接話しかける方法でおこなった。強力なメッセージだ。「私は、ビジネスマン、主婦、ボーイスカウトなどがびっしり入った部屋に行き、海の一部は海自身のためにとっておいてやらなければならないと言える。メッセージはそれだけだ。反対するのは管理者や科学者だけだ。大衆はわがほうについていて、「もちろん、あなたならやってくれるだろうと思っている」と言う」。政府が保護区関連の法令強化を提案し、それが猛烈な反対にあっている今ほど、バランタイン博士がみずからのメッセージの威力を意識しているときはない。

「この私が政治家に、どうやったら票を買えるかを教えてるんだからなあ。保護区の支持を打ち出すだけで何百万もの有権者をひきつけられるのだ。それで失うのは五〇〇票ぐらいなものだろう」

海洋保護に関する一般の関心はいつも低いが、そうした傾向に変化が起きたのに気づくようになったのは、一九九五年、シェルが計画したブレントスパーの北大西洋への投棄を世論が阻止したときだったとバランタイン博士はいう。当時、博士はこう書いている。

ゆっくりと、だが着実に世論がわき上がり始めた。役に立つものに加工できるからといって森の木をすべて切り倒す必要はない。役に立つ鉱物が含まれているからといって、土地をすべて掘りかえす必要はない。そのほうが安上がりだからといって、使えるスペースすべてにごみを投棄する必要はない。世論が、楽しいから、あるいは儲かるからといって、すべての海で魚を捕る必要などないと言い出すのは時間の問題だ。すでにニュージーランドで始まっていて、その考えは広まってきている。

実際、その考えはすでに広まった。

人の態度は変化する。「一〇〇年前の人間は、犬や銃なしではやぶに入らなかったものだ。どういう目にあうかわかっていたからだ」と博士は言う。だが、態度が変わったのは、海より陸においてのほうが多かった。レイにあるような海洋保護区がよいのは、人々が波の下に、カマボコではなく野生生物を見ることができる点だ。

なぜ博士の考えがそれほど革命的で、なぜ漁師がおびえるのかが、わかり始めてきた。禁漁ゾーンは、地球上ではまだそれほど多くの場所に起こっていないかもしれない。だが、今やその考え方はあまねく広がっていて、フェミニズムと同じぐらいの規模で変化が起こりつつある。バランタイン博士は、海洋保護区という考え方を女性参政権になぞらえる。なぜニュージーランドにはたくさんの海洋保護区があって、アメリカ本土にはわずかしかなく、ヨーロッパには皆無なのだろう？　博士は「革命的な考えは、体制的な考え方から遠いところで、ごく小規模に始まる。女性が最初に参政権を得たのは僻地のワイオミング領〔アメリカでは、入植者が特定の人口にふくれるまでは領と呼ばれ、一定数に増えると州になった。ワイオミングは一八六八年に領になり、翌六九年に女性に参政権を与えた。ワイオミング州のホームページを参考〕だった。一方で、女性が一番最後まで選挙権を得られなかった国の一つがスイスだ」。それから一〇〇年経った今、当時なぜ女性に選挙権を与えなかったかの議論を学生に話して聞かせても、理解できない。「余談だが」と博士がにやりと笑って私に問いかけた。

「もし今日、人類の半分が除外される民主主義を作るとしたら、君だったらどっちの半分を除外したいかい？」

博士の言うことには一理ある。既存の制度は必ずしも正しいわけでなく、また適切でも公平でもない。それは単に現状を反映しているだけなのだ。だが、人々は正しいに違いないと思う。女性は、制度の変化を起こすために大変な苦労をした。しかし成し遂げた。海洋に対する態度も同じで、だんだん変わりつつある。

バランタイン博士は、保護区が漁業に与える恩恵は何かという問いに、まだ答えてくれていなかった。ぜひ答えてもらおうと思いながら博士と話をしていると、その答えはニュージーランド自然保護省の書類に書いてあることがわかった。すでに述べたように、保護区内のフエダイは体格も数も大きかった。大きな魚ほど、たくさんの子どもを産む。魚の個体数が増えれば、魚の生産も増える。健全な保護区でのフエダイの卵生産は、保護区外の海よりはるかに多い。実際、海岸から八キロ以内の海洋保護区のフエダイの産卵量は、海岸から一四五キロ先までの非保護海域における産卵量に等しい。これは、世界のどこかに大型の海洋保護区ができたときに限られるが、補充や埋め合わせのために卵を輸出できる可能性も秘めているのではないだろうか？

この考えに対して、伝統的な漁業科学者から反対の声が上がった。自然保護を支持するシドニー・ホルトも反対した。魚は移動するというのである。したがって、保護区が魚を守るためには、全回遊ルートを含む広い水域をカバーしなければならなくなるだろう。科学的な常識では、ニュージーランドの海洋保護区で、フエダイの個体数の増加は起こるはずがなかった。なぜなら、保護区内で大きく育ったフエダイは、保護区から出ていって、漁師に捕まってしまうと思われていたのだ。だが、実際は、そうはならなかった。とはいえ、レイやその他の区域でおこなわれた研究によると、実際、個体数の半分は季節的に回遊に出るという。

保護区がフエダイにとって有効なら、クロマグロなどの大回遊魚にも向いた保護区を設計できないものだろうか？　バランタイン博士は、「特定の種にとって小さすぎると思われる保護区でも役に立つ。このことは、一〇〇年間以上陸地で実証されてきた」と答えた。一八五〇年代ごろ設立された最初の保護区は鳥の保護区で、渡り鳥が渡りの途中で休むところを保護区とした。効果がないといって非難するものはいなかった。科学者のランソム・マイヤーズとボリス・ワームは、グローバルな「多様性ホットスポット」、すなわち海のセレンゲティー〔タンザニア北部にある世界遺産指定の野生の王国」を見つけた。そこには回遊性の種（マグロ、カメ、カジキ、サメ）が集まる。こういうところを保護区にしたら理想的だと二人は言う。

では、もし海洋保護区がよい考えであるなら、どこに作ればいいのだろう？　どのぐらいの規模にすべきなのだろう？　バランタイン博士によると、海洋保護区に関する文献の九〇％は、特定の種について何をするべき、あるいは何をしてはいけないのかを論じているが、特定の種をターゲットにした保護区選びは間違っている。基本的なことは、いくばくかの海洋環境を守ることなのだ。海洋環境そのものについてさえ、まだよくわかっていないのだから、その保護がどのような効果を生むかなどわかるはずがない。だから、とりあえずいくつか保護区を、できれば人の住む近くに作ってみることだ。「どこに保護区を作ればいいのかわかっている、と思う考えは困ったものだ」と博士は言う。わかるような気がするが、しかし、理由があったほうがずっと容易ではないだろうか？　漁師に向かって話すとき、より論理的だし、正確で正直だと思う。

「ゴートアイランド区域を保護区に指定したのは、かつてこの海が途方もなく豊かだったことと、それを取り戻せるという確証が一番高かったからだ。再び豊かな海になれば、漁業への波及効果も大きい」。われわれは保護区を指定するとき、漁師の意見を聞くべきだろうか？　「正しいことをしようと思ったら、行動あるのみ。陸の場合、われわれは土建業者の事情になど関心を持たない。ただ実行あるのみ」と博士は言う。これまでは特別扱いされてきた漁業だが他の業界と同じように扱われるべきなのだろう。

それでは、海洋保護区という方法で魚を保全し、世界の魚の生産を高めたいと真剣に思うなら、われわれはどのぐらいの海を必要とするのだろう？　バランタイン博士は即答した。「科学と教育のためなら一〇％。種の保全のためなら二〇％。漁業全般のためなら三〇％。しかし、もし海を集約的に利用したいなら、五〇％は必要だ。現在一つの湾で操業しているなら、もう一つの湾がそっくり禁漁区になる必要がある」。私は、北海以上に集約的に利用されている海はほかにないと思っている。そして、現在禁漁区になっている区域の小ささを思うとき、われわれに課せられた課題の大きさを痛感する。科学者のダニエル・ポーリーは、研究論文の中で、世界の魚資源を一九七〇年代のレベルに戻したいなら、海の二〇%を確保することが必要で、前世紀にどうだったかなど気にするなと言っている。

従来の方法で、現実に漁場管理をうまくできるかどうかについては、議論の余地がある。だから、ポーリーをはじめとする多くの人は、保護区、それもきわめて大きな保護区は、それ自身のためだけでなく、漁師のためにも重要だと主張する。われわれが魚について知っていることから言えば、こうした禁漁区(サンクチュアリー)は、繁殖力が超強力な大きな母魚(大きくて健康な卵を産むから、海洋に資源を補充できる)の宝庫になれるだろう。

確かに、保護区が漁業を改善するという証拠(WWFの出版物)は、たくさん上がってきている。西インド諸島のサンタルシアにあるスフリエール海洋管理区域では、五年で、地元漁民のわな漁の漁獲高が四六%増え、四つの保護区の周辺漁場では九〇%増えた。魚を保護することによって大変な効果が得られた保護区のうちで最も古いのが、フロリダにあるメリット島の国立野生動物保護区だ。設立されたのは、ケープキャナベラルのケネディー宇宙センターのための安全地帯となった一九六二年である。漁業から守られて九年後、保護区周辺の遊魚釣りでは、世界記録を塗り替えるような大きな魚が釣れ始めた。しかしながら、ニュージーランド周辺では、保護区が漁場の価値を高めているという証拠は決定的とは言えない。レイは、イセエビに関して、測定できるほど高い波及効果を上げている数少ない保護区の一つだ。ロングアイランド=ココモフア海洋保護区周辺における実験漁場では、ブルーコッドが七年で三〇〇%増えたことがわかった。しかし境界から一・六キロ以上の水域では横ばいである。これらの魚種は定住性なので、実験水域の魚が増えたのは保護区から卵か稚魚を持ち出したのではないかとのかんぐりもあるが、真偽の測定は、きわめてむずかしい。

それでも、保護区や禁漁ゾーンは漁場を改善できるから、漁師も受け容れてもいいと思うような十分な証拠があるのではないだろうか？　実は、ない。

ニュージーランドでは、この数年、労働党のヘレン・クラーク首相が最も環境に配慮した政府を率いてきたが、保護区をもっとたくさん増やそうという海洋保護区法案は追いつめられている。自然保護省（環境省からわかれた。理由はわからないが、環境省は海洋問題をあまり支持していない）では、何人もの役人が、なぜ海洋保護区がよいのかを論じた山のような科学論文を見せてくれた。この国では懐疑的な受け止め方があったのだが、私も何か同じような受け止め方をしているのではないかと思っていたらしい。ところが、私はもうすでに、わが目で見たもので納得していた。

法案に反対しているのは、政治的なむずかしさの順で言うと、マオリ、水産業者、遊漁釣り人らである。マオリと水産業者が反対する目的は本質的に共通している。どちらも、営利漁業の利害の当事者だからである。ダリール・サイクスという強そうなイセエビ漁業組合運営者とランチをしたときは、議論が沸騰した。たまたま私が世界中に大規模な禁漁ゾーンができるのは避けられないだろうと言ったとき（なぜならこれは二〇〇二年のヨハネスブルグのサミットで一八〇カ国ほどが調印した責務だからだ）、ダリールは「たくさんの海洋動物園を作りたいというのか？」と逆襲してきた。われわれの会話の温度は、すぐ沸点に達した。

ダリールにとって、法案はまだ決定事項ではない。全身デニムに包まれ、カウボーイブーツを履いたダリールは大男である。ビーチに私と並んで座ると、私は逃げられない感じだった。強調したい場面では私を指でこづいたりしながら、ダリールはうなるように言った。「漁場に入れなくなって、操業の機会が失われる。こういうことに対する補償が必要だろう」。現在、割り当てをもらったイセエビは、トンあたり二三万ニュージーランドドル〔約一七〇〇万円〕で取引されている。イセエビは海岸線にそった岩棚に住んでいるが、この岩棚は保護区の計画に含まれている。だから、ダリールの言うことには一理ある。もっとも、どのぐらいの理があるかについては、議論の余地がある。漁師は割り当て枠をもらっているのだ。わずかばかりの削減に対して、どうして賠償をしてやらなければならないのか？　いずれにせよ、割り当て制度は、海洋保護区も含めた諸制約の範囲内で、持続可能な割り当てを収穫できる権利を許可しているにすぎない。ダリールの激しさは説明がつかない。ただし、ニュージーランドの環境派国会議員に対する激しさなら理解できる。私もニュージーランドの環境派の議員に会ったことがあるからだ（医師である私の妹は「狂信的」と評している）。ダリールがかかってきた携帯電話に猛然と応答した。デニムにくるまれ、男らしいが、高学歴でないブルーカラーだ。ただし、非常に頭がよい。ダリールと、くんくん鳴いているキーウィー〔ニュージーランド人〕のエコオタクたちは、どっちもどっちだ。

われわれの白熱したランチにもう一人居合わせたのが遊漁釣り人を代表するマックス・ヘザリントンだ。赤毛で、体毛まで真っ赤なマックスは、六〇代のチェーンスモーカーで、すでに一回、心臓発作に見舞われている。断固として槍で魚を捕っているが、赤く縁取られたマックスの体にとって、ダイビングは明らかに危険だった。南島（サウスアイランド）の最初の三つの海洋保護区は遊魚釣り人が提案したものだとマックスは指摘した。しかし今や、保護区が、微妙な海岸線にまで広がってくることを恐れている。これには、れっきとした理由がある。一つの保護区は、既存の保護区から海岸線に沿ってわずか一キロ先に作ることが提案されている。しかし漁師たちは抵抗の構えでいる。私自身、淡水でスポーツ釣りをするから、なぜニュージーランド政府が、海洋保護区の盟友であるべき遊漁釣り人を締め出すのか理解しがたい。せんじ詰めると、自然保護省は、禁漁区より規制の緩いものはいっさい信じていなかったという事実に行き着く。というのも、何年間もプアー・ナイツ諸島周辺で部分規制をしてきたが、全然効果がなかったからである。

バランタイン博士から受け継いだ可能性は大いにあるのだが、この種の絶対主義は、ふつうの人たちの権利を蝕むものとして見られているので、トラブルが発生するのは避けられないように思えた。私はマックスに、自然保護省がしていることは、実際には陸でおこなわれている慣行の反対をゆくものだと指摘した。アフリカやインドなら、そういうやり方では陸上の国立公園など作れないだろう。例えば、カメルーンのコルプにある大雨林国立公園のような緩衝地帯を設け、そこでは持続可能な程度に伐採や狩りや定住が許されなければならない。今や緩衝地帯は、地元の人を支えるための重要なツールの一つになっている。アフリカやインドでできることが、どうしてニュージーランドにできないのか？　私には、営利漁業は禁止されるが、遊漁釣りに限って許される緩衝水域をいくつか設けていたなら、保護のための有力な支持をとりつけることができたのではないかと思える。

＊　＊　＊

イギリスに戻った私は、こと海洋保護に関する限り、ニュージーランドはイギリスよりはるかに先進国であることを思い知らされた。ずっと以前から私が保護区を作るべきだと思っていた場所の一つがアラン島のラムラッシュ湾である。年に一度、スコットランドで最も有名な釣りフェスティバルが開かれるので、この名前に聞き覚えのある方もおられるだろう。一九六〇年代には、イギリス中から参加者が集まり、三日間のフェスティバル期間中の総漁獲重量は七トンもあった。それが、九七年のフェスティバルでは、総漁獲重量はわずか一三キロだった。

ラムラッシュ湾は、ゴートアイランド海洋保護区と似通っている。湾からいきなりせり上がった丘のような島はホーリーアイルと呼ばれ、かつてはキリスト教の聖人の隠遁所《いんとんじょ》だった。現在はチベット僧が所有している。このあたりは景色がよく、グラスゴー人の日帰りツアー「ドゥーン・ザ・ワッター」〔ダウン・ザ・ウォーターの強いスコットランドなまり〕ツアーの一行が必ずおとずれて、古い外輪船に乗ってクライド湾を巡る。こうした外輪船の一つ、ウェイバリー号は、今でもラムラッシュ湾からキャンベルタウンまで蒸気で航海する。

アラン島はいまでもグラスゴー人が小型休日を楽しむ島だから、海洋保護区は島の経済に奇跡を起こすだろう。そこには、浅海エビ、小型のヒラメ、イカ、春にはくちばしをつつきあっているカモ、夏にはサバをめがけてダイビングするシロカツオドリ、年中いるタラやドッグフィッシュと呼ばれるサメ類などの野生動物が住んでいる。私はいつもこれらを見ては、ラムラッシュ湾が保護区域になれば、妻の両親と夏休みを過ごすには完璧な場所になると思っていた。そして、いつかそれを提言しようという野心をあたためてきた。

イギリスに帰るとEメールをもらった。誰かが本当にそれを提言したというのだ。すっかりうれしくなり、すぐに自分も何かにお役に立てるだろうかと提言者のハワード・ウッドに電話をした。アラン・コミュニティ海底トラスト（ＣＯＡＳＴ）の希望は、海洋生物が、いっさい手を触れられることがなく、そのなかで自然が再生できるような小規模な禁漁区を設けることだった。湾の他の部分についても、保護区域宣言をしたかった。ホタテ貝を掘ったり、営利のダイビングをすることはできなくなる。スコットランド初の禁漁区であり、イギリス初のコミュニティ提案禁漁区になるだろう。イングランドでは、政府の機関「イングランド・ネイチャー」が、イギリス海峡にあるランディー島〔五平方キロ〕にある由緒ある海洋保護区（漁業は今でも許されている）周辺にごく小さな禁漁区を立ち上げた。ランディーのケースはトップダウン、官主導だったが、ラムラッシュはボトムアップ、すなわち民主導になるだろう。きっかけは、一〇年前のＣＯＡＳＴの会議の議長、ダン・マックニーシュと、ご推察の通り、ビル・バランタイン博士との出会いだった。

私がハワード・ウッドに二回目にコンタクトしたときは、万事うまく進んでいた。COASTは、今や五〇〇人の支援者を得ていた。島の人口の四分の一に相当する数である。ところが、支援者がスコットランド行政部の沿岸漁業担当のトップのガブリエラ・ピエラッチニという女性担当官と面会したところ、運動家たちにクライド湾の漁師の合意をとりつけて来い、さもないとこの保護区プロジェクトは完全なものにはできないと言われた。クライド漁業組合は禁漁区という考えに反対である。〔COASTは〕海を取り戻そうと努力した人々だったが、そこまでだった。ちなみにダイバーのハワード・ウッドは、COASTは法定保護団体の「スコティッシュ・ナショナル・ヘリテージ」からも多少の支援を受けたと言ったが、支援してくれたとき、同団体は、ここの海底の一部は、何千年も前の古い砕けたミール(石化した海草、石灰藻)の床だから、魚介が育つには適した場所だと指摘した。ミールの海底は、そのままにしておけば回復できるだろう。クライド湾は、長らく海軍の潜水艦基地や大型船の停泊地として使用されていたので、保護されていたも同然だった。だが、今やクイーニーという小型のホタテ貝のいる浅瀬は急速に取り尽くされている。ウッドは、かつて通りすがるとき、このクイーニーが、雲霞《うんか》のごとく上がってきたことを覚えている。最近、一ダースほどが一群になっているのを見た。それさえ、何年ぶりかのことだと言う。

ハワード・ウッドは、スコットランド行政部が、漁師のご機嫌をそこなわないように最善を尽くしているという印象を受けたと言った。たまたまスコットランド行政部といえば、漁師のごまかしを阻止するための法律を実施することに熱心でないことから、EUが苦情を向ける中心的存在である。そうこうしているうちに、ホワイティング湾に二隻のホタテ浚渫船がやって来て、海岸から数メートルのところ、すぐ目の前で湾底をひっかきまくった。地元の人たちは、これが合法的なことで、自分たちには何もできないことに対して激怒したと、ウッドは言った。浜から離れた海底で起こっていることはアラン島民とは関係ないことだというのがクライド漁業組合が地元の人に向かって言った言葉だった。

海を部分的に自然に放っておくという考え方は非常に単純だ。科学者が自分たちの博識ぶりを偉そうにひけらかす伝統的な科学的漁業管理とは相容れない。科学的な漁業管理は、ほとんど世界中で失敗した。科学者の予言が適中しなかったり、政治家が科学者の言うことに耳を傾けなかったことによる。生物多様性と魚の管理を目的とした大規模な海洋保護区がすばらしいのは、こうした失敗に対する保険であり、人間の手がはいらないと海洋生態系はどのように行動するかを、われわれに思い出させてくれるからである。経験から、こうした保護区がうまくいくことは明白である。衛星テクノロジーを用いてモニターするなど簡単な仕事だ。漁師に衛星装置を強制的に装備させる。もし漁船が、情状酌量の余地のない理由で保護区に入ってきたら、操業免許を剝奪するか、船長を牢屋にぶち込む。

最近私は、確信するようになったのだが、海の一部を海自身や魚のためだけを思って保護するという考え方こそ将来的な方法だとみなす科学者の数がますます増えてきている。こうした科学者は、いわゆる〝漁業管理〟にまつわる複雑さを理解しているので、そのほうが、一部の漁業科学者〔企業に雇われている科学者は研究成果や調査報告を改ざんする〕の無能力、政治的愚行、知的不正を回避できると考えているのである。

第15章　マックミールよ、永遠に！

マクドナルド・アメリカのホームページをクリックすると、一五〇グラムの「フィレオフィッシュ®」の内容物については、必要以上の情報を得られる。ただし、魚そのものについて知りたいとなると、話は違う。バンズ〔パン〕の中身はミンチにしたポロックかホキだと書いてある。このポロックがアラスカ産のスケソウダラで、ホキはニュージーランドから来たタラの一種だということは、マクドナルドのホームページには説明されていない。どのようにして捕られた魚か、漁場管理はきちんとしているかについての情報もない。マクドナルドの「マックミールの栄養データ」を見る限り、消費者は、魚の衣には、漂白小麦粉、水、モディファイドコーンスターチ、イエローコーンフラワー（あるいは黄色いトウモロコシデンプン）、塩、乳清（ホエー）、デキストロース、ピロリン酸二水素ナトリウム、トリポリリン酸ナトリウム、ピロリン酸ナトリウム、セルロースガムが入っているかどうかだけを知りたいと思われているようだ。おそらく、どれかこうしたもののせいでアレルギー反応が起こり、医者にかけつけなければならなくなった場合に備えているのだろうが、衣にリン酸が入っているかどうかの情報がなぜ必要なのかの説明はない。マクドナルドのホームページを読むと、訴訟マニアや栄養マニア向けに書かれていて、材料の出所や、なぜ、何のために自分たちがこれを食べるのかについての好奇心が欠如しているという印象を受ける。

私はマクドナルドが「フィレ」と言うとき何を意味するのかどうしても知りたい。ときには「フィッシュフィレパテ」とも書かれている。だから、われわれがここで論じているのは細かく切り刻んだ魚のことではないかという疑惑がわいてくる（だが、そうではない）。切り刻まれる魚は、もっと等級の低い白身魚で、フィッシュフィンガー（細長い指状に作った魚肉にパン粉をつけて揚げたもの）のようなパン粉をまぶしたかたちになってスーパーなどで売られている。これについては、何も悪いことはない。こうしたすり身状の魚には脂を加えているので、こちらのほうが美味しいこともよくある。

アメリカ人は概して、魚は淡泊な味であってほしく、ヨーロッパ人は、魚は魚らしい味がしたほうがいいと思っている。だから、アメリカ市場向けの魚の場合、加工業者はいわゆる「脂肪ライン」という垂直に走る黒身の部分はカットしてしまう。脂肪は、冷凍しても脂やけのにおいがつくから、このような加工方法は冷凍寿命を長くするという利点もある。アメリカ市場向けの魚のフィレは「ディープスキン・フィレ」と呼ばれ、皮をはいだ後に残った真珠のような輝きを持つ身である。

面白半分に私は、メディアの特権階級のためにある記者クラブを経由せず、Eメールで直接マクドナルドの一般顧客サービス係に、フィッシュフィレパテには何が含まれているのか問い合わせてみた。返事は来なかった。係の人が、小うるさい外国人に返答する必要はないと考えたのは明らかだった。

ニュージーランド、シアトル、アラスカで何人かに取材したので、私はフィレオフィッシュ®の中身を知っている。ディープスキン・フィレだが、必ずしもふつうの人が思うフィレではない。マクドナルドは、その納品規準が高いことで知られていて、それを重荷に感じている加工業者すらいる。マクドナルドが使うのは、ブロック状に冷凍されたフィレである。海上で冷凍するか、アラスカに水揚げし、その加工所で冷凍する。冷凍された身は二次加工所で〝めった切り〟にされ、その後再び〝縫合〟されて、フィレ状に成形される。この間、身はずっと凍ったままだ。というわけで、フィレオフィッシュ®はほんとうのフィレをも含んでいる。この「フィレ」は、二次加工で温かい衣をつけるとき多少とけるが、すぐに再び冷凍される。それから、レストランに行き、そこで調理される。

一方、フィッシュ・アンド・チップス店の魚は海上で冷凍されず、氷漬けにされたもので、実際にテーブルに上り、お客が食べるまで、通常は水から揚がって三週間経っている。こうしたチップ店の魚に比べると、マクドナルドの魚はまったく新鮮で、海から上がって冷凍されるまで数分しかかかっていない。多くの食品メーカーにとって、ポロックの身の塊の冷凍寿命は、一次加工された日から一年間だ（冷凍寿命は脂肪のあるなしで異なる。つまり種によって違うということだ。例えば、一〇〇歳のオレンジラフィーは冷凍庫の中では文字通り不滅である）。おかしなことに、マクドナルドのホームページでは、こうしたことには、いっさい触れていない。

こんなふうに〔マクドナルドのよいことを〕書くと、読者は、私のこれまでの主張から脱線しているのではないかと思われるだろう。また、私の質問への対応の悪かったマクドナルドにしてみれば、このような本が次に何を書くかおおよそ見当がつくというものだ。ところが、私はこうした予想を裏切るのである。なぜなら、アメリカのマクドナルドが使っている少なくとも一種類の魚、ホキは、海洋管理協議会（ＭＳＣ）〔Marine Stewardship Council 一九九七年に世界自然保護基金ＷＷＦが設立。本部はロンドンにあり、シアトルに支部がある〕によって持続可能に漁獲されていると認証されている魚だからだ。ＭＳＣは、最初、〝魚よ永遠に〟というスローガンを掲げ、現在は〝環境に最もよい海産物の選択〟をスローガンを掲げている独立認証機関である。何を認証するかというと、漁業の持続可能性だ。ＭＳＣのロゴは、あるる特定の条件を満たした証として魚介類、エビ、カニなどの海産物製品に付けられる「エコラベル」である。アラスカのポロック〔スケソウダラ〕は、二年半の認証期間がまもなく終わろうとしている。マクドナルドは毎年アメリカとカナダで二億七五〇〇万食のフィッシュサンドイッチを売っているが、その九〇％にこのポロックを使っている。ＭＳＣは、八年前に設立され、持続可能な漁業は何かを調査してきた。いまMSCが認証しているのは、世界中でわずか八種類の魚種だけである。ホキもその一つだ。意外なことに、マクドナルドは、持続可能な魚として認証された世界で唯一の白身魚のホキを使っていることを宣伝材料にぜんぜん使っていない。ロナルド・マクドナルドが意図的に宣伝を控えめにしたまれなケースで、私は驚いた。しかし、結局わかったのだが、マクドナルドは単にエコラベル使用料をMSCに払いたくないだけだった。

環境団体や食に関心のある人はマクドナルドが嫌いだ。そのマクドナルドは善の側に立っている立場を利用できるかもしれないし、またその顧客も、高級レストランの常連客より徳が高いことになるかもしれない。そう思うと、アメリカの環境保護団体の高潔な方々は嫌悪感に身震いした。環境保護者たちは、ホキがMSC認証を得ており、アラスカのポロックも認証の見込みがたっていることに注目した。今や、環境団体は一丸となっていきり立ち、ホキに認証など与えてはいけなかったのだと文句を言っている。また、世界に残された白身魚の最大の漁場であるアラスカのポロック漁が、もはや信用が失墜した「最大持続生産量(MSY)」(第7章参照)という概念をベースにして管理されていると責めている。アラスカのポロック漁について、ある運動家は「海の鉱山を掘り尽くし、魚をアイオワのトウモロコシのように扱っている」と言って非難する。

こう非難をしているのはケン・スタンプという、シアトルを中心に活躍している信念をもった環境保護主義者で、私も知己を得た。質素なバンガローに住み、重みのある記事を書いている。ケンが私に尋《たず》ねた。「MSCが認証したからといって、本当にポロックを捕って食べることができるかい?」「できない」という答が期待されているのは明らかだった。うがった質問だとは思ったが、アラスカとは北米大陸と大西洋を隔てた遠い国にいる私にとって、ケンのようなアメリカの環境保護主義者たちがふっかける議論には当惑する。苦言を呈している漁業について、現実に何か悪い点を見つけたのだろうか? あるいは、自身のために、あるいは広報目的で不平を言うことで、非営利組織の財源を潤そうとしているだけなのだろうか？　私はこの点をはっきりさせようと思い、世界一周チケットでシアトル行きを予約した。シアトルはベーリング海とアラスカ湾におけるポロック漁の基地である。

その前に、ちょっとさかのぼって見ておくことがある。「水産業界＋一つの環境保護団体」と「それ以外の環境保護団体」の間にある確執の大きさを理解しておかなければならない。一九九五年、世界最大の魚仕入れ企業の一つであるユニリーバ（食品およびコンシューマー製品の世界的大手メーカー）と、世界最大の自然保護団体WWF（当時は世界自然保護基金という名称だった）は、それぞれ独自に、思い切った手段をとらないと世界の魚資源は長続きしないという結論に達した。

当時、WWFインターナショナル（サリー州ゴダルミングに本部）をベースにして活動していたアメリカ人のマイク・サットンは、WWFが、断じて伝統的な問題提起の方法（つまり、たくさんある政府機関にいっせいにロビー活動をおこなうという無駄な努力）に頼らないという結論に至ったことを覚えている。マイク・サットンは、ユニリーバも乱獲の進み具合に警戒感を抱いていることを偶然知った。ユニリーバと言えば、バーズアイ、フィンダス、クノール、イグロなどのブランドを傘下におさめる西欧最大の魚の買い手である。この世界的大手企業が、乱獲は冷凍魚事業を深刻に脅かす警戒レベルまで進んでいるといって、驚きあわてたのである。

WWFのマイク・サットンは、ユニリーバのコンサルタント、サイモン・ブライスソンとロンドンのグラウチョ・クラブで昼食をともにし、双方のメモを比較した。そこで話し合ったのは、ビジネスと環境派の間に同盟関係を立ち上げ、漁場の持続可能性の認証制度を作り、そうした認証を手がかりに、消費者が、まっとうに管理された魚資源から捕ってきた魚を選ぶことができるようにするというものだった。

こうした考え方は初めてではなく、すでに森林管理協議会がおこなっていた。海と同じように、欲と貧弱な管理という問題をかかえている原生林の死をくい止めようという目的で始まったものだった。しかし、水産業界に向かって、環境団体との同盟に信頼を寄せろと説得することは別の問題だった。

理論的には、認証を手段として使うのは悪いことではない。認証は一世紀も前からあり、概してうまく機能している。教師、医師、看護師、警官、監査人、技師、船の水先案内人、研究所の助手など、こうした人たちが営業するには認証が必要だ。環境の分野で評判の高い認証ができたのは一九四六年、イギリスの有機農業団体である土壌協会が生まれたときだ。監査会社と同じように、認証会社も世界中にあって、必要な技能（認証のための専門家）を買っていた。ユニリーバとＷＷＦが予測していなかった問題は、認証会社で働く人たちが、その分野の専門家にしかわからない退屈な専門用語を使う傾向があったことだ。一般の消費者がわかるかどうかなど、眼中になかった。

ユニリーバでは、コンサルタントのサイモン・ブライスソンが、キャサリン・ウイットフィールドに、ＷＷＦとの協力関係は会社の利益になると説得した。ウイットフィールドは、タラの危機を目の当たりにしてきたカナダ沿岸の生まれだ。取締役のアンソニー・バーグマン（背の高いオランダ人で、後に会社の共同会長になった）は、この考え方が気に入り、ハーグでＷＷＦと公式の調印式をおこない、協定書に署名した。マイク・サットンがメディアに電話して、ＭＳＣという独立漁業監査組織が新たに結成されたことを伝えたのは、それからまもなくのことだった。ふつう、われわれジャーナリストはこういうことを記事にする。それにより政府の顔に傷つくだろうというねらいからだった。当時はまだ政府が、漁場をうまく管理していると公言していた。

ユニリーバは、大手多国籍企業としてはいくつかの破格の約束をしていた。一九九六年の約束では、二〇〇五年までに持続可能な魚資源に由来する魚以外は買わなくなることになっていた。だが、それから約一〇年経って、約束は守れそうもないと発表した。というのも、市場には持続可能な生産だと認証された魚があまりなかったからだ。しかし、ユニリーバは、二〇〇五年までには、四分の三は認証されたものになると期待している。ということは、この企業が扱う大量の魚の四分の一は、現在、個体数が減っている魚資源から捕ってきたものだということを認めることにもなる。ところが、ユニリーバの競争相手の仕入れ方法は、さらに悪い。そうでなければ、ユニリーバを責めるのはもっと簡単だ。ユニリーバは尻尾をつかまれないように最善を尽くしているようである。一方、ユニリーバはすべての供給者に対して、魚が合法的に捕られたもので、絶滅の危機に瀕している魚種とはかかわっていないことを確認してから納品するよう求めた。ユニリーバは、こうした確認をとれなかった供給業者からの購入は止めたと主張する。北海のタラは絶対に買っていない。ツナ缶部門も売却してしまった。ノルウェーのタラおよびセイス〔ポロック、タラの類〕、チリと南アフリカのメルルーサの買いつけ先に対しても、MSCの認証をとるように要請していると主張する。「これこそリーダーシップだ」とシアトルのポロックの漁師は感心したように私に言った。その通りかもしれない。

現在は独立法人となっているMSC(ユニリーバとWWFは、組織が完成し、運営が始まると退いた)は、八年でわずか八つの魚種にしか認証ラベルを許していない。それらは、西オーストラリアのイセエビ、テムズ川のニシン、アラスカのサケ、ニュージーランドのホキ、バリー入江のトリガイ、南西イングランドの手ぐり釣りのサバ、ロッシュ・トリッドンのネフロップ(クルマエビ)、サウスジョージアのメロである。現在MSCの評価を受けている最中の魚〔漁場〕のリストは長い。その筆頭は、人間に消費されることでは世界最大の魚〔漁場〕アラスカのポロック(漁獲量は年間二〇〇万トン)である。

どうやらMSCは実際に影響力を持ち始めたよう

だ。MSC会長のブレンダン・メイを取材したことがある。折りしも、アラスカ・ポロックの最大のライバルであるノルウェー・タラがMSC認証を申請したところだったから、メイ会長は得意満面だった。チリと南アフリカのメルルーサもMSCの認証を得るべく、競っていた。「市場は、自然保護の改善プロセスを駆り立てている。世界の白身魚生産者が、認証に向かって緊急発進をかけるようになったのは、認証を取りつけたものが財政的な恩恵を享受しているのが見えてきたからだ」。メイ会長の勝利宣言である。

ニュージーランドのホキは、認証獲得後、ヨーロッパでの売上高を一三倍にまで伸ばした。最近の調査では、イギリスの消費者の三分の二が、買い物をするときに倫理的な側面を考えると言っている。一八〜三五歳の年齢グループが最も環境にやさしい(あるいは倫理的)な規準にもとづいて購入する。ブレンダン・メイ会長は、MSCのためにおこなった調査が示すように、MSCが認証ラベルを市場に浸透させることに集中すれば(それがヨーロッパだけであっても)、世界の漁業に強力な影響を及ぼし、それらを持続可能なものにすることができると言う。なぜ「世界の漁業」かというと、今やヨーロッパは世界中から魚を調達するようになっているからだ。水産業界と加工業界は目下、認証を求めている。「漁業会社は認証をとることで、このままでは一〇年後には入り込めなくなってしまう市場、とくにヨーロッパ市場に売り込むことができる」とメイは言う。

あまり成功していないのがアメリカやアジアで、MSCはこうした国々で認証ラベルを採用・利用してもらうことに苦労している。ウェイティング・リストにあるすべての魚を認証したとしても(それは可能だ。なぜなら、その前の予備認証の段階で、ぜんぜん希望のないものや、内々で無理だと教えられたものは、はねられるからである。認証に失敗して面子をつぶされることがないようにするための予備審査である)、持続可能性の認証を得られるのは、世界の魚供給量のわずか四％に過ぎないだろう。この数字は、森林管理協議会による現在の認証比率とだいたい同じだ。影響力はあるだろうが、世界中の魚を救済するには不十分だ。しかし、ブレンダン・メイは、二〇一〇年までに、ヨーロッパの冷凍船や冷蔵船の中の野生魚の約四〇％が、ＭＳＣラベルをはったものになることは、多いに可能だという。そうなれば、消費者に代わって真の選択をし、世界の漁業に強い影響力を行使できる。楽しみである。

水産業界の最大手企業と関係を築くことで突破口を開く寸前までいっているＭＳＣ〔創設者には、ＭＳＣは世界で唯一の魚のためのエコラベルだという意識がある〕だが、問題もある。

一つは、異なる目的を持ち、別のラベルを使っている競合イニシアティブ〔発案〕の存在だ。これらは概して、業界と環境団体の両方から、ＭＳＣほど厳しくないと受け止められている。

もう一つの、より深刻な問題は、環境諸団体からの批判である。というわけで、話はシアトルとアラスカ海洋ネットワークのケン・スタンプに戻る。スタンプは、ロンドンに本部を置くＭＳＣのことを、ユニリーバが陣頭指揮をとる大手多国籍水産会社によるグリーンウォッシュ〔世間に対して環境に気を配っているかのような企業イメージを植えつけるために、企業側が流布した故意のデマ、誤報〕ではないかと疑っている。アメリカのＷＷＦでさえ、アラスカのポロック漁については、認証をやめろとまでは言っていないまでも、一二〇ページにおよぶ訴状を書いている。

こうした批判については、ＭＳＣの運動が「アメリカ製でない」ことに起因する狭量な嫉妬がアメリカの環境団体の間にあり、これが批判となって表れているのではないかと疑う節は多い。アメリカの環境団体には、独自の帝国主義をかたちにできるだけの力がある〔アメリカの環境団体は、自分たちの概念、信念、規準をアメリカ国外にも押しつけることがあるから、著者は、それを一種の帝国主義的な行動だと表現している〕。しかし、今度のＷＷＦアメリカの批判の要点は検討に値する。

消費者の購買力に手綱をつけようと競っているイニシアティブはたくさんあり、とくにアメリカには多い。海産物関係のシーフード・ガイドブックは、モントレー湾水族館が作ったものやオーデュボン協会による独自のガイド、カール・サフィナ・ブルーオーシャン協会によるものが優れている。いずれもインターネットで検索できる。

アメリカには魚のエコラベルがいくつかある。その一つ「エコフィッシュ」は、私がポロック漁について調査するためにシアトルに到着した日の地元紙『シアトル・ポスト・インテリジェンサー』の第一面で問題になっていた。ある食料品点のチェーンが、間違ってマグロにエコフィッシュのラベルを使っていたのである。

もっとも、ヨーロッパとアメリカではエコラベルの認識に違いがある。ヨーロッパの環境団体は、エコラベルを個人的な選択の参考として見ているが、アメリカのエコラベルは、ボイコット(不買同盟)を組織してきた。非営利組織のシーウェブ(本部ワシントンDC)と天然資源保存協議会は、大西洋メカジキの不買運動を成功させた。大西洋マグロ類保存国際委員会(ICCAT)が割り当てを削減し、不法漁業を取り締まる決意を固めたのを確認して初めて、このボイコットは止んだ。ナショナル環境トラストは「チリ産スズキをパスしよう」というキャンペーンをかまえ、消費者にこの魚を買わないよう勧めた。

この不買運動を組織した年季の入った環境運動家、ゲリー・リーペは、グリンピースを含む同盟のリーダーとしてヨーロッパにやってきた。MSCが提案中のアラスカ・ポロックとサウスジョージア・メロの認証に異議を申し立て、ホキの認証もするべきではなかったと苦言を呈した。リーペは、ホキ漁の認証が与えられたとき、トロール漁による海鳥やアザラシの死が見過ごされていたし、漁場自体、認証で言われているほど健全ではなかったと言った。アラスカ・ポロックに関するリーペの異議のすべてには、絶滅の危機に瀕しているトドがからんでいた。しかし、世界の反対側で起こっていることなので、イギリスにいる私には検証はむずかしかった。

リーペは人好きのする人物だった。ＭＳＣやエコラベルをはることについては、概してよい感情を持っていると私に言い、ＭＳＣが産業と環境保護団体の両方が認めている世界的なラベルであることは認めたが、一つだけ批判を受け容れてほしいという。この言葉の裏には、グリンピースや他の団体は、もしＭＳＣの理事会がこの問題に真剣に取り組まないなら、ＭＳＣのイニシアティブへの支持を考え直さなければならなくなるかもしれないという脅しがあった。そう脅したい気持ちはわかった。世界の漁業の衰退に関するキャンペーンで出遅れていたグリンピースは、何かやらかしたいのだった。

リーペが最初に提示した意見には誤りがあり、イギリスの記者の中にはリーペのケースを記事にしない者もいた。リーペも後に誤りを認め、訂正した。リーペはＭＳＣの理事会が、年次監査をおこなわず(まちがい)、漁業会社や海産物小売商(まちがい)によって圧倒的にコントロールされていて、水産業界にノーと言えないなどと非難した。リーペにしてみたら、揶揄《やゆ》したつもりだったのだろうが、非難そのものは正しいようだ。予備認証段階は民間なので、そこで却下されたのが誰かは、われわれにはわからない(もっとも、ブレンダン・メイは、北海のタラとマグロ漁業会社数社は蹴られたと言っていた)。さらに、ＭＳＣ自体、まだ一度も、認証を求める漁業を拒絶したことがないうえに、この認証手続きの費用を支払うのは水産業界なのである。こうした批判は、全プロセスを通して当てはまるようにみえる。ＭＳＣに対するリーペの非難はさらに続き、ＭＳＣが、国の法律を規準とし、一貫性のある独自の規準にもとづいた高レベルな尺度を設けていない点を非難した。私は、これには多少の共感を覚えた。

実際のところ、ある漁業が持続可能かどうかは、どのようにして決めるのだろう？　アラスカ・ポロック漁のように、九〇メートルのトロール漁船による漁業がどうして持続可能だと言えるのか？　混獲の犠牲になる他の種の減少は、どの水準まで容認されるのだろうか？　先に述べたように、これはケン・スタンプの疑問だった。よい点をついている。

この点を理解するには、申請者〔漁業会社〕に雇われている認証会社〔その報告がMSCに行き、MSCが認証を出す〕が認証に際して顧《かえり》みる三原則を検証する必要がある。認証される漁業は、以下に述べる三原則のそれぞれについて八〇％以上の得点が必要だ。

原則1　やり方　漁業は、漁獲される魚の個体群が、過度に漁獲されたり激減することがないような方法でおこなう。枯渇している魚の個体群については、回復につながることが実証できる方法でなされなければならない。

原則2　生態系　漁業が依存する生態系の構造・生産性・機能・多様性が維持できるような操業方法を採る。生態系という言葉には、生息地および生態の健全さに依存するあらゆる種が含まれる。

原則3　義務　効き目のある管理制度に従う。この制度では、地域、国、世界の法律や基準・規格が重視され、責任をもって資源を持続可能に利用することを求める制度的、運営的な枠組みが組み込まれていなければならない。

このプロセスは、MSCがテムズ川／ブラックウォーター川のニシンを認証したときには、そうむずかしいことのようには思えなかった（このニシンは、北海のニシンの小形版で、テムズの川々とイングランド東部のブラックウォーター川の間で産卵し、小型流し網で捕られ、私が住むエセックス海岸にあるウェストマーシー港に水揚げされる）。毎年一二八トンの捕獲が許されている。ウェストマーシーのウォーターフロントにあるカンパニーシェッドというシーフードのカフェテリアでおこなった会合で、MSCの認証担当者が出した認証条件は一つだった。この小規模な沿岸漁業を取り締まる委員会は、割当て量を使いきったとき、すべての漁船に間違いなく操業停止させる方法を見つけよという条件だった。おやすいご用だった。

スコットランド北西のロッシュ・トリッドンのクルマエビの籠漁についても、問題などありえなかった(ロンドンに本部を置くMSCの黎明期の認証は、明らかにイギリスの魚への偏重があった)。漁師はえさがついた固定ワナを使う。トロールよりはるかに害の少ない漁法だ。ところが、エビ籠漁師は、アラン島の島民同様、トロール漁船とぶつかることがわかった。というのも、一九八四年にスコットランドが、沿岸から五キロ以内において、機動力のある漁具(トロール)を使う漁業を解禁してしまったからである。ロッシュ・トリッドンの漁師は、スコットランド行政部に、その水域から機動性のある漁具を締め出すように陳情した。二〇〇一年、この陳情がかない、ロッシュ・トリッドンおよびローナ海峡においてはトロール漁ができなくなった。このことは、クルマエビだけでなく、いろいろな人に恩恵をもたらすだろう。エビ籠漁は年に一〇〇トンのクルマエビを捕り、よい収入になる。捕ったクルマエビはすべてスペインに輸出され、スペイン人の舌を楽しませる。

問題がややこしくなってきたのは、MSCが世界の主要な営利漁業の一つ、ホキの認証にとりかかり始めたときだった。ホキ漁をするのは標準的な七〇メートルの冷凍トロール船で、操業水域はニュージーランド南北島の間と太平洋とタスマニア海だ。ホキ漁は譲渡可能な個別割り当て枠にもとづいて捕り、ごまかしに対しては割り当て、漁船、免許の押収などの厳罰がある。しかし、問題があった。過去の漁獲高がわからないし、資源回復にどのぐらいの期間を要するかもわかっていない。そのうえ、年間で一〇〇〇頭のオットセイと一一一〇羽の海鳥(その六〇%が絶滅危惧種のアホウドリ)が網に掛かって犠牲になった。ニュージーランドの環境団体である王立森林鳥類保護協会から認証反対の声が上がった。認証者がMSCの三原則を十分に解釈せず、遵守もしていないというのである。これまでにないことだった。

後になって確立したものの、設立直後のMSCでは、まだ異議を唱えるための手順が定まっていなかった。そこで、実業界のOBであり環境団体のパトロンでもあったマーティン・レイング卿を中心とした独立した委員会を設け、認証を与えるべきかどうかを検討した。この委員会は、漁場の管理のされ方は世界で最もよいと言い、認証を確認した(世界の他の漁業への非難と受け止められて当然である)。しかし同委員会は、オットセイや海鳥の犠牲を減らすために何もなされていないという「森と鳥協会」〔ニュージーランドの独立保全団体〕の見方に共鳴していたので、オットセイが掛からないような安全防止装置の設置を条件づけた。MSCは、こうした取り組み方は、「今後継続してゆくべき改善の一つで、認証に先立ってあらゆる問題を解決する必要はない」と言う。

二〇〇一年のこの考察委員会以来、認証者による年次監査は、ホキ漁業管理会社がオットセイ締め出し装置を海で実施していないと批判し(うまく機能しなかったらしい)、ホキ漁業に思い切った「矯正行動の要求」を突きつけた。ということは、この矯正ができなかったときは、認証剝奪《はくだつ》もありうるということである。ホキ漁業会社にとっても事態は芳しくなく、二〇〇三年にホキ資源の減少が認められたことから、ニュージーランド漁業大臣に、割り当て削減を要望した。割り当てレベルを高く設定しすぎたという「森と鳥協会」の指摘は正しかったようだ。

おそらく、今でも正しいのだろう。ホキ漁業は、好条件でヨーロッパ市場へのアクセスを持ったことから、魚がいるうちに捕れるだけ捕ってしまおうとしているのではないかと疑われるふしがある。MSCは、もっと真剣にこれを回避するよう努力すべきである。資源はほんとうにMSCの原則1に従って、回復に向けた方法で管理をされているのだろうか？ ホキ資源がこれ以上減少したら、MSCは釈明をしなければならない。ユニリーバとて同様である。いずれも、持続可能性へ至る一つの道として、漁業に信頼を置いているからである。

ホキには懸念があるが、サウスジョージア〔大西洋の南の果てに浮かぶ孤島群。緯度は南米大陸の最南端とそれほど変わらない。ペンギンの生息地〕のトゥースフィッシュ（メロ、銀ムツ。アメリカでは、歯の魚というイメージを払拭するため、チリ産スズキと名を変えて売られた）に関しては、私はそれほど心配していない。エコラベルのついたパタゴニア・トゥースフィッシュは確かに「チリ産スズキをパスしよう」という不買運動を率いていたゲリー・リーペを不安にさせただろう。しかし、持続不可能な供給と持続可能な供給間の競争は、MSCが必ず作り出すだろうと想定されていたことだ。合法的、持続可能的に管理された漁業は、少なくとも大手市場では、いずれは不法供給を追い出すように私には思える。ただし、魚は明確に「生産・加工・流通過程の管理」によってはっきり身元が確認できなければならない。したがって、エコラベルはボイコットよりも切れ味の鋭い取り組み方なのだ。重要なのは、漁業がうまく管理・統治され、資源が隔離されること（つまり、密漁がおこなわれている大きな資源の一部になっていないこと）である。

ロンドンのインペリアル大学で、午後、デイビッド・アグニュー（サウスジョージア政府のために管理システムを設計した）と話をした私は、サウスジョージアのメロは、サウスジョージア周辺の大陸棚に閉じ込められていると確信した。そこ以外にメロを見かける水域（ということは、めちゃくちゃに密漁されるということでもある）は非常に大きな大陸の反対側である。漁場はイギリス船ドラダ号によってパトロールされている。ドラダ号には機関銃も搭載され、衛星やフォークランドから飛び立ち領空通過する偵察機で監視されている。サウスジョージア周辺では、年間で混獲されるアホウドリとウミツバメの数は二〇羽まで減っているが、これは、延縄漁船に対して、網は抑止ストリーマー（吹き流し）の下に仕掛け、操業は夜のみおこなうことを義務づけたからである。

グリンピースのリーペは、サウスジョージアとサウスサンドイッチ諸島を自国統治下にあると主張するイギリスに対して、アルゼンチンも領有権を主張し争っている点に不服を唱えているが、国際社会が国際条約を日常的に履行するうえでは少しの差し障りにもなってないようだ。

アラスカのポロックが認証を受けるべきかどうかは、最もむずかしい問題を提起するだろう。もっとも、その評価に二年半費やした評価者は、現行の漁業管理は世界的に見てもトップレベルだと言っているのだが。その理由は、世界で最後の、まともに機能する半野生生態系の一つであるアラスカのポロックが演じる役割である。一九七〇年から一九九八年の間に、北太平洋とベーリング海のポロック漁は、毎年四〇〇万〜七〇〇万トンを生産していた。ベーリング海とアラスカ湾での漁獲高は毎年二〇〇万トンという唖然とするような量で推移した。獲っていたのは、すべてアメリカ漁船だった。ポロックは、ロシア側では大変な乱獲が続いていると考えられているが、それがアメリカの水域にどのぐらいの影響を与えるかは不明だ。

一九七七年以来、アラスカ水域では大きな「レジーム・シフト」〔ある気候状態（レジームとよぶ）から他の気候状態への遷移が、各々の気候状態が持続する期間よりも短い時間で生ずること。日本海洋学会編『海と環境』講談社より〕が発生しているようだ。ポロックの数が急増し、産卵資源もかつてないほど大きい。しかし、アメリカの絶滅危惧種法で絶滅危惧種に指定されているトドは、一九七〇年代より八〇％も減っている。科学者と環境保護者は、トドの主食のポロック漁が海岸に近すぎるところでおこなわれているのがこの減少の原因だと主張している。この件は証明されていない、原因はシャチではないかという科学者もいる。かつては大きなクジラに向かっていたシャチだが、その嗜好はもっと美味しい若いトドに移っていったのかもしれない。

シアトルのアットシー加工協会の事務所を訪ねた。同協会はポロック認証申請資金を提供している。アットシー加工協会は、大型の冷凍トロール船の代表で、訴訟や弁護士に強い。大変な運営利益を上げているのは明らかだ。私は八〇メートルの冷凍トロール漁船を運営している会社で働いているクレイグ・

クロスを取材した。ポロック漁は中層トロールだから、海底を損傷させることはまずない。クロスは、一九九九年の合意の結果、漁師の協同組合を作って割り当て枠を分割することができるようになったと説明した。要するに、権利ベースの制度らしきものができた。魚捕り競争を止めたことで、無駄を出さずに漁獲し、経済的な効率も高まった。

「以前はひたすら捕るばかりだったが、われわれはまともな大きさの魚を探して丸一日費やすようになった」。りゅうとしたサーブを運転しながらクレイグが言った。

大型漁船は必ずオブザーバーを乗船させている。アラスカに漁獲を水揚げする三六メートル級の小型船を代表するキャッチャーボート(独航漁労船)連合のジョン・グルーバーは、漁師の競争本能は、魚捕り競争から雑魚をとらない競争へとシフトしていると言う。ポロック漁では、たくさんのサケが混獲される。サケはアラスカにもともといる人たちが頼りとしている食料で、与えられたサケ割り当て枠を使い切ったら捕るのをやめなければならない。「未来の漁師は、どのぐらい捕ったかではなく、どのぐらい捕らないでおいたかによって評価されることになるだろう」とグルーバーは言った。私は、これほど教養のある、啓蒙された漁師には会ったことがないと感動しながらそこを立ち去った。

アラスカ海洋ネットワークのケン・スタンプに会ってホラーストーリーを聞いたのも、このときである。トドの減少とアラスカ湾のシェリコフ海峡における乱獲の間には、もっともだと思える関係があった。一九八〇年代のポロックの産卵魚の個体数は約二〇〇万トンで、トドの個体数は二万頭だった。それが今では、ポロックは二三万トンぐらい、トドは三二二一頭しかいない。もちろん両者に相関関係はあるのかもしれないし、ないのかもしれない。ベーリング海やアラスカ湾には海洋保護区がない。ケンがむかっ腹を立てるのも当然だ。漁師は冬場の漁についても何も言わなかったが、儲かる日本市場にタラコを供給するために、五〇万トンの産卵ポロックを捕っているのだ。もし捕られなければ、こうした産卵ポロックは、ポロックの個体数をもっと健全なものにすることができる。

どうやら、鉱山の露天掘りの海洋版的な様相を呈している。ケンは、「MSCの認証は、業界大手の販促のための仕掛けだから、海洋環境の保護とはあまり関係ない」という見下すような見方をしているが、私はそうは思わない。この意見は、ちょっと軽々しいと思う。アメリカの大企業では環境課題はあまり進展をみていない。しかしMSCの生まれ故郷のヨーロッパでは、MSCは企業課題の一部に組み込まれている。私は、ケンがこのことを過小評価していると思いたい。いずれにせよ、ケンは、漁業をより持続可能にするという問題について、これ以外のどんな解決策を提示しただろうか？　環境保護団体と二つの多国籍企業(マクドナルドとユニリーバ)の間で再度行き詰まりがあれば、それは漁業改善に結びつくのだろうか、それとも改悪に結びつくのだろうか？

結果的に、ポロック漁の認証に関して、MSC認証者は、三原則すべてに関して八〇点以上をつけ、認証するよう推薦した。もっとも、かなり厳しい条件がつけられていて、これらが適用され、実施されると、ポロック漁はあと数十年は続くものの、ケン・スタンプたち環境派にとっては実質的な勝利である。なぜなら、業界人の言う「収穫」戦略には、「レジーム・シフト」が起こった場合まで想定した予防策がほどこされていなければならないし、どこの漁場で漁業努力を実施するかの計画を立てるときは、生態系を考慮しなければならない。さらには、トドが食料を探し求める生息地において漁業が与える影響の評価値を改善しなければならない。

漁業が二つの国内法(ひとつは絶滅危惧種法)に違反している限り、認証は与えられないだろう。しかし将来、海洋保護区や保護水域を作るかどうかは条件に入っていなかった(これは認証者の黒星だ)。

MSCに対して批判があるとしたら、あの膨大な二つの報告書だ。素人が、協会の仕事ぶりが適切かどうかを調べようとして協会のホームページからダウンロードして報告書を読むと、おそらくがっかりする。少なくとも四分の一は専門用語の羅列《られつ》で、一般向け文書としての務めを果たしていない。付表は別である。雇い主である業界の主要連合を納得させることはできるだろうが、どう考えても、読者が、自分が食べる魚への信頼を得られるとは思えない。ほとんどが漁業科学の専門用語で、ちんぷんかんぷんだ。MSCの能力がかいま見えもしなければ、説得力もない。言われるとおり信じなさいというわけだ。これこそ、海洋を現在のような悲惨な状態にした政府の科学的、政策的取り組み方ではないか。MSCの意図が、みんなに猜疑心を持って見られる理由がわかるというものだ。

ポロック漁に関するMSCの報告書を読み通すのにたいへんな思いをした私は、ジャーナリストとして、あちらが知らないことを何か掘り出し、MSCの認証者の高慢な鼻をへし折ってやろうと思った。そして、本当に持続可能性に反すると思われる具体的なことを見つけてしまった。漁業については私よりずっと物知りだと主張するMSCや環境保護団体は、私が指摘するまで、そのことを知らなかった。

私が見つけたことは次の通り。アラスカでは、マクドナルドのフィレやユニリーバのフィッシュフィンガーのために膨大な量のポロックがフィレ加工されるが、そうしたポロックの廃棄部分は、混獲されて捨てられる雑魚といっしょに「ゴミ」として煮つめられ、オイルになっていた。そのオイルの生産量は年間三万トンにもなる。こうした魚油を、人間の魚油サプリメント、養殖魚のえさ、動物のえさとして利用するのはむずかしいことではない。また、これにより、こうした目的のために捕らえる小魚(例えば乱獲されているブルーホワイティング)の漁獲量を減らすこともできる。ところが、魚油はこのようには使われていなかったのである。実は、魚油は燃やされていた。コディアクにあるアラスカ大学の漁業技術研究所のスコット・スマイリーによると、魚油の約九八%が燃やされているという。

どうしてこのようなばかばかしいことがおこなわれているのかというと、一九二四年からあるアメリカの保護主義の法律のせいだった。ジョーンズ法というこの法律によると、アメリカの二つの港間を航行する船の乗組員はアメリカ人でなければならない。現在、商船では常識になっている安い外国人は雇えない。ということで、シアトル＝アラスカ間の輸送はコストが非常に高い。スコット・スマイリーによると、魚油は発電のために使われているという。発電所は魚油をただでもらえるうえに、熱量はほとんど灯油に近い。シアトルから石油を運んでくるための運賃も節約できるから、二倍の得になるという。ジョーンズ法が撤回されるか魚油燃料にも課税させるかしない限り、この不条理は続きそうである。

私をスコット・スマイリーに紹介してくれたMSCのシアトルの職員にこの話をすると、「ばかげている」ことには賛成した。ただ、廃棄物について起こったことだから、認証とは関係ないと言ってMSCを弁護した。だが、持続可能性のための認証について話しているとき、これは純然たる詭弁《きべん》だ。この制度には、責任ある、持続可能な資源利用に求められる制度的・操業的な枠組みも含まれる、というMSCの原則3を私が覚えていないとでも思っているのだろうか？　魚油を燃やすことは、どんな規準にもとづいて測定しても、責任あるとか持続可能だとは言えない。

では、アラスカのポロック漁は認証を得るべきなのだろうか？　煎《せん》じ詰めれば、二つの疑問にいきつく。漁場やその管理は、どの程度よいのか？　そして、おなじみのラシッド・スマイラの必殺質問、「それは何を改善するだろう？」　最初の質問への答えは、一〇点満点中の七である。もうちょっと努力すれば八になって、まずまずなのだが……。さて、次に、何がそれを改善するかという疑問がある。認証を与えることで、アラスカの魚油スキャンダルは改善のチャンスを得られるのだろうか、それとも悪いきっかけになってしまうのか？　認証するのか、しないのか？　私の答えは明白だ。認証する。アメリカの環境保護団体のように、完璧なケースだけを承認するというなら、何が改善へと駆り立てるのだろうか？　環境保護主義者たちは本当に、（ポロック漁に絶滅危惧種法すら遵守させることができなかった）政府に共有地の管理をまかせて安全だと思っているのだろうか？　もし思っていないなら、いったい全体何について文句を言っているのだろう？　完璧なケースだけを認証しろという根拠が、私には理解できない。欠点があるとはいえ、ポロック漁を認証しないのは絶望的行為である。もちろん、認証後、欠点は取り除かなければならない。

結局、マクドナルドのフィレオフィッシュ®を食べるとき、私は良心の呵責を覚えるべきだろうか？　話が、自意識過剰で、すきあらば訴えようとする、栄養神経症的な良心について話しているのであれば、あの長ったらしい名前のついたリン酸塩類は気になるだろう。カロリー計算をしている場合でも同じだ。しかし、本当の良心や、世界はどうなるのか、自分に何かできるのかが問題であるなら、絶滅危惧種を饗している高級レストランの痩せこけた顧客に、レストランを出て、マクドナルドに行こうとアドバイスするだろう。

第16章　養殖は主流になれるか？

第三の漁師「船長、海の魚の暮らしは素晴らしいですな」
船長「なぜだ？　弱肉強食なところは、陸に住む人間と変わりない」
ウィリアム・シェークスピア「ペリクリーズ」二幕より

エスビアウは、デンマークの北海に面した沿岸では最大の港だ。ここでは年がら年中、嫌なにおいが漂っている。風が、坂下のドックにある巨大な九九九フィッシュミール工場〔以下、九九九工場〕のほうから吹き上げてくるとき、それはとくにひどい。九九九工場の労働者が、トレーラー漁船の船倉に大型の真空パイプを下ろし、銀色のイカナゴ〔スズキ目。体長二五センチ、日本では煮干しにもなっている〕、スプラット〔ニシン型の小魚〕、パウト〔大頭の魚、ナマズ・ゲンゲ・イソギンポなど。とくにビブ（タラの類）を指す〕を吸い込む。吸い込まれた何十億匹もの小魚は、大きな産業プロセスに送り込まれ、どろどろになるまで粉砕され、煮つめられ、魚油とフィッシュミールになる。フィッシュミールには栄養サプリメントを加え、ペレット状に加工して、豚、鶏、養殖サケ用のえさにする。魚油のほうは、一部はサケのえさ用ペレットに、残りは人間用のサプリメント、マーガリン、塗料、ニスなどになる。

私が初めてエスビアウを訪ねたのは一〇年以上前のことだ。九九九工場に魚を供給しているトロール船が魚を捕りすぎて、魚油が余るほどあるという噂の信憑性を確かめに来たのだった。工場長は、率直で仕事熱心な人で、余剰魚油の新しい市場を発見していた。それは発電所だった。魚油の熱量は燃料油とほとんど変わらないうえに、非課税というメリットがあった。魚油を加えると、質の悪い石炭の燃えが非常によくなった。

デンマーク人は、海に対してとりわけ実用的な見方をしているから、魚油を燃料にすることにさほどショックは受けなかった。だが、イギリス人や大半のヨーロッパ人はこれを非道だと見なした。デンマークの漁業大臣は、魚が燃料目的で魚油を作る九九工場に売られるのを止めさせるため、魚油への課税を余儀なくされた。

イカナゴは北海の食物連鎖ピラミッドの下層にいる魚で、イカナゴ以外のほとんどすべての魚に捕食される。一生の半分は泥に身を隠して過ごす。信じられないほど多産だが、なぜそうなのかは、まだきちんと解明されていない。デンマーク人の魚油の利用法を私が記事にすると、最近あまり釣れなくなっていたスコットランドのサケマス釣りの人たちから怒りの声がわき上がった。北海周辺でたくさんの鳥が原因不明の大量死をとげていることを懸念していた鳥類機関も怒った。スコットランドのトロール船もいきり立った。長年、デンマーク人がニシン、ハドック、タラの若魚を目の細かい漁網で雑魚として真空掃除機のように吸いとりまくっているのを非難してきた経緯があるからだ。また、白身魚を捕る者は、北海のタラとハドックの資源を回復させたいなら、えさになるイカナゴ漁船も減らさなければならないことを知っていた。イカナゴがたくさんいるのは、それを捕食する魚が乱獲された結果なのである。

現在は、九九九工場にとっては不遇の時代で、そこに魚を供給するトロール漁船にとっても同様である。しかし、それほど同情する気にはならない。漁獲は軒並み減っていて、労働者はレイオフされている。それに加えて、九九九工場の顧客であるスコットランド、フェロー諸島、ノルウェーの養殖業者の売上げも激減した。養殖サケに発ガン性のあるダイオキシンやPCBが高濃度に含まれていることが研究者によって発見されたからである。汚染物質はサケのえさに集中していた。えさはヨーロッパの汚染された水域で捕れた小魚を煮つめて作ったものである。あまりの汚染濃度の高さに、科学者は、養殖サケを食べるのは、切り身を月に一度ぐらいにしておくよう勧めたほどだった。

汚染が始まったのは、ほんの一〇年ほど前だった。当時の北海はさながら産業の共用下水で、有害化学物質が野放図に投棄されていた。今でこそ禁止されるようになったが、こうした慣習は、〝専門家〟が、増加する世界人口を養い、野生魚の漁獲減少問題を解決するための解決策だとしている魚の養殖に暗い影を落としてきた。二〇三〇年までには、栽培漁業が魚の供給源を支配するだろうと言われている。

誰がそんなことを言っているのかと思ったら、おなじみのFAOだった。FAOは過去に、実際は減少していたのに漁獲は上昇していると言ったりして間違っていたことがある。だから、この言葉もよくよく吟味しなければならない。そして、よくよく吟味してみると、それは現在起きている傾向の観察結果でこそあれ、将来起こることとや、人々が望むことを表しているのではないことがわかる。一時期、イギリスで最も人気のあるりんごはゴールデンデリシャスだったが、それと似たようなものである。なぜ人気があったかというと、単にそれしか手に入らなかったからだ。

FAOは単に、魚の養殖は現在最も急成長している世界の食料生産形態だと述べているにすぎない。年間成長率は九％で、アメリカでは、一二～一三％である。われわれがこれを望むかのどうかについては、誰も聞いてくれない。単なる現象である。豊かな国の人たちにエビを供給するために貧しい国々のマングローブの森が破壊され続けているのは、市場経済が倫理的な抑制を欠いたまま動いていることにすぎない。消費者が何とかして選択肢を持つ方法をみつけない限り、こうしたことは起こり続けるだろう。

多くの環境保護者と違って、私は原則的には、プロセスとしての養殖漁業に反対するものではない。エスビアウの九九九のような工場に頼っている産業プロセスであっても、持続可能な限定された範囲内でおこなわれているなら反対しない。ふっと考えたのだが、非常に空腹なら、毎日喜んで養殖魚を食べるだろう。とても貧しければ、ベトナムや中央アメリカのマングローブの森を切り開き、ブラックタイガー〔エビ〕の養殖場を作るだろう。もっとも、ブラックタイガーを生かしておくための化学物質のカクテルの混合の仕方を知っているとしての話ではある。しかし、これが、世界がめざすべき方法かどうか、それを問いかけるのは選択肢を持っている裕福な先進国の消費者の責任だ。

われわれは、魚の消費者として、まず自分たちが何を望むのかから始め、次いでそれを現実に沿わせて、われわれが必要とするものへと修正していかなければならない。あらゆる傾向が示すように、われわれが望むのはもっとたくさんの魚、できればブラックタイガーのような美味しい甲殻類、脂ののったオメガ3脂肪酸をたくさん含んでいる魚などである。一方、われわれが必要とするものは、野生の魚がいなかったり高価すぎるのであれば、養殖魚ということになる。だが、われわれが絶対に拒否したい魚は、『サイエンス』誌に研究が掲載された後の大衆の反応からもわかるように、健康を脅かすダイオキシンやPCB、抗生物質や殺虫剤の残留物を含んでいる魚だ。魚の養殖が環境に与える損害についてはあまり心配されていないようだ。おそらく、それは必要な代償だと思っているのだろうが、実はこれも、われわれの無知のなせる技かもしれない。まれにだが、何を望むのかと聞かれて、養殖事業が持続可能になることだと答える人がいるが、これはまず無理だろう。そこで、まず養殖業の傾向を見、次いでむずかしい要因を考察してみる。その後で、われわれ消費者が何か影響力を及ぼせるかどうか考えてみよう。

魚の養殖のことを栽培漁業(アクアカルチャー)と呼ぶ人たちがいる。専門用語を使いたい人や、いわゆる集約農業的な印象を薄めたい人たちだ。いずれにせよ、これには二種類ある。一つは少なくとも二〇〇〇年前に中国で開発された養魚で、池の魚に野菜くずをえさとして与えていた。草食性であろうと捕食性であろうと、魚は濁った水の中で生きられるものが選ばれた。途上国の人がローテク養殖魚の成長について話すときは、この方法について話しているのである。ティラピアなど菜食魚を生かしておくのは、むずかしいことではない。野生種に比べて、家畜化した種は成長も早い。途上国がもっと促進を考えるべき選択肢の一つである。問題は嗜好だ。例えば、コイは、西ヨーロッパではだいぶ以前から需要が減っているが、ポーランドやハンガリーなど中央ヨーロッパでは違う。中世の僧侶が大陸からイギリスにコイを持ち込み、池で飼った。金曜日に食べましょうというわけだ。イギリスでコイへの好みが減ったのは、おそらくヘンリー八世〔一四九一～一五四七〕が僧侶を追い出そうとしたことと関係がある。

いま、西洋で養魚業というときは、過去三〇年の間に開発された形態のものを指す。サケ、マス、エビ（プローン）といった捕食性の魚に、野生魚のすり身をえさにして与える。養殖業の成長率は驚異的に高いというわけではないが、小エビ（シュリンプ、アメリカ人はこれもプローンと呼ぶ。ほとんどが世界の貧しい南の国で生産される）は、アメリカで最も好まれている海産物だ（アメリカに輸入されるエビはすべて、虫を殺すために塩素漂白剤にいったん浸かる。私はこのことを偶然知ったのだが、これについて書いた食品記事は読んだことがない）。サケは、現在アメリカで三番目に人気のある海産物だ。一〇年前のコストコ（COSTCO、アメリカ最大の小売店の一つ）は鮮魚を扱っていなかったが、今では年間一万五〇〇〇トンの養殖サケを売っている。ひとたび間違うと代償は高くつくから、誰もが養魚で財をなせるというわけではない。間違いとは主に、野生魚と養殖魚が接近したことに起因する病気、逃亡、過度な拡大である。

捕食魚の養殖産業全体の命運は、ペレット状のえさの原料になるイカナゴなどの小魚がこの先ずっと手にはいるかどうかにかかっている。だからはるか水平線には暗雲が垂れこめている。小魚とはいえ、無限にいるわけではないし、魚油やフィッシュミールも無限に作れるわけではない。魚油とフィッシュミールを比べると、生産の動機は決定的に魚油のほうにある。魚油に含まれているオメガ3脂肪酸は、サケも人間も元気にしてくれる。現在生産されているものの七〇%が、すでに養殖魚のえさに使われている。一方フィッシュミールについては、養殖場に行くのは約三四%だ。二九%は豚に、二七%は家禽に、一〇%は人間や動物のいろいろな食品に使われる。国際フィッシュミール・魚油協会の会長であるスチュアート・バーロー博士は私に、五年前、魚餌産業に向かって魚油の成長には限界が来そうだから魚油を植物油で代用し、(魚油ほど高い比率でなくともよいが)魚のタンパク質を植物タンパク質で代用する方法を見つけないと、世界はこの先一〇年で魚餌が尽きてしまうだろうと警告したことを話してくれた。

珍しいことに、一九五〇年から九〇年代末までの魚油およびフィッシュミールの生産量は横ばいである。供給に波があったのは、必ず太平洋に大規模なエルニーニョが起こって海水温が高くなった年だった。エルニーニョが起こると、ペルーのアンチョビータの繁殖は下降する傾向があった。ペルーのアンチョビータは世界でも最大規模の資本漁業の標的である。将来、価格が上昇すると、フィッシュミールや魚油の使い道は魚のえさだけになり、他の利用方法はなくなると考えられている。バーロー博士は、人々が無駄をなくすことに関心を持つなら、魚油を、魚のえさなどにせず、〔サプリメントとして〕カプセルに入れるべきだと指摘する。供給者は、PCBやダイオキシンが入っていないことを保証しなければならないが、これが、養殖サケを食べる代わりの選択肢である。言ってみれば、中間業者をカットするようなものだ。

では、魚の養殖は、海の野生魚の減少とか人間の食料増産という問題の解決策になるのだろうか、それとも逆に問題を増やしているだけなのだろうか?理論的には、野生魚に関する限り、魚の養殖はある程度問題を解決する。生け簀《す》に囲って肥育するために無制限に捕られてしまった結果、今や絶滅の危機に瀕しているヨーロッパのクロマグロについては、疑いもなく解決方法である。日本はクロマグロの「完全養殖」に成功して問題を解決したが、こうして生産した魚は、海から捕ってくるものよりはるかに高い。だが、日本人がそこまでクロマグロが好きだというなら、勝手に高いマグロを食べてもらおうではないか。しかし、海から捕ってくることだけはだめである。禁止にするか、ワシントン条約で厳しく規制する必要がある。

チリは、メロの密漁を、サケの密漁と同じに扱うことにすることで、最近メロの問題を解決した。つまり罰金を課すのである。ほんの三〇年前、まだ野生の魚が豊かだったころ、イギリスの多くの地方も、同じことをして大いに財政を潤していた。

捕食魚の養殖事業の持続可能性に影を落としているのは、えさになる小魚はどこから来るのかという根本的な問題である。一見変化のない世界営利漁業漁獲量統計だが、実はある事実が隠されている。それは、われわれが「食物網を下っている」という事実である。四〇年前、われわれは北海のニシンをどろどろにして豚のえさにし、これがニシン資源崩壊の要因となった。現在はイカナゴなどの小魚資源が減少している。つまり、魅力のない、しかし生態学的には重要な魚資源の安住の地が少ないのである。

わかっているのは、アトランティック・ドーン号のような船が北海から捕ってくるブルーホワイティング〔タラ科〕の漁獲量がグロテスクなまでに持続不可能だということである。こうして捕られたブルーホワイティングのほとんどが魚油やフィッシュミールに加工される。科学者の警告によると、この深海魚を年間二〇〇万トンも捕獲し続けるなら、北海のニシンの二の舞を演じ、資源は二、三年で一掃されてしまう。アイスランドの記録が最も優れているので、私はアイスランドの記録センターに問い合わせてみた。アイスランド全体のブルーホワイティングの年間漁獲高のうちの二七万六〇〇〇トンがフィッシュミールに加工されることがわかった。人間が食べるのはわずか八九〇〇トンにすぎず、それも主に東欧の国々だった。東欧の消費者の間では、ロシアやポーランドの大補助金船団が捕ってきた時代から、ブルーホワイティングの調理法が受け継がれている。

ブルーホワイティングをフィッシュミール向けに捕ることは、誰も論じたがらない問題を提起する。一九五〇年代、一九六〇年代から議論が持ち越されてきた問題だ。当時デンマークやノルウェーは、人が食べてもとても美味しいニシンを豚のえさや肥料にするために捕っていて、イギリスは、これに対して批判的だった。養殖サケは、体重の三倍の(他の魚で作った)えさを必要とする。仮によい経営者がコストや無駄を減らす努力によってそれを一・一倍まで減らしたとしても、ブルーホワイティングをそのまま食べたほうが、まだましなのである。どうしてそうしないのだろう？　煮つめて凝縮されていないし、大西洋の真ん中という比較的汚染されていない水域に住んでいた魚だから、ＰＣＢやダイオキシンの残留だってはるかに少ないだろう。それに、抗生物質の残留は絶対にない。養殖サケに寄生するシーライス〔単数はシーラウス〕を殺すための殺虫剤も使ってなければ、サケの身をフレッシュなピンクに染める着色剤もない。ちなみに、この着色剤は、陸上食品への使用は禁止されている。唯一異なるのは、タラと同じように、脂を身ではなく肝臓に溜めている点だ。ブルーホワイティングは脂っこい魚ではない。だからオメガ3脂肪酸を摂りたいなら、それがほどよく摂取できるニシンを食べたほうがいい。ブルーホワイティングを食べてみたアイスランドのシェフたちは、小ダラのようで非常に美味しいと言い、傑作な料理法をいくつか開発した。

アジも世界の重要な産業用の魚で、オイルを多く含む。日本人の大好物で、少なくともある天皇の朝食には必ずこの魚が饗されていたという。私は食べたことがないから、どんな味かは説明できないが、イカナゴでさえフライにするとホワイトベイト〔シラウオ科〕と同じように美味しいと言われている。では、何が原因でわれわれはブルーホワイティングやアジやイカナゴやペルーのアンチョビータを食べないのだろう？　答は市場である。ということは、消費者なのだ。今度、魚売場に行くときは、養殖サケでなく、ブルーホワイティングとかアジはないですかと聞いて、どういう反応が返ってくるか見て欲しい。それがきっかけで何かが始まるかもしれない。市場はむら気だから、よいことのためにだって利用できるかもしれない。

食卓に饗せるような高品質のブルーホワイティング需要を作り出せば、巨大なグロリア・トロール漁船は、現在のようなスピードで魚を捕ることはできなくなると言われた。低価値の産業用の魚を捕るときは、網のコッドエンドに魚をぎゅうぎゅう詰めにするので、魚はちぎれたり、つぶれたりしてしまう。これは、フィッシュミール用に魚をどろどろに「煮つめる」のに都合がいいことは、専門家なら誰でも知っている。しかし、人間が食べる魚を捕るのであれば、もっと少なくてもよいから、品質のよい高く売れる魚でなければならない。そうなってうれしくないのはサケ養殖業者ぐらいだろう。

ブルーホワイティングのゴールドラッシュは、資本漁業が持っている倫理的な懸念を提起しているだけではない。「シー・アット・リスク」〔危機の海〕という環境保護団体のモニカ・ヴェアビークの鋭い眼識に負うのだが、デンマーク資本漁獲に不穏な参入者があることが国際海洋探査委員会（ＩＣＥＳ）の記録にあったのだ。二〇〇二年、四一九五トンものソコダラがスカーイェラク海峡〔デンマークとノルウェーとの間の北海の湾入部〕で捕られ、デンマークのフィッシュミール工場に運ばれていくのが見つかった。ソコダラは最初の産卵が八〜一〇歳で、その後七五歳まで生きることができる。ふつう産業用の魚と考えられている短命で多産な種に比べると、乱獲に対して数倍も脆弱である。タラやリング〔タラ科〕などを捕っているうちに、大量のソコダラが偶然網に掛かってしまったということはありうる。これらの魚種がいっしょにいる場所があって、そこを深層トロール網がいくと、まとめて掛かってしまうのだ。

もっとも、この深さでトロール漁をするということは、もっと浅いところには魚がいなくなっていることの表れでもある。したがって、見つかったソコダラは、他のトロール船なら捨ててしまう雑魚だったが、たまたまこのデンマーク人は、都合よく還元プラント〔つまりフィッシュミール加工工場〕を持っていた。ということは、おそらく見つかったソコダラは、他の魚の身代わりになって捕まった雑魚の有効な使い方だという見方もできなくはない。しかし、もしそうではなく、最初からソコダラを魚油用に捕れという指示を得て捕っていたとしたら、これはおぞましい話である。深海魚種をフィッシュミール用に向けることは、世界の漁業が地獄と無秩序と愚かさの新たな悪循環に落ちていくことに他ならない。だが、私は、アイルランドの漁船団もこれを考えたことがあると聞いた。

深海魚を煮つめ用に捕獲することが地獄へ落ちることなら、資本漁業に新たな磨きをかけるのに役に立っている別の〝地獄級の循環〟がある。それは、『エコノミスト』誌が「価値の低い魚の転換　途上国の人たちの口から、先進国の太った魚の口へ」と呼ぶものである。限られた例だが、すでにこれが起こっていると聞いた。西アフリカの大モーリタニア漁場のすべてのマイワシとイワシが、オーストラリアのマグロ養魚場のクロマグロのえさとなっていた。日本市場が好むトロを増やすためである。もしこのやり方が広まりでもしたら、ローマ帝国級の非道だ。

今すでに世界の小型野生魚にこれほどの圧力がかかっているなら、数年後にはどんなことになっているだろう？　北ヨーロッパや西ヨーロッパで関心が高まっているのはもはやサケではなく、オヒョウとタラの養殖だ。ノルウェーやEUでは、チリ産の安いライバルと競う魚としては、タラが咎のようである。サケと違って、タラには、稚魚時代を生き延びるための卵黄嚢《らんおうのう》がない。こうしたタラの稚魚にえさをやるための技術的課題を解決するため、盛んに研究がおこなわれた。どうやら研究は成果を収めそうで、二〇〇四年には、巨大養殖企業、ニュートレコが三五〇トンのタラを市場に出した。二〇二〇年までには、同社はノルウェーで四〇万トンのタラを養殖し、現在タラのないEUに輸出することを期待している。四〇万トンという数字は、ノルウェーとロシアの漁船団がバレンツ海で漁獲を許されている野生魚の全割り当てに匹敵する。

これほどの養殖タラの大量生産が野生のタラに与えるかもしれない影響を考えたことのある人には、まだお目にかかったことがない。養魚は野生種にかかる圧力を吸収し、野生種は元来の豊かさを回復できるのだろうか？　それとも、野生種に遺伝学的な汚染や病気をもたらす可能性のほうが強いのだろうか？

ヨーロッパにおけるタラに関する提案は、養魚場の大規模拡大のように聞こえる。実際、そうなのだ。しかしながら、アメリカの構想に比べると無に等しい。ミネアポリスに本部を置く消費者と環境保護団体の連盟、「農業・貿易政策研究所」によると、魚《さかな》農家は連邦取締り局と組んで、公海の一部を私有化して養魚場にすることを考えている。目下、アラバマ、ミシシッピー、フロリダ、ハワイ、ニューハンプシャー、プエルトリコ、テキサスの沖合五〜三二〇キロに、実験的な沖合い養魚場を運営している。そこにいる魚は価値の高い魚種、すなわちレッドドラム〔ニベ科〕、ブリ・カンパチ類、ヒラメ、タラ、オヒョウ、フエダイやキンメダイ、スギ〔スギ科〕である。仮に家畜化された養殖魚の自然大量脱走を防ぐテクノロジーがあるとしても、公海の養魚場による、海底汚染や野生種の病気・汚染に対する配慮はまだ見えない。「農業・貿易政策研究所」は、二〇〇四年にブッシュ政権が沖合い栽培漁業法案を提出するのは必至だと見ている。これにより、沖合い栽培漁業の政策的骨格が決まってしまう。

アメリカの環境保護団体は、いまだに海の公的管理の是否を議論する傾向があり、実際、海の公的管理はあちこちで問題を起こしてきた。しかし、それよりも、今のうちに何か権利を獲得しておくとか、漁師がそうした権利を取得するのを助けるかして恩を売っておいたほうがいいのではないだろうか。そしておいてから、漁師を利用して、養魚場が地盤を固めるのを阻止するのである。

野生魚を捕る漁業と栽培漁業の間には軋轢《あつれき》があり、それはこの先長く続くだろう。アメリカでは、遺伝子組み換え技術を利用して、サケがより早く、より大きくなるよう遺伝子操作をするという話がある。他の多くの国では、遺伝子組み換え養殖魚は行き過ぎだと考えられている。心配されるのは、養殖魚が逃げて、野生種と繁殖した場合どうなるかである。これは、陸封された施設に閉じこめてでもおかない限り、絶対に起こりうる。いや、陸封されたとしても、安全は保障できない。

異種導入の災難は世界中で起こっている。サトウキビの害虫を殺すためにオーストラリアが導入した毒のあるオオヒキガエルにより、現在では、家庭のペットはいうまでもなく、ヘビからワニまで、毎年オーストラリア原産のあらゆる野生生物が殺されている。黒海では、大西洋クラゲが動物プランクトンを食べ尽くし、かつては商業的な価値のある漁場を形成していたアンチョビーと入れ替わった。どちらも、なぜ遺伝子組み換え魚が名案でないかを示すよい例である。

遊漁（リクリエーショナル・フィッシング）はこの本のテーマに入っていないので、スコットランド西海岸のサケ養殖場で学んだ教訓については手短かに話すにとどめよう。現在、養殖業の拡大計画が練られているが、その着手に先立って熟考に価する例だと思う。

生涯を通じて、川マス釣りで余暇を楽しんできた私にとって、スコットランド西部はメッカだ。初めて釣りでマリー湖に行ったのは一〇代のときだった。当時はスコットランドで一番海マスがとれる湖だった。一九七〇年代なかば、少なくとも二五〇〇匹の海マスがユー川をのぼり、マリー湖を訪れる釣り人に釣られていた。一五年後に再びそこを訪れると、そこはただの観光ルート上の一地点になり果てていて、スコットランドで最も有名だった釣りのホテルは閑散としていた。わざわざ海マスを釣りに出かける者も少なく、年間で一〇〇匹、ある年などは一九匹しか捕れなかったという。

同じことが西海岸やスコットランドの島々の川で起こっていた。原因は、サケ養殖場に起因するシーライスが河口や海岸に集中的に大量に寄生したからである。かつては、サケの鮮魚にシーライスがついているのが見つかるとお祝いしたものだ。シーライスは淡水の中では落ちてしまうので、それがついているということは、その魚が海から湖にのぼってきたばかりだという証だったからだ。今では、不吉な虫の知らせである。

約一〇年にわたって、私は、シーライスが一九八〇年代に起きた海マス資源の崩壊の原因であることを裏づけるたくさんの実証例を記事に書き続けてきた。一九八〇年代と言えば、スコットランド西海岸でサケの養殖が始まったころである。ほとんどの実証例はアイルランドからのものだ。そこでは、サケ研究センターのケン・ウィーランらのような、この分野の科学者が迅速に報告し、この問題に対してよりオープンなかたちで対応していた。スコットランドでは、サケ養殖の黎明期には文字通り無規制で、スコットランドの権力機構の誰一人として、田舎に雇用を生み出すこの素晴らしい方法だとされているものを誹謗《ひぼう》することになど関心がなかった。もっともこの場合、生み出された雇用は、野生魚を捕る漁師の破産と引き換えだったのだが。

突然、シーライスの科学的な立場が変わった。一九九九年、スコットランド環境保護庁の地方長官のデイビッド・マッケイ博士が、ノルウェーでおこなわれた科学会議でこう話した。「特定の状況下では、野生のサケや海マス資源が、生け簀の魚に寄生するシーライスによって損害を与えられているという非難は重大である。損害は、われわれがこうした非難を、証明ずみの事実として受け止められなければならないレベルにまで達している」。三年後、スコットランド行政部の漁業研究所(在ファスケリー)が、野生回遊マスのシーライス感染と養殖場との関係を、かつてないほど強力な証拠を提示しながら立証した。トリドン湖とシールデイグ川〔Sheildaig〕の海マスの感染源は養殖場で、海マスへの感染が最悪になるのは、養魚サケが生け簀に入れられてから二年経ったときだということが証明された。

WWFは、サケ養殖業者に動かぬ証拠をつきつけたと言った。スコットランドの環境大臣は地方開発大臣も兼務している。双方を満足させるのがむずかしい組み合わせの兼務だが、その環境・地方開発大臣のアラン・ウィルソンは、「成長部門のニーズと、それが環境に与える影響の間のバランスをとることが大事だ」と反応した。この場合、バランスをとるということは何もしないことを意味していた。

二年後、回遊魚のルートからどかされた養魚場はひとつもなかった。スコットランドから起こった栽培漁業反対運動は、養殖産業への信頼に強い打撃を与えている。栽培漁業にかかる圧力は、あらゆる面で強まる一方だ。今や科学的な証拠がしっかりしてきたから、野生魚の漁場所有者は、養殖場に対して損害訴訟を起こせると思うのだが、実際に訴訟を起こしたケースはまだない。歓迎すべき開発もある。マリーンハーベスト社などの養魚企業が、立証された養殖技術を用いて、ロッキー川などを再び海マスで一杯にしようと取り組み出した。マリー湖の資源をもとのように戻せたら、養殖業者も、社会の正式メンバーとしての地位を固められると思う。

いずれにせよ、養殖業者はなくならない。まだ若いこの産業も、他の産業と同じように、問題は技術によって改善できると信じている。技術の進歩によって、多くの食の安全に関する不安（ヨーロッパはこの不安中毒にかかっている）が改善されたではないか、というわけだ。養殖産業は数年前から、ヨーロッパの水域がPCBやダイオキシンに汚染されていることを知っていた。また、欧州委員会が魚食品に含まれる有毒化学物質の許容量を導入することも知っていた。だから、サケに関する三年前のデータに基づいていた研究報告が『サイエンス』誌に掲載される二年前に、エスビアウにある九九九工場などはすでに、フィッシュミールから高濃度のダイオキシンやPCBを除去するための処理を始めていた。前に述べた漁業研究所が、三年前でなく、二〇〇四年にスコットランドのサケでテストしていたら、結果はまったく違ったものだっただろう。

スコットランドのマリーンハーベスト社の専務、グリーム・ディアは、魚油不足も技術革新で解決できると私に言った。同社の親会社のニュートレコは、サケやおそらくそれを食べる人に悪影響を与えることなく、養殖飼料に入っている魚油の七五％をオキアミで代用できると信じている。FAOのウルフ・ウィクストロムは、「魚餌の落とし穴」の問題は、南極のオキアミなどまだ開発されていない水産タンパク質資源の利用により解決できると話してくれた。南極海洋生物資源保存管理委員会（CCAMLR）が誇る生態系管理（第9章参照）が試されるわけだ。究極的には、魚の養殖はわれわれにとってそれほどよいことではないかもしれない。しかし、魚がいなくなったり、買えないほど高価になるよりはましかもしれない。われわれは養殖産業と共存しなければならないだろうし、産業側も、もっと環境コストを払うことで、われわれとの共存度を高めなければならないだろう。

サケ養殖業者の中には、有機養殖サケという方法で、集約的養殖漁業に対する社会の恐怖を取り除こうと試みているものもいる。これには敬意を表するが、こうした魚のえさであるフィッシュミールは、往々にして持続不可能な方法で捕られ、聞くところによると濃縮汚染物質を含む魚でできているという欠点がある。農業の有機栽培ラベルのように、環境的に最も害の少ない養殖魚につけられる、信頼のおけるエコラベルシステムを作る熱心な運動が必要だ。そうすれば、養殖エビ、サケ、スズキ類を買う消費者が選択ができるだけでなく、競争原理により、スタンダードはより高くなるというわけだ。これまでは、消費者を安心させるためのシステムは、栽培漁業側で運営しているものだけだった。一方、ほとんどの人は、有機魚と聞くと野生魚を思い浮かべる。

非常に心配なのは、現在ノルウェー沿岸やアメリカ沖の公海で提案されているような巨大規模の養殖場が、野生の魚におよぼす影響について、研究している人がいないようにみえることだ。野生のバッファローが家畜の牛のような動物に変わってしまったように、魚の養殖は、伝統的な技術によるものであっても、二、三世代のうちに魚を変えてしまう。家畜化されたサケは、数世代後には太っている。急流を遡上する必要もなく、けだるげに漂っているだけだから、体重は増えるだろう。このような養殖サケが野生に逃げ出し、野生種と交配すると、野生種が生き残って再生する確率が損なわれるかもしれない。

かつてノルウェーの川を遡上する超大型サケは圧巻だったが、今では遡上するすべての魚が養殖サケの子孫だ。家畜化されたサケは潜在的に、感染性サケ貧血症など致死的な病気に罹りやすい。つまり、何千匹もが隔離されたり殺されたりすることを意味する。また、寄生虫(*gyrodactylus salaries*)にも弱い。というわけで、ノルウェーの川の多くは化学物質ロテノン〔古くからある天然殺虫剤で、水生生物に対して毒性が非常に強い〕で毒され、魚を総入れ替えしなければならなくなった。もし、大規模なタラ養殖場が、地球上に残された最大の野生タラが集中するバレンツ海にある水域近くにできたらどうなるだろう? ノルウェーのずぼらな規制官にまかせておけば、どうなるかわかろうというものだ。

しだいにわれわれは、海洋を野生の魚のためにとっておくのか、それとも養殖魚のための海にするのかという選択に直面するようになるだろう。野生種のごく近くで家畜化された種を養殖すると、家畜化されたほうが必ず勝つ。何が社会にとって最善かを問う者は、政策の世界にはいないようだ。この質問に対して正直に答えるなら、野生種を優先させ、十分な期間放っておき、その生態系をより生産的にすることこそわれわれの利益であって、FAOがわれわれに信じ込ませようとしている、大規模な栽培漁業の拡大ではないことがわかるだろう。

陸上では、インセンティブがすでに集約型農業から粗放型農業のほうへと振れている。イギリスの豚はもはやコンクリートのサイロの中でなく、部屋つきの屋外飼育場で泥にまみれて元気にブーブー鳴いている。えさも、BSE発生後は、陸上動物は、もはや仲間をどろどろにつぶし、溶出してできたえさを食べさせるというような共食いはしていない。養殖業者の悪夢は、魚版BSEの発症だ。粗放的に育成された魚のほうが、集約的に育成された魚よりよいと思わずにはいられない理由があるわけだ。しかし、政府の政策のどこに、それが表れているだろうか？　海の至るところで、インセンティブと補助金のおかげで、たくさんの野生魚の殺戮と、養殖場が増えている。

これは、社会が望むこととの反対だ。北海のイカナゴ一〇〇万トンを煮つめて九九九工場に送ることがよいかどうか、誰も問題提起をしないうちに、それはゆっくりとではあるが、もう始まっている。もっと違った方向に進むよう、われわれが積極的な選択をしないかぎり、将来は栽培漁業にとって儲かることしか起こらなくなってしまう。栽培漁業を前押しするインセンティブ（緩い規制と度重なる補助金）があっていいのかどうか、その選択権はわれわれの側にあるのだ。われわれは、野生漁業を再構築して、それが、水産票を買うための方法ではなく、社会に健康、栄養的な恩恵をもたらすような資源管理方法を選択しなければならない。もしわれわれが優先順位を明確にするなら（つまり野生種を上位に、養殖魚を下位にもってくるなら）、われわれはより健康になり、養殖場で使われる化学物質や殺虫剤を食べないですむ。

野生魚の保護は人間の健康問題にほかならない。このことをよく覚えておこう。

第17章　海のユートピア（取り戻した海）

そこでわたしはサリー堤を指さした。そこには何か軽い板でできた台のようなものが岸から水際の方へ造られてあって、その陸の側のはしには捲揚機がついている。それに気づいたので、わたしは言った。「この辺でいったいあんなもので何をしようというんですかね？　テイ川（スコットランド最大の川）辺でなら鮭の網を曳いているんだとでも考えようはあるが、まさかこのあたりじゃ――」。

「いや、」と彼は微笑をうかべながら答えた、「もちろん、あれはその鮭の網を曳くためなんですよ。鮭さえいるところなら、テイ川だろうとテムズ川だろうと、どこだってきっと鮭の網はありますよ。でももちろん、年がら年中あれを使っているというわけじゃありません。いくらその季節だって、毎日々々鮭がほしくなるわけじゃないんだから。」

「だが、いったいこれがテムズ川ですか、」と言いかけたが、ただふしぎのあまりわたしは黙っていた。そしてうろたえた眼を西方に向けてふたたび橋を眺め、それからロンドン川の両岸の方をながめた。そこにはたしかにわたしをおどろかすに足るものがどっさりあった。というのは、なるほど流れには橋がかかっており、両岸には家々があったが、ただ何もかもが昨夜とはなんと変ってしまったことか！　煙突からもくもく煙を吐いている石鹸工場はなくなっていた。機械工場もみえない。鉛工場も消えうせている。ソーニクロフト工場から西風に送られてきこえてくる、鋲を打つ音やハンマーを打つ音もすこしもきこえない。

ウィリアム・モリス著『ユートピアだより』（一八九〇年）〔邦訳、松村達雄、岩波文庫〕

ローストフト。二〇九〇年九月。ニシンがいる。帆走式流し網漁船が次々と魚箱をニシンで一杯にしている。この町の海洋保護区をちょっとはずれたところで漁が許されているのは、この帆走式流し網漁船だけである。一七世紀のオランダの絵画を思い出させる風景だ。唯一の違いは、服装と衛星測位テクノロジーと安全装置である。ドッガーバンクにニシンを放卵して以来、再びわれわれの前に拓けてきた海の幸。沿岸ニシンは珍重され、再現したウォーターフロントの市場は、伝統的な麻網でニシンを捕ってきた沿岸漁師から「銀の魚」を買い求める観光客でいっぱいだ。

観光メニューに載っていることなら何でも経験してみようという観光客の中には、ニシン漁師といっしょに夜間操業に出かける者もいる。ニシン漁師は、今では「ヘリテージ漁業」と呼ばれているニシン漁で暮らし向きもよい。オートミールをまぶして揚げたニシンやカキを目当てに、レストランに出かける者もいる。野生のカキは、二〇四〇年ごろおこなわれたドッガーバンク回復大演習のとき放卵され、着実に増えてきた。だが、カキ漁ができるのは、ニシン漁と同様、帆走式漁船だけである。地元では薫製のキッパー〔産卵期直後の雄サケ〕がシーズンで、市場ではよい値をつけている。しかし一番よい値段がつくのは、禁漁区のすぐ外側で手繰り釣りで捕った大型のシタビラメだ。『イースト・アングリアン』紙は、東海岸沖にニシンやアンチョビーがたくさんいるため、クロマグロが、スカボロー沖の保護区で見かけられたというニュースを報じている。クロマグロは一九五〇年代以来、イギリスの海岸で見かけたという記録がない魚だ。

海岸線沿いの数百メートルには、ウェットスーツを着た子どもたちが、午前中いっぱい巨大なガンギエイを追っている。それを見守っているのは、ローストフト最後のトロール船長の曾孫《ひまご》で、町の海洋保護区の管理人だ。エイは人間を怖がらず、なでられることにも抵抗がない。やがて体をうねらせて海底にもぐっていくが、どの方向にいっても、数マイルは安全圏内だ。北海のこのあたりでは、海底をさらう漁具は禁止されているからである。船底がガラスになった船がそれを追っていく。視界は一〇メートルだが、かなり遠くまで見える。海底に住むカキが増えたおかげで、海水は濾過《ろか》され、過去五年の間に透明度が非常に高まったのである。海洋保護区の縁のあたりでは、バンドウイルカの群れを見る楽しみもある。イルカたちは、海洋保護区のはずれにある風力発電基地のあたりで遊んだり、帰港する流し網漁船を追いかけたりして遊んでいる。

ウォーターフロントも修復された。キャプテン・ネモのレストランでは、沿岸漁船から水揚げされたばかりの魚を競《せ》る声が飛び交っている。こうした魚の中には、数年前までは北海で捕れるとは思いもよらなかった種もいる。今では北のヨークシャーでも生産されるようになったイギリスの白ワインが、塩味の新鮮な魚料理とよく合う。ヨット遊びや遊泳を終えた子どもたちがウェットスーツのままやってくる。メニューには、シタビラメ、ナマズ、ハドック、ホワイティングなど地元で捕れた魚の料理が満載されている。いずれもジグ（擬餌針）や手繰り釣りで捕ったものである。北海の北部漁場で割り当てをもらった二〇隻ほどのトロール船が捕ったハドックやウイッチ〔カレイの一種〕もある。トロール漁船の漁師は、沿岸漁業はテーマパークだと言って責めているが、これは人間が自然や海洋遺産に参加する方法だ。

豊かな国だけしかできない贅沢だが、実は誰もがそうしたいと望んでいることである。観光客を呼び込み、雇用を作り、町に新しい命を与える。ウォーターフロントには新しい建物が建ち、町の様子は一変した。とくに海面のほうが一メートル高くなり、防波堤で守られている土地が狭まってしまった今、都市計画がむずかしくなり、市は頭を抱えている。しかし、町は今世紀初頭から、経済的にも物理的にも変わった。昔からあるものは、ぐんと縮小した港と、町の背後にひかえるノーフォークブローズ〔イングランド東部ノーフォーク州の湖沼地方〕だ。グレート・ソール海洋保護区ができてからは、これらもすっかり輝きが失せてしまった。

今日の子どもがまったくあたりまえだと考えていることが、実はたいへんな業績であることは、われわれ教養のある大人にはわかる。二〇世紀と今世紀初頭における世界の海洋の有様は惨憺《さんたん》たるものだった。一九世紀のヨーロッパは公害に苦しめられていた。川のサケは死に、人が運河や水路に落ちたときは胃洗浄しなければならないほど、その水は有毒だった。二〇世紀になって、ヨーロッパは徐々にこうした公害問題に取り組んだ。しかし漁業技術の進歩から派生する問題は過小評価され、それに対する取り組みに、さらに一世紀近くを要した。

つまり、何が起こっていたかというと、(豊かな食料供給など)かつて海が万人に与えていた共有物が、最後の一匹まで捕ろうとする漁師によって事実上盗まれていたのである。環境保護者たちは、よく農家のことを〝田舎盗人〟として非難していた。今度は漁師が〝海盗人〟として非難される番だった。しかし、市民が自分たちの遺産を漁師から取り戻そうという動きを始めた後でさえ、改革がうまくいったのは、先進民主主義国や民主主義にもとづく地域組織においてだけで、インドネシア、フィリピン、アフリカ沿岸諸国など膨大な人口をかかえる国では、問題は続いていた。アフリカ西海岸の大湧昇漁場は、熱帯雨林同様、現在のわれわれには、記憶の中にしか存在ない。

もっともヨーロッパでは、問題は、ついに解決した。しかし、そこに至る前に地中海のクロマグロはほぼ絶滅し、北海のタラは完全に絶滅した。四〇年経った今でも、われわれはまだノルウェーの養魚場からきたタラの卵を北海に再び播くという挑戦を続けている。かつての豊穣さを取り戻すには、気候や生態系の変化が大きすぎたかもしれないが、海の魚の多様性は、どちらかといえば増した。今では、沿岸漁業免許は、最も害を出さない漁法に限って与えるような取り決めになっていて、沖合いトロール漁は、二〇二〇年から、海に魚を残すことで財政的な利益を得られるわずかの企業だけが運営している。

大型海洋保護区ネットワークも同様である。海洋保護区は海の豊穣さを取り戻すために始まったが、政治家がこれを人気取り政策として利用したため、成長した。

公海管理法ができたのは、二〇一二年の海洋サミットであるのはほぼ間違いない。一九九二年に地球サミットがおこなわれてから二〇年経っていた。だが、ヨーロッパの沿岸水域の改革と海洋保護区の起源は二〇〇五〜二〇一二年にかけてで、このころ、法律によっていくつかの海洋保護区が作られた。海洋サミットを契機に、海洋に対する一般の認識が非常に高まり始め、その結果、それまで漁業に牛耳られてきた海洋は、ヨーロッパのほとんどの政府の副首相の管理下におかれるようになった。

今日魚を捕っている人の数は少ないが、当時よりずっと豊かだ。このことは、厳密に制限された新しい漁業形態の周辺で成長してきた沿岸の加工産業や、観光業者についても言える。魚がどこの海で、どこの船によって、どんな漁法で捕られたかについてのトレーサビリティーも、今世紀に入って最初の一〇年で普及した。今では当然のこととして受け止められている。天然魚の価値のほうが高くなり、サケなどの集約的養殖魚と逆転したのもそのころだった。しだいに多くの人々の嗜好が、豊富なのに食用としては見過ごされ、フィッシュミール用として煮つめられる一方だった魚に移ってきた。ローストフトのウォーターフロントのマイケル・グラハムの銅像を過ぎたあたりには、もう何年も前から、イカナゴやブルーホワイティング専門のレストランがある。

＊　＊　＊

ここで現実(二〇〇四年)に戻る。場所は同じくローストフト。誰だって夢を見ることはできる。しかし、こと海に関する限り、われわれの夢はまだ十分とは言えない。今の状態が続いた結果どうなるのか、ほとんど考えていない。あと五〇年か一〇〇年すれば、世界中の海が、地中海やジャワ海のようになるだろう(ジャワ海は、ほとんど空っぽだ。網を逃れた小魚が子を産めるまで生き延びようとがんばっているが、たいてい失敗している)。北米大陸の大草原からバイソンが消えたように、メカジキやクロマグロが消えた地中海は、空っぽの巨大水泳プールも同然だ。最後のメカジキやクロマグロは、必要に迫られた水産業がテクノロジーを使った方法で育てたものだ。アフリカの大湧昇も、漁業的には消えたも同様だ。唯一の例外が、ナミビア沖のメルルーサで、これはスペインでとてつもない高値で売れる。

海岸沿いの人口急増国では、まちがいなく飢餓《きが》が生じる。西アフリカ沖の魚の量はあまりにも少ないので、かつては豊かな漁場だったセネガルなどの国々は、今日のエチオピアやサヘル〔セネガルからエチオピアに至るサハラ砂漠の南に接する半乾燥地帯〕のように食料援助を必要とする国になるだろう。養殖魚は公海をも支配し、害毒を与え、新聞は、かろうじて生き延びている野生の魚が養殖魚からうつされた病気や突然変異の記事でにぎわうようになるだろう。養殖魚は今日以上に増えるが、えさは、魚油もどき(大豆と遺伝子組み換え添加物)になると思われるので、天然魚とはまったく違った味になるだろう。天然魚の値段は途方もなく高価になる。

こうした傾向から逆戻りしたいなら、われわれはいくつかのことをしなければならない。明らかにどれもむずかしいことではない。

(1)漁を減らす。操業ペースを現在の半分以下に抑えれば、海の幸は増え、結果的にもっとたくさん収穫できるかもしれない。

(2)魚を食べる量を減らす。あるいは、もっと無駄の出ない魚の食べ方をする。

(3)自分の食べているものについてもっと知り、持続可能な方法で捕られていない魚は拒絶する。

(4)最も選択的で、無駄を出さない漁法を支持する。

(5)漁師に、新しい責任を伴った、譲渡可能な漁業権を与える。

(6)マグロやメカジキといった大型のゲームフィッシュの公海にある回遊ホットスポットや、集約的漁業がおこなわれている海(例えば北海)の全面積の五〇%以上を海洋保護区にする。

(7)地域の漁業組合は、これまでは単に保護種の個体群の減少を監視するだけだったが、これからは、公海での操業が適切におこなわれるようにする責任を負わなければならない。

(8)ヨーロッパの二〇〇海里ＥＥＺ内で、われわれは市民が海の総統権を持つ静かな民主革命を組織しなければならない。

以上のことは、熱心に求めれば、かなうだろう。ヨーロッパ市場ではすでに、正しい方法で管理されている魚へと方向転換が始まっている。まだまだ足りないが、最も持続不可能な漁場には、すでに圧力がかかっている。持続可能でない漁業は、レストランのメニューを読む顧客や、鮮魚売場や冷凍食品売場で知識のある消費者に拒絶される可能性は高い。北海のタラのように懸念される魚の市場は、大手小売店（概して、政治家よりもずっと顧客の好みや環境運動に敏感に反応する）でも先細りになっていくだろう。未来の漁業は、消費者に持続可能だと納得してもらえるような根拠を示せなければならない。

ジョン・グルーバーの言葉を思い出してみよう。「未来の漁師は、捕らえた魚ではなく、捕らえなかった魚によって評価される」。このような見地にたって漁師を評価するには、われわれはまずどんな魚が売られているのかを知らなければならない。何という種のマグロなのか、どのような漁法で捕獲されたのか、どこで捕れたのかなど聞き、答えがなければ、他人に聞こえるような大声で断るべきである。われわれが買いたい魚を生産するには、世界の漁場で嫌になるほどたくさんのことをしなければならない。急速に減少している北海のタラと同じく、効果的な政策や手段がとられた例は、世界にぽつぽつとしかない。当面の問題は、これである。

われわれの前には、二通りの未来が示されている。一つは、われわれにむずかしい、しかし積極的な選択をすぐ始めるよう求めている。この選択をしないなら、残された未来は一つしかない。

食べてよい魚（コンシューマー・ガイド）

この本は消費者のためのガイドブックではない。少なくとも、私がこの本を書く主要な目的ではなかった。この本は、私が世界のさまざまな海を訪れ、漁法や、それが標的とする魚種や生態系におよぼす影響を検証しながら書いた、いわば個人的な旅行記だ。しかし、書き進めるにしたがって、海の管理や漁師の獲物の追い方を変えるには、消費者の選択が大いに関係してくるということがわかってきた。

そういうわけで、私個人の見解であっても、食べてはいけない魚、慎重に食べなければならない魚、良心への咎《とが》めなしに食べられる魚にごく手短かにふれないのは責任をまっとうしていないような気になり、こうしてまとめたのが本章である。

個人的な見解とは言いながらも、リストアップされた魚は、必ずしも私特有のものではない。海洋保全協会（ＭＣＳ The Marine Conservation Society）、モントレー湾水族館（The Monterey Bay Aquarium）、ブルーオーシャン協会（The Blue Ocean Institute）が出しているコンシューマーガイドと一致するが、異なるケースもある。これらのガイドは定期的に更新されているし、広範な科学的見解を入力しているから、何を食べてよいか倫理的な決断をしたいときは、まずここに頼るとよい。

私は、ＭＳＣ〔海洋管理協議会〕で認証されているもの、あるいはＭＳＣの認証過程にあるもの（すでに予備テストは通っている）を食べるように勧める。ＭＳＣ以外の認証システムにはそれほど納得していない。世界的でなかったり、認証プロセスに多彩な見解がかかわっていないというのが理由である。

なんという魚種か、資源は増えているのか、乱獲に対して脆弱なのかを知りたいときにはＩＵＣＮのレッドリスト(http://www.iucn.jp/protection/species/redlist.html)と、フィッシュベース(http://filaman.ifm-geomar.de/search.php)を検索するようお勧めする。

情報といえば、人口三〇万人弱のアイスランドが、毎年、クジラからシシャモやプローンに至るまで、営利開発されているすべての種の現状を表したブルーブックを作っている。それなのに、どうしてEUやその他の大国に、それができないのか理解に苦しむ。IUCNのウェブサイトも同じ情報を含んでいるそうだ。〝そうだ〟と言ったのは、ウェブサイトの作り方が悪くて、私は最後までアクセスできたことがない。ヨーロッパ人の政治的主張を鼓舞《こぶ》したいなら改善すべき点である。

究極的には、消費者は、どの魚を食べるか決めるために、十分な情報を与えられるべきである。逆に言えば、情報の欠如は買わないよい理由になる。どういうことかというと、例えば、マグロなら、どの種であるか、どんな漁法で捕られたのかを表示していないものは受け容れがたい。私の個人的な選択としては、どんな魚でも、魚種、原産国(海)、漁獲方法が明示されていないものは拒否する。ということは、「ツナ・クランチ・サンドイッチフィラー」とか「イタリアン・ツナステーキ」というような表示はお断りだ。後者は、魚がイタリア産なのかイタリア風に調理をしてあるのかまぎらわしい。ラベリングが適切でない魚を拒絶することで、消費者は、海で何が起こっているのかについて、よりよい情報が得られる世界を求めているという意思表示ができる。

では、前に述べた情報源、とくにMCSに大きな感謝を捧げつつ、(資源管理が急激に改善されないかぎり)私が個人的に食べない魚や、メニューに載っていれば選ぶであろう魚を挙げてみる。

絶対食べない一二種

大西洋タラ(ニューファンドランドや北海などで捕れる産卵タラ資源)

大西洋ハドック

クロマグロ〔日本でいうホンマグロ〕

良心の呵責《かしやく》なしに食べる魚

アジ
ブルーホワイティング
イカナゴ
ニシン
サバ
ロブスター
太平洋オヒョウ
ポロック
ホキ
太平洋サケ
イガイ、ムラサキガイ
ティラピア

キャビア
ヨーロッパ・メルルーサ
ヨーロッパ・スズキ〔シーバス〕
北大西洋オヒョウ
メロ〔チリ産スズキ〕
グルーパー〔ハタ〕
スナッパー〔フエダイ〕
オレンジラフィー
ホタテガイ

ちょっと考えさせられる種

カレイ・ヒラメ類、シタビラメ
メカジキ
サメ
マグロ
エビ／クルマエビ
ガンギエイとエイ

訳者あとがき

著者は英国『デイリー・テレグラフ』紙のベテラン記者で、英国環境メディア賞を三回も受賞した。本書の構想を抱いたのは一三年前である。世界が必要としている本だという確信があったという。七年の歳月をかけて世界中の海、漁港、水産業者、漁師、科学者を訪れて取材し、日本にも来た（第2章は築地市場から始まる）。そして、一気に書き上げたのが、この本である。二〇〇四年春にイギリスで出版されるや、「読み終わって人生が変わった」、「これまでと同じ気持ちでは魚は食べられない」、「海洋版〝沈黙の春〟である」など『エコノミスト』誌、『フィナンシャル・タイムズ』紙、BBCなど英国有数のメディアで絶賛され、一躍ベストセラーになった。大西洋の対岸でも、『ニューヨーク・タイムズ』紙が〝かけがえのない一冊〟に選んだ。私も『エコノミスト』誌の興味深い書評を読むや、すぐさまイギリスから取り寄せて読んだ。

本書を読むと、重要なタンパク質源である魚について、資源的に問題があることを、われわれがまったく認識していなかったことがわかり愕然とする。著者が、〝世界が必要としている本〟と言った意味がそれなのだ。とくに、魚食文化が洗練を極め、その健康への効果を世界一の長寿国として証明してきた日本では、魚、それも貴重な高級魚を食べることは美徳でこそあれ、なんらとがめられることではなかった。グルメ番組はテレビを席巻し、日本中のレストランのイエローページ化している。

だが、こうしたグルメ番組や料理番組の中で、資源について触れたものには、ついぞお目に掛かったことがない。番組の中で、貴重な大間《おおま》の天然マグロを入手して使っている料理人は得意げだ。しかし、なぜ貴重かというと、美味しいことに加えて、魚が少なくなったからで、なぜ少なくなったかというと、捕りすぎたからにほかならない。いわゆるホンマグロ(クロマグロ)はこのままでは、記憶の中だけに住む魚になってしまうだろうと著者は懸念する。

天然がだめなら養殖があるとばかりに、今や魚の養殖ブームである。いろいろな問題に加えて、養殖魚のアキレス腱は、えさである。煮つめてペレット状のえさにする小魚が乱獲され、資源が危なくなっている。余談だが、私はモアイ像で有名なイースター島を訪ねたとき、荒涼とした不毛の島をみながら、当時最後の一本の木を見ながら島民は何を思ったのだろうかと不思議に思ったものだ。しかし、イースター島の最後の木は、一本の大木ではなかったのだろう。木材にも薪にもできない苗木がぽつぽつ残され、風化した土壌に耐えられず、大きく育つこともなく枯れていったのだろう。それと同じことがいま、海でも起こっている。世界中の漁場や魚種において、親魚が減り、捕れるのは産卵もできない若い魚ばかりになっている。とはいえ、著者は完全に悲観的ではない。要するに著者はもっと魚を食べる量を減らせ、食べるなら魚種や製品をもっと賢明に選び、そのために必要な知識を身につけるべきだと訴えている。ローマ人は、宴会場の隣に吐く部屋を設け、吐きながら、さらに食べ続けるという飽食ぶりだったらしい。だが、われわれ現代人もこれを笑えないのではないだろうか。吐く部屋の代わりにアスレチッククラブがあるだけなのだから。

現在の漁船は、軍事テクノロジーを利用した先端技術を搭載しているから、どんな深海でも、複雑な海底地形であっても漁ができるようになった。しかし、世界中で漁業によって殺されている海洋生物のうちで、人間や動物の口に入るのはわずか全重量の一〇％にすぎない。水揚げ高でみても、せいぜい二〇％だ。あとはただ捨てられている。無駄死にである。

本書にも登場するブリティッシュ・コロンビア大学教授で、世界的な水産資源の問題に学問的に取り組む漁業科学者のダニエル・ポーリー博士は、花の万博記念「コスモス国際賞」を受賞し、去年来日した。そのとき私も所属する日本外国特派員協会でおこなったレクチャーで、博士は、食物網の頂点に立つマグロなど捕食魚が乱獲により減った結果、食物連鎖における漁獲対象が連鎖反応的に低次元化し、われわれに最後に残されるのはクラゲとプランクトンのスープだろうと述べ、折りしも日本の沿岸に押し寄せて大問題になっていたエチゼンクラゲ大発生の秘密を解き明かしてくれた（第2章三八ページ参照）。

余談だが、そのとき私が本書を翻訳中であると博士に話したことから、博士は帰国後さっそく著者のクローバー氏に連絡をとってくださった。だから、その後は著者と直接いろいろとやりとりができ、巻頭の日本の読者へのメッセージもいただけた。メッセージの中でクローバー氏は、格安航空券とインターネットがなければこの本は書けなかった、と書いているが、それは私も同じで、インターネットは翻訳家にとっても命綱だ。インターネットでいろいろと検索しながら、著者が訪れた世界各地の漁港や町の写真も見ることができ、翻訳の参考にしたり、それぞれの趣を楽しんだりした。各章の冒頭は、著者の旅行記のようなかたちで始まるが、こうした部分を訳すのが一番楽しかった。いずれひまとお金ができたときは、ぜひ本書に登場する港や漁村を訪ねてみたいものである。

日本については、第2章をはじめ、おりあるごとに触れられているが、さらに詳しく日本の漁業を知りたい方には、池田八郎著『世界の漁場でなにが起きているか――日本漁業再生の条件』(成山堂書店)をお勧めする。また、原書の第17章「海盗人」は、主にEUの漁業政策について書かれた章なので、ページ数の都合上、著者の承諾を得て割愛し、原書の第18章を本書では第17章とした。著者は、その章の重要部分を他の章に手短かに加筆してくれた。なお著者注は( )、訳注は〔 〕内に入れた。

翻訳にあたっては、カリフォルニア州立大学サンディエゴ校名誉教授のダン・マックラウド博士とダン・ブーン氏に大変お世話になった。魚の名前などについては、高知大学大学院黒潮海洋科学研究科の山岡耕作教授(魚類生態学)と高橋正征教授(生物海洋学)をわずらわせた。厚くお礼申しあげる。著者に教わったFishBaseというウェブサイトも参考にした。本書の中で著者が、魚を学術名で記すことは、生き物というイメージをなくし、われわれの良心の呵責を弱めると書いているので、なるべくわかりやすいコモンネームで記すようにした。不備があれば、すべて私の責任である。本書の翻訳には思ったよりずっと時間がかかってしまった。編集者の坂本純子さんの寛容とアドバイスに心から感謝申しあげる。

二〇〇六年三月

訳者　脇山真木

脇山真木
翻訳家，旅行作家，コラムニスト，フリーランス・ジャーナリスト．
京橋生まれ．主な訳書に『バイテクの支配者』，『クレージー・メーカー』(いずれも東洋経済新報社)，『わたしが最後にドレスを着たとき』(大和書房)，『メイミーの書』，『世界で一番大切だった場所』(いずれもマガジンハウス)などがある．

飽食の海　チャールズ・クローバー

2006年4月26日　第1刷発行

訳　者　脇山真木《わきやままき》

発行者　山口昭男

発行所　株式会社 岩波書店
〒101-8002 東京都千代田区一ツ橋 2-5-5
電話案内 03-5210-4000
http://www.iwanami.co.jp/

印刷・理想社　カバー・半七印刷　製本・中永製本

ISBN 4-00-024757-3　　Printed in Japan

用語解説

CCAMLR

南極海洋生物資源保存管理委員会。カムラーと発音する。南極海の海洋生物の保全のために、1982年に南極条約の下で発効。とくに種間のつながり(鳥、アザラシ科、オキアミ)に気を配った「生態系的な取り組み方」をしている。まだまだ強制力が弱い。

CITES

絶滅のおそれのある野生動植物の種の国際取引に関する条約。いわゆる「ワシントン条約」。サイテスと発音する。野生動植物の国際取引の規制を輸出国と輸入国とが協力して実施することにより、絶滅のおそれのある野生動植物の生存を脅かさないようにすることを目的とする。1975年に発効。保護種のリストに魚はあまり含まれていない。

COLTO

合法メロ操漁連合。オーストラリアを本拠とする連合。ここのウェブサイトの「ならず者ギャラリー」では、メロ密漁者の名前や写真が挙げられている。この本で追跡劇を紹介したビアルサ号のとん走の写真もある。

EEZ

排他的経済水域。1982年に採択された国連海洋法条約(UNCLOS)で沿岸国に、魚など海洋の生物資源の採取や、石油、ガス、砂利、鉱物など海底資源の開発などの権利を認めた海岸線から200海里内の海域。

FAD

集魚装置。マグロ漁師は、マグロが浮遊物の回りに集まる習性があることを知っている。いかだや丸太の回りにいるのがよく見かけられるからだ。まず、網をいかだのまわりに仕掛ける。それから、漁船は各自の集魚装置(FAD、浮き漁礁。木枠で、網の房をぶら下げることもある)を何十も、監視できる範囲内でなるべくたくさん作る。FADには、魚の活動をモニターするためのエコーサウンダー(音響測深機)を装着でき

る。FAD はまた、浮標(ブイ)が水温躍層に近づいたかどうかを見極めるために水温や流速もモニターする。

FAO

国連食糧農業機関。開発寄りの国連機関で、世界の漁業の状態についての報告書を発行する。

IATTC

全米熱帯マグロ類委員会。1950 年発効。カリフォルニア州ラホイヤに本部を置く東太平洋の地域漁業機関。

ICCAT

大西洋マグロ類保全国際委員会(International Commission for the Conservation of Atlantic Tunas)。1969 年発効。本部はマドリード。マグロの個体群の保全を成功させることに無関心なので、マグロ類乱獲国際委員会(International Conspiracy to Catch All Tuna)と揶揄されている。最近になって、便宜置籍船に強制的に登録を止めさせたり、北大西洋のメカジキ保全など多少の成功例がある。

ICES

国際海洋探査委員会。1902 年発効。北大西洋の海洋研究の促進と調整をするための機関。できてから 100 年以上も経つ古い機関なのに、まだ産業化以前の北海のタラの産卵資源量を把握できないでいる。

IOTC

インド洋マグロ類委員会。1993 年発効。セイシェルに本部を置く、インド洋マグロ類に関する地域漁業機関。資源量の評価や正規漁船のリストを作ったりしているが、いまだに何も積極的な保全手段をうっていない。

ITQ

譲渡可能個別割り当て制。アラスカでは個別漁業割り当てとして知られている。長期的に魚を捕ることができる権利を与えることで「魚捕りレース」をうまく終わらせることができるという主張を支持している。

IUCN

自然および天然資源の保全に関する国際同盟。国際自然保護連合とも呼ばれる。世界的な保全のための科学的ネットワーク。名前が多すぎる。

インターネットで世界の絶滅危惧種のレッドリストを公表している。

IWC

国際捕鯨委員会。クジラ資源を管理するために、1946年に設立された捕鯨国クラブ。同委員会の最新の管理規則(商業捕鯨が終わってから開発された)に従って漁業をするなら、タラ漁船はほぼ出漁不可能である。

MSY

最大持続生産量。魚資源と漁業努力の間の最適な関係のことだが、現実には、MSYを指標にして魚を捕ると、資源は必ず乱獲される結果になる。

NAFO

北西大西洋漁業機関 。1979年発効。ノバスコシアのダートマスに本部がある。大陸棚を越えた水域に関する地域機関。加盟国16。目下修羅場となっているのは、グランドバンクス外縁の違法漁業。

NEAFC

北東大西洋漁業委員会。地域漁業組織。発効は1963年だが、二つの世界大戦の間の時代から存在している。ロンドンに本部。目下修羅場となっているのは、ハットンバンクのブルーホワイティング。

UNCLOS

海洋法に関する国際連合条約(国連海洋法条約)。1967年によびかけがあり、73年に議論が始まり、82年に採択された。しかし、アメリカ合衆国は、いまだに批准していない。

WWF

かつては世界野生生物基金といった。それから世界自然保護基金となり、今はなぜか単なるイニシャルだけになっている。

浮魚《うきうお》

サバ、イワシ、マグロなど、海洋の表層を遊泳する魚。

深海魚

タラ、メルルーサなど海底に住み、そこで餌を食べる魚のこと。底魚《そこうお》ともいう。

主要参考文献

下記にご案内する文献は、乱獲問題についての初心者にとって、よい手引き書になると思う。すでにこの問題について知識をお持ちの読者には、「応用参考文献(Further reading)」に挙げた記事や書籍が参考になると思う。末尾には有益なインターネットのサイトもご紹介させていただいた。

第1章

Prime Minister's Strategy Unit, *Net Benefits: A Sustainable and Profitable Future for UK Fishing* (Cabinet Office, March 2004 or www.strategy.gov.uk)

第2章

Carl Safina, *Song for the Blue Ocean** (Henry Holt, 1997)

James R. McGoodwin, *Crisis in the World's Fisheries** (Stanford University Press, 1990)

D. Pauly, V. Christensen, S. Guénette, T. J. Pitcher, U. R. Sumaila, C. J. Walters, R. Watson & D. Zeller, 'Toward sustainability in world fisheries', *Nature*, issue 418, pp 689-95 (2002)

R. Watson & D. Pauly, 'Systematic distortions in world fisheries catch trends', *Nature*, issue 414, pp 534-6 (2001)

Daniel Pauly, 'Why the international community needs to help create marine reserves', Fourth meeting of the UN Open-ended Informal Consultative Process on Oceans and the Law of the Sea, New York, 4 June 2003 (www.un.org)

Ransom Myers & Boris Worm, 'Rapid worldwide depletion of predatory fish communities', *Nature*, issue 423, pp 280-3 (15 May 2003)

第3章

Institute for European Environmental Policy, 'Fisheries agreements with third countries – is the EU moving towards sustainable development?' (www.ieep.org.uk, 2002)

Environmental Justice Foundation, *Squandering the Sea: How Shrimp Trawling is Threatening Ecological Integrity and Food Security around the World* (EJF, London, 2003)

第4章

O. T. Olsen, *The Piscatorial Atlas of the North Sea, English and St George's Channels* (Taylor & Francis, London, 1883)

Daniel Pauly & Jay MacLean, *In a Perfect Ocean: The State of Fisheries and Ecosystems in the North Atlantic Ocean** (Island Press, 2002)
International Council for the Exploration of the Sea, 'Environmental Status of the European Seas', a quality status report prepared for the German Federal Ministry for the Environment, 2003.
Ole Lindquist, 'The North Atlantic grey whale (*Escherichtius robustus*): An historical account based on Danish-Icelandic, English and Swedish sources dating from *c.* 1000 to 1792' (Universities of St Andrews and Stirling, Scotland, March 2000)
Paul Naylor, *Great British Marine Animals* (Sound Diving Publications, 2003)
J. Nichols, T. Huntington, P. Winterbottom & A. Houg, 'Certification report for the Pelagic Freezer Trawler Association, North Sea Herring Fishery' (Moody Marine, November 2003, or www.msc.org)
S. J. de Groot & H. J. Lindeboom, eds, *Environmental Impact of Bottom Gears on Benthic Fauna in Relation to Natural Resources Management and Protection of the North Sea* (Netherlands Institute for Sea Research, 1994)
Michael Wigan, *The Last of the Hunter Gatherers: Fisheries Crisis at Sea** (Swan Hill Press, 1998)

第6章

Phil Aikman, 'Is deep water a dead end? A policy review of the gold rush for "ancient deepwater" fish in the Atlantic Frontier' (Greenpeace, 1997)
John D. M. Gordon, 'Rockall Plateau now in international waters. The fleets move in', Scottish Association for Marine Science newsletter, no. 22 (October 2000)
John D. M. Gordon, 'The Rockall Trough, Northeast Atlantic: An account of the change from one of the best-studied deep-water ecosystems to one that is being subjected to unsustainable fishing activity', North Atlantic Fisheries Organization, Scientific Council Report N4489 (September 2001)
John D. M. Gordon, 'Fish in deep water', Scottish Association for Marine Science newsletter, no. 27 (2003)
M. Lack, K. Short & A. Willock, 'Managing risk and uncertainty in deep-sea fisheries: lessons from orange roughy', *Traffic*, WWF (2003)

第7章

A. J. Lee, *The Directorate of Fisheries Research, Its Origins and Development* (Ministry of Agriculture, Fisheries and Food, 1992)
Michael Graham, *The Fish Gate** (Faber & Faber, 1943)
Thomas Henry Huxley, 'Address to the International Fisheries Exhibition' (London, 1883)
Helen M. Rozwadowski, *The Sea Knows No Boundaries: A Century of Marine Science under ICES* (International Council for the Exploration of the Sea, 2002)
John Dyson, *Business in Great Waters: The Story of British Fishermen* (Angus &

Robertson, 1977)
Ray Beverton & Sidney Holt, *On the Dynamics of Exploited Fish Populations* (HMSO, 1957)
Alan Christopher Finlayson, *Fishing for Truth* (Institute of Social and Economic Research, Memorial University, Newfoundland, 1994)
Carl Walters & Jean-Jacques Maguire, 'Lessons for stock assessment from the northern cod collapse', *Fish Biology and Fisheries*, issue 6, pp 125-37 (1996)
Debora MacKenzie, 'The cod that disappeared', *New Scientist* (16 September 1995)

第8章

Jake C. Rice, Peter A. Shelton, Denis Rivard, Ghislain A. Chouinard & Alain Fréchet, 'Recovering Canadian Atlantic cod stocks: the shape of things to come' (Paper given at a conference organized by International Council for the Exploration of the Sea: The Scope and Effectiveness of Stock Recovery Plans in Fishery Management, Tallinn, Estonia, 2003)
Gareth Porter, *Estimating Overcapacity in the Global Fishing Fleet* (WWF, 1998)
WWF/Spain, 'WTO and fishing subsidies: Spanish case' (Summary of Spanish report in English, WWF, 2003)

第9章

David J. Doulman, 'Global overview of illegal, unreported and unregulated fishing and its impacts on national and regional efforts to sustainably manage fisheries: The rationale for the conclusion of the 2001 FAO international plan of action to prevent, deter and eliminate illegal, unreported and unregulated fishing' (FAO, August 2003)
Hélène Bours (Greenpeace International), 'The Tragedy of Pirate Fishing', International Conference against Illegal, Unreported and Unregulated Fishing, Santiago de Compostela, Spain, 25-26 November 2002
Michael Earle (Fisheries Adviser, Green/EFA Group in the European Parliament), 'The European Union, subsidies and fleet capacity, 1983-2002', UNEP Workshop on the Impacts of Trade-Related Policies on Fisheries and Measures Required for Sustainable Development, 15 March 2002
Justinian, *The Institutes of Justinian, Book Two.*
Garrett Hardin, 'The tragedy of the commons', *Science*, issue 13, vol. 162, pp 1243-8 (December 1968) and *The Concise Encyclopedia of Economics* (Library of Economics and Liberty, www.econolib.org, 2002)
M. Lack & G. Sant, 'Patagonian toothfish: are conservation and trade measures working?', *Traffic*, issue 1, vol. 19 (2001)

第10章

Juan L. Suarez de Vivero & Juan C. Rodriguez Mateos, 'Spain and the sea. The decline

of an ideology, crisis in the maritime sector and the challenges of globalisation', *Marine Policy*, issue 26 (2002)

第11章

Nobuyuki Matsuhisa, *Nobu: The Cookbook* (Quadrille, 2001)
Seafood Watch Program (see Monterey Bay Aquarium in Websites below)
Bernadette Clarke, *Good Fish Guide** (Marine Conservation Society, 2002)
Gordon Ramsay with Roz Denny, *Passion for Seafood* (Conran Octopus, 1999)
Environmental Justice Foundation, 'Squandering the seas: how shrimp trawling is threatening ecological integrity and food security around the world' (2003)
E. V. Romanov, 'By-catch in the purse-seine tuna fisheries in the western Indian Ocean', Seventh Expert Consultation on Indian Ocean Tunas, Victoria, Seychelles, 9-14 November 1998
X. Mina, I. Artetxe & H. Arrizabalaga, 'Updated analysis of observers' data available from the 1998-99 moratorium in the Indian Ocean', IOTC proceedings no. 5, pp 340-5 (2002)
Ziro Suzuki (National Institute of Far Seas Fisheries), 'Memorandum on regulatory measures for purse-seine fisheries in the western tropical Indian Ocean', IOTC proceedings no. 5, pp 176-7 (2002)
James Joseph, 'Managing fishing capacity of the world tuna fleet', *Fisheries Circular*, no. 982 (FAO, 2003)

第12章

Stephen Cunningham & Jean-Jacques Maguire, 'Factors of unsustainability and over-exploitation in fisheries' (FAO, February 2002)
Report and documentation of the International Workshop on Factors of Unsustainability and Overexploitation in Fisheries, Bangkok, Thailand, 4-8 February 2002 (FAO, 2002)
Jake Rice, 'Sustainable uses of the ocean's living resources', *Isuma*, Canadian Journal of Policy Research (Autumn 2002)

第13章

Donald R. Leal, *Fencing the Fishery: A Primer on Ending the Race for Fish* (Center for Free Market Environmentalism, 502 South 19th Ave, Suite 211, Bozeman, Montana 59718-6827 or www.perc.org)
Laura Jones & Michael Walker, eds, *Fish or Cut Bait; The Case for Individual Transferable Quotas in the Salmon Fishery of British Columbia* (Fraser Institute, 1997)

第14章

F. R. Gell & C. M. Roberts, *The Fishery Effects of Marine Reserves and Fishery Closures* (WWF-US, Washington, 2003)

Bill Ballantine, 'Marine reserves in New Zealand: the development of the concept and the principles', proceedings of an International Workshop on Marine Conservation for the New Millennium, pp 3-38, Korean Ocean Research and Development Institute, Cheju Island, November 1999

Bill Ballantine, '"No take" Marine Reserve Networks Support Fisheries,' paper given at 2nd World Fisheries Congress, Brisbane, 1996.

These and other Ballantine papers can be found on www.marine-reserves.org.nz/pages/ballantine.html or www.2.auckland.ac.nz

第15章

Guardian poll about the British public's ethical purchasing habits published 28 February 2004.

Monterey Bay Aquarium, Seafood Watch (see Websites)

Blue Ocean Institute, Seafood Guide (see Websites)

Marine Stewardship Council papers on pollock, hoki, Thames herring, etc., including those for and against certification, can be seen on www.msc.org

Jim Gilmore, 'The MSC and its significance' (At-Sea Processors Association, October 2003)

第16章

Charles Clover, 'The Price of Fish' *Telegraph* Magazine (26 October 1991)

Stuart M. Barlow, 'The world market overview of fish meal and fish oil', Second Seafood and By-products Conference, Alaska (www.iffo.org.uk, November 2002)

'The promise of a blue revolution', *The Economist* (7 August 2003)

Information on deep-water fisheries and the biological status of the stocks is contained in the Advisory Committee on Fishery Management (ACFM) report (ICES, 12 May 2003)

Ronald A. Hites, Jeffrey A. Foran, David O. Carpenter, M. Coreen Hamilton, Barbara A. Knuth & Steven J. Schwager, 'Global assessment of organic contaminants in farmed salmon', *Science*, vol. 303, p. 226 (2004)

John Humphrys, *The Great Food Gamble* (Hodder and Stoughton, 2001)

応用参考文献

Fishing News, a weekly newspaper aimed at fishermen
Fishing News International, a monthly newspaper aimed at fishermen
Sylvia A. Earle, *Sea Change* (Constable, 1995)
Richard Ellis, *The Empty Ocean* (Shearwater, 2003)
Mike Holden, *The Common Fisheries Policy*, with an update by David Garrod (Fishing News Books, 1984)
Mark Kurlansky, *Cod: A Biography of the Fish that Changed the World* (Jonathan Cape, 1997)
Arthur F. McEvoy, *The Fisherman's Problem* (CUP, 1986)
Farley Mowat, *Sea of Slaughter* (Bantam, 1984)
Daniel Pauly, *On the Sex of Fish and the Gender of Scientists* (Chapman & Hall, 1994)

インターネットのサイト

Blue Ocean Institute, Seafood Guide
www.blueoceaninstitute.org

Rogues' gallery of fishermen
www.colto.org

Food and Agriculture Organization of the UN
www.fao.org

FishBase lists 28,500 species of fish, with information about everything from their rarity and ability to withstand fishing pressure, to how they reproduce.
www.fishbase.org

Marine Conservation Society, Good Fish Guide. This is now online and regularly updated at www.fishonline.org

Monterey Bay Aquarium, Seafood Watch
www.mbayaq.org

Stock assessments in the North Atlantic compiled by the International Council for the Exploration of the Sea.
www.ices.org

List of endangered species produced by the International Union for the Conservation of Nature.
www.redlist.org